新编应用型系列技能丛书

PHP Web 开发实用教程

（第2版）

曾俊国 李成大 姚蕾 等●编著

粟思科●审

清华大学出版社
北京

内容简介

本书面向 PHP 初学者设计编写，通过通俗易懂的语言和大量生动、典型的实例，由浅入深、循序渐进地介绍了利用 PHP 进行网络编程的常用技术和方法。全书共 14 章，第 1～5 章主要介绍了 PHP 环境的安装与配置，PHP 语言基础知识；第 6～7 章主要介绍了 MySQL 数据库的安装，MySQL 中的 SQL 语句用法；第 8～14 章主要介绍了 PHP 高级编程与应用，手机 APP 应用开发等，以及综合实例和实验指导，以充分满足教师课堂教学需要。

本书循序渐进、内容完整、实用性强，以教材方式组织内容，可作为应用型本科、高职高专院校计算机专业或 PHP 培训班的教学教材，也可作为 PHP 爱好者和动态网站开发维护人员理想的学习参考书。

本书封面贴有清华大学出版社防伪标签，无标签者不得销售。
版权所有，侵权必究。举报：010-62782989，beiqinquan@tup.tsinghua.edu.cn。

图书在版编目（CIP）数据

PHP Web 开发实用教程/曾俊国等编著. —2 版. —北京：清华大学出版社，2018（2024.8重印）
（新编应用型系列技能丛书）
ISBN 978-7-302-50353-8

Ⅰ.①P… Ⅱ.①曾… Ⅲ.①网页制作工具-PHP 语言-程序设计-教材 Ⅳ.①TP393.092 ②TP312

中国版本图书馆 CIP 数据核字（2018）第 117665 号

责任编辑：邓　艳
封面设计：刘　超
版式设计：魏　远
责任校对：张丽萍
责任印制：丛怀宇

出版发行：清华大学出版社
网　　址：https://www.tup.com.cn，https://www.wqxuetang.com
地　　址：北京清华大学学研大厦A座　　邮　编：100084
社 总 机：010-83470000　　邮　购：010-62786544
投稿与读者服务：010-62776969，c-service@tup.tsinghua.edu.cn
质 量 反 馈：010-62772015，zhiliang@tup.tsinghua.edu.cn

印 装 者：三河市龙大印装有限公司
经　　销：全国新华书店
开　　本：185mm×260mm　　印　张：22　　字　数：517 千字
版　　次：2011 年 9 月第 1 版　2018 年 6 月第 2 版　印　次：2024 年 8 月第 5 次印刷
定　　价：59.80 元

产品编号：079452-01

前　言

PHP 自诞生之日起，由于它的开源特性，就注定它有很强的生命力。目前，它已经成为全球范围内最流行的 Web 程序开发语言之一。在国内，从事 PHP 项目开发的程序员越来越多，由于 PHP、MySQL 数据库及 Web 服务组件 Apache 都是开源软件包，可以非常方便地在互联网上免费获取它们，并且部署也越来越简单，故而深受广大从业人员及各类企事业单位的喜爱。PHP 的简单易学、安全可靠以及跨平台等优点，也使它成为越来越多程序员的首选编程语言。根据时代的进步、技术的发展，本书在第一版的基础之上进行了修订，主要增加了 Smarty 模板技术、jQuery Mobile 框架，以及利用 jQuery Mobile 框架与 PHP 相结合开发手机 APP，还特别介绍了 Dreamweaver 的新版网页制作软件 Dreamweaver CS6。

本书特点

在编写本书前，编者仔细梳理 PHP 各相关知识模块之间的逻辑关系。在内容编排上严格遵循 PHP 各知识点的基础与上层的关系，步步为营、层层递进，务求读者能快速掌握 PHP 综合编程能力。本书中的每个知识点都是以简短的篇幅介绍其中最基本、最常用的内容。通过精心设计的一些典型案例，介绍程序设计的基本方法，避免枯燥和空洞，在不知不觉之中使读者学会如何利用 PHP 实现 Web 编程。

概括来讲，本书具有如下特点。

- 取材广泛，注重实际应用。本书所有案例都是笔者从日常教学工作学习和生活中遴选出来的典型应用，具有很强的代表性，各案例力求功能齐全，注重实际应用。
- 案例完整，结构清晰。本书选择的案例以及代码实现都是由浅入深、循序渐进。
- 讲解通俗，步骤详细。每个案例的开发步骤都是以通俗易懂的语言阐述，并穿插图片和表格。
- 代码准确，注释清晰。本书所有案例的代码都有详尽的注释，以便于读者理解核心代码的功能和逻辑意义。

组织结构

本书详细介绍了在 Windows 环境下利用 PHP 进行 Web 编程的基本方法，包括 PHP 程序运行环境的配置、PHP 基本语法、PHP 系统内置函数与用户自定义函数、在 PHP 程序中对文件和目录的操作、MySQL 数据库的安装与应用、PHP 与 MySQL 结合进行数据库编程、正则表达式的概念与应用、面向对象编程技术、在 Dreamweaver CS6 环境中实现 PHP 编程等。本书大部分章节后面都附有丰富的练习题和上机实战题，从而有助于读者复习、巩固所学知识，以培养读者的实际编程能力。

此外，为充分满足教学中实际需要，本书在第 14 章还给出了 PHP+MySQL+Apache 项目开发环境的简易配置方法,以及成绩管理系统设计与实现、用户管理系统的设计与实现等两个实验指导,书中所有实例程序代码都已调试通过,且运行无误。

本书适用于高等学校计算机类专业和信息管理类专业的 Web 编程技术课程及相似课程,关于完成该书讲授的课时数,建议安排课时总量为 64 课时,其中理论教学课时为 40,实验课时为 24。

读者对象

- 应用型本科院校相关专业学生
- 高职高专院校相关专业学生
- 计算机培训教师和学员
- 计算机爱好者和相关技术人员

编者与致谢

本书由曾俊国、李成大、姚蕾等编著,粟思科审,李骏、单瑾、刘祚成参与编写。全书内容与结构由曾俊国规划、统稿,并完成编写第 1 章、3 章、4 章、5 章、7 章的全部内容;由李成大完成编写第 2 章、6 章、11 章的全部内容;姚蕾完成编写第 8 章、10 章、14 章的全部内容;李骏完成编写第 12 章的全部内容;单瑾完成编写第 9 章的全部内容;刘祚成完成编写第 13 章的全部内容。在本书编写过程中得到了我的同仁肖尚辉、谢志萍、王飞、熊平等同志的热情帮助,在此表示衷心的感谢。在本书编著过程中,引用了部分文献材料,在此一并表示感谢。同时参与本书编写工作的人员还有:周宏燕、钟晓林、王娟、胡静、杨龙、张成林、方明、王波、陈小军、雷晓 、李军华、陈晓云、方鹏、龙帆、刘亚航、凌云鹏、陈龙、曹淑明、徐伟、杨阳、张宇、刘挺 、单琳、吴川、李鹏、李岩、朱榕、陈思涛和孙浩,在此一并表示感谢。

配套服务

与本书配套的电子课件、其他教学资源可从 https://pan.baidu.com/s/1hrG9KC8 下载,下载密码为 q1t8。由于笔者水平所限,加之程序设计技术发展迅速,本教材的覆盖面广,书中错误和不妥之处在所难免,恳请广大读者批评指证。我们的联络方式:hwhpc@163.com。

编　者

目　录

第 1 章　PHP 概述及其运行环境的配置 1
1.1　动态 Web 站点 1
1.1.1　什么是动态 Web 站点 1
1.1.2　从静态网站到动态网站的演变 1
1.2　PHP 基本原理及由来 2
1.2.1　PHP 的概念 2
1.2.2　PHP 的产生与发展 2
1.2.3　PHP 原理 3
1.3　PHP 的运行环境 4
1.3.1　PHP 项目开发框架的组成 4
1.3.2　几种 PHP Web 开发环境配置方法的比较 5
1.3.3　如何安装 AppServ 5
1.3.4　php.ini 文件的配置 8
1.3.5　测试 PHP 运行环境 9
1.4　常用的 PHP 程序编辑工具 10
1.4.1　PHP 代码开发工具 10
1.4.2　网页设计工具 11
1.4.3　文本编辑工具 11
1.5　本章小结 12
1.6　练习题 12
1.7　上机实战 12

第 2 章　HTML 基础 13
2.1　HTML 文档的基本结构 13
2.1.1　HTML 文件结构 13
2.1.2　标题标记<title></title>及主体标记<body></body> 14
2.2　文本格式标记 14
2.2.1　标题字体标记<hn></hn> 14
2.2.2　字体风格标记<b><i><u><sup><sub><em><strong><big> 15
2.2.3　字体标记<font></font> 15
2.2.4　段落标记<p></p>与换行标记
 15
2.2.5　区域标记<div> 16
2.2.6　列表标记<ul></ul><ol></ol><dl></dl> 16
2.2.7　水平线标记<hr/> 18
2.2.8　转义字符与其他特殊符号 18
2.3　超链接标记<a></a> 18
2.3.1　链接的定义 19
2.3.2　超链接的种类 19
2.4　图像标记<img> 19
2.4.1　图像的基本格式 20
2.4.2　图像的对齐方式<img src = " "　align=" "/> 21
2.4.3　图像的大小<img src = " "　width=" "　height=" "/> 21
2.5　表格标记 21
2.5.1　表格定义标记<table></table><tr></tr><th></th><td></td> 22
2.5.2　表格体标记<tbody> 25
2.6　表单标记 25
2.6.1　表单的定义语法 25
2.6.2　在文本框中输入文字和密码 26
2.6.3　复选框（CheckBox）和单选按钮（RadioButton） 26
2.6.4　列表框（Selectable Menu） 27
2.6.5　文本区域（textarea） 28
2.6.6　表单中的按钮 29
2.6.7　隐藏表单的元素 29
2.7　在 HTML 中嵌入 PHP 代码 30
2.8　HTML 5 新增表单元素和属性 31

2.9 案例剖析：制作网上问卷调查
　　表单 32
　　2.9.1 程序功能介绍 32
　　2.9.2 程序代码分析 32
2.10 本章小结 34
2.11 练习题 35
2.12 上机实战 35

第 3 章　PHP 的基本语法 36
3.1 PHP 语法综述 36
　　3.1.1 PHP 程序语言的特点 36
　　3.1.2 PHP 无可比拟的优势 37
3.2 数据类型 38
　　3.2.1 布尔数据类型 38
　　3.2.2 整数数据类型 40
　　3.2.3 浮点数数据类型 42
　　3.2.4 字符串数据类型 43
　　3.2.5 转义字符串 46
　　3.2.6 数组数据类型 47
　　3.2.7 对象数据类型 48
　　3.2.8 资源数据类型 50
　　3.2.9 NULL 数据类型 50
3.3 PHP 的变量与常数 50
　　3.3.1 变量的定义与赋值 50
　　3.3.2 变量的参考指定 51
　　3.3.3 常数的声明 52
　　3.3.4 保留字 53
　　3.3.5 可变变量（动态变量） 53
　　3.3.6 变量的作用域 55
　　3.3.7 运算符优先级 56
　　3.3.8 算术运算符 57
　　3.3.9 赋值运算符 58
　　3.3.10 位运算符 59
　　3.3.11 递增/递减运算符 60
　　3.3.12 逻辑运算符 61
　　3.3.13 字符串运算符 61
　　3.3.14 强制类型转换运算符 62
　　3.3.15 执行运算符 63

　　3.3.16 PHP 常量与表达式 63
3.4 PHP 程序中的流程控制 64
　　3.4.1 if…else…语句 65
　　3.4.2 if…else if…语句 66
　　3.4.3 while 循环结构 66
　　3.4.4 do…while 循环结构 67
　　3.4.5 for 循环结构 69
　　3.4.6 foreach 循环 70
　　3.4.7 break 与 continue 语句 70
　　3.4.8 switch 语句 71
3.5 案例剖析：九九乘法口诀表的
　　实现 72
　　3.5.1 程序功能介绍 72
　　3.5.2 程序代码分析 73
3.6 本章小结 74
3.7 练习题 74
3.8 上机实战 74

第 4 章　PHP 中的函数与内置数组 75
4.1 PHP 内置函数概述 75
　　4.1.1 PHP 标准函数与扩展函数 75
　　4.1.2 启用扩展函数库 76
4.2 PHP 内置数组 76
　　4.2.1 PHP 5 内置数组简介 77
　　4.2.2 接收表单数据和 URL 附加
　　　　 数据 77
　　4.2.3 用 Session 和 Cookie 实现用户
　　　　 登录 79
4.3 PHP 数组函数 83
　　4.3.1 数组函数总览 83
　　4.3.2 array()函数 85
　　4.3.3 count()函数 86
　　4.3.4 each()函数 86
　　4.3.5 current()、reset()、end()、next()、
　　　　 prev()函数 87
　　4.3.6 添加数组元素的函数 88
　　4.3.7 获取数组的最后一个元素 88
4.4 字符串处理函数 89

4.4.1 字符处理函数总览 89
4.4.2 去除空格函数 90
4.4.3 HTML 处理相关函数 92
4.4.4 改变字符串大小写 93
4.4.5 字符串拆分与连接 94
4.4.6 字符串查找 96
4.4.7 字符串替换 98
4.4.8 字符串加密 100
4.5 时间日期函数 101
4.5.1 时间日期函数总览 101
4.5.2 date()函数和 time()函数 101
4.5.3 strtotime()函数 103
4.5.4 getdate()函数 104
4.5.5 mktime()函数 105
4.6 数学函数 105
4.6.1 数学函数总览 105
4.6.2 求随机数的 rand()函数 107
4.6.3 最大值函数与最小值函数 107
4.6.4 ceil()、floor()和 round()函数 ... 107
4.7 图像处理函数 108
4.7.1 用图像处理函数绘制 PNG
图形 109
4.7.2 用图像处理函数制作水印
效果 110
4.8 自定义函数 111
4.8.1 函数的命名规则 111
4.8.2 函数的定义与调用 111
4.8.3 函数的参数传递 112
4.8.4 函数的嵌套调用与递归调用 ... 114
4.8.5 用函数的同名变量实现可变
函数 115
4.8.6 变量在函数中的使用 116
4.9 案例剖析：图像验证码的
实现 118
4.9.1 程序功能介绍 118
4.9.2 程序代码分析 118
4.10 本章小结 120
4.11 练习题 120

4.12 上机实战 121

第 5 章 目录与文件操作 122

5.1 文件操作 122
5.1.1 文件的基本操作方法 122
5.1.2 文件操作的重要函数 125
5.1.3 文件操作函数的综合案例 126
5.2 目录操作 127
5.2.1 获取磁盘驱动器信息 127
5.2.2 创建和删除目录 129
5.2.3 获取和更改当前目录 130
5.2.4 读取目录内容 131
5.2.5 解析路径信息 133
5.3 文件上传的实现 134
5.3.1 创建文件域 134
5.3.2 单个文件的上传 134
5.3.3 多个文件的上传 136
5.4 案例剖析：基于文件名的目录
搜索 138
5.4.1 程序功能介绍 138
5.4.2 程序代码分析 138
5.5 本章小结 139
5.6 练习题 140
5.7 上机实战 140

第 6 章 MySQL 数据库的安装与
使用 141

6.1 MySQL 数据库简介 141
6.1.1 Web 开发与数据库 141
6.1.2 MySQL 数据库概述 142
6.2 MySQL 数据库的安装、测试及
性能特点 142
6.2.1 下载 MySQL 安装包 142
6.2.2 测试 MySQL 143
6.2.3 MySQL 数据库性能特点 144
6.3 MySQL 数据库支持的数据类 ... 144
6.3.1 数值类型 145
6.3.2 日期和时间类型 146
6.3.3 字符串类型 146

6.4 结构化查询语言（SQL）
   简介 147
   6.4.1 结构化查询语言简介 147
   6.4.2 常用的 SQL 语句用法 147
6.5 常用的可视化 MySQL 数据库
   管理工具 153
   6.5.1 phpMyAdmin 的安装与
         使用 153
   6.5.2 Navicat MySQL 的安装与
         使用 156
6.6 案例剖析：学生成绩数据库规划
   与实现 157
   6.6.1 程序功能介绍 157
   6.6.2 程序代码分析 158
6.7 本章小结 159
6.8 练习题 159
6.9 上机实战 159

第 7 章 PHP 与 MySQL 的珠联
      璧合 161
7.1 运用 PHP 和 MySQL 联合开发
   Web 的优势 161
7.2 连接 MySQL 数据库的前期准备
   工作 161
   7.2.1 修改 php.ini 文件中的有关配置
         选项 161
   7.2.2 PHP 操作 MySQL 数据库的基本
         步骤 162
7.3 PHP 操作 MySQL 数据库常用
   方法 163
   7.3.1 连接数据库 164
   7.3.2 选择数据库 164
   7.3.3 对数据库进行操作 165
   7.3.4 其他常用的 MySQL 函数 167
   7.3.5 从结果集中获取一行作为
         对象 171
7.4 案例剖析：网上学生成绩查询
   系统的实现 173

7.4.1 程序功能介绍 173
7.4.2 程序代码分析 174
7.5 本章小结 175
7.6 练习题 175
7.7 上机实战 176

第 8 章 PHP 中的正则表达式及式样
      匹配 177
8.1 正则表达式简介 177
   8.1.1 正则表达式的概念 177
   8.1.2 常用的正则表达式及举例 181
8.2 模式匹配函数 183
   8.2.1 匹配字符串 183
   8.2.2 替换字符串 185
   8.2.3 用正则表达式分割字符串 186
   8.2.4 转义正则表达式字符 187
8.3 案例剖析：新用户注册程序 188
   8.3.1 程序功能介绍 188
   8.3.2 程序代码分析 188
8.4 本章小结 190
8.5 练习题 190
8.6 上机实战 190

第 9 章 PHP 中的对象 191
9.1 类与对象 191
   9.1.1 类的概念 191
   9.1.2 对象 192
   9.1.3 面向对象编程思想的特点 193
   9.1.4 面向对象编程的几条原则 193
9.2 使用类 194
   9.2.1 定义类和类的实例化 194
   9.2.2 显示对象的信息 195
   9.2.3 类成员和作用域 196
   9.2.4 构造函数与析构函数 197
   9.2.5 继承 198
9.3 PHP 的对象特性 199
   9.3.1 final 类和方法 199
   9.3.2 静态成员 200
   9.3.3 复制对象 201

9.3.4 接口类和抽象类 201
9.3.5 方法重载 204
9.4 案例剖析：一个课程管理类及其
对象的实现 206
9.4.1 程序功能介绍 206
9.4.2 程序代码分析 206
9.5 本章小结 208
9.6 练习题 208
9.7 上机实战 208

第 10 章 Smarty 模板技术 209
10.1 Smarty 技术简介 209
10.1.1 MVC 软件开发框架 209
10.1.2 Smarty 模板 210
10.2 Smarty 的安装配置 210
10.2.1 Smarty 下载和安装 211
10.2.2 Smarty 配置 211
10.2.3 第一个 Smarty 程序 212
10.3 Smarty 模板设计 214
10.3.1 Smarty 模板文件 214
10.3.2 Smarty 中的注释 214
10.3.3 Smarty 中的变量 214
10.3.4 修饰变量 218
10.3.5 流程控制 220
10.3.6 内建函数 224
10.4 Smarty 程序设计 225
10.4.1 Smarty 中的常用方法 225
10.4.2 Smarty 的配置变量 226
10.5 案例剖析：利用 Smarty 制作
登录页面模板 226
10.5.1 程序功能介绍 227
10.5.2 程序代码分析 227
10.6 本章小结 229
10.7 练习题 229
10.8 上机实战 229

第 11 章 Dreamweaver CS6 中的 PHP
程序设计 230
11.1 Dreamweaver CS6 概述 230

11.2 利用 Dreamweaver 建立 PHP
动态网站站点 231
11.2.1 站点的建立 231
11.2.2 在 Dreamweaver 中创建 MySQL
连接 234
11.2.3 数据库连接的管理与应用 ... 236
11.3 数据集的创建与应用 237
11.3.1 利用 Dreamweaver 创建
记录集 237
11.3.2 分页显示查询结果 241
11.3.3 搜索/结果页的创建 243
11.3.4 主/详细记录页的创建 245
11.4 记录的添加、删除与更新 247
11.4.1 数据记录的添加 247
11.4.2 删除数据 251
11.4.3 数据记录的更新 252
11.5 案例剖析：网上留言簿的
实现 254
11.5.1 程序功能介绍 254
11.5.2 程序代码分析 256
11.6 本章小结 259
11.7 练习题 259
11.8 上机实战 259

第 12 章 利用 PHP 技术构建跨平台的
移动 APP 261
12.1 jQuery 与 jQuery Mobile
简介 261
12.1.1 jQuery Web 开发框架 261
12.1.2 jQuery Mobile 移动应用开发
框架 262
12.2 jQuery Mobile 开发环境配置 ... 263
12.2.1 jQuery Mobile 下载和安装 ... 263
12.2.2 jQuery Mobile 开发环境的配置
与测试 264
12.3 jQuery Mobile 框架的
构成 268
12.3.1 页面和对话框 268

	12.3.2	链接和按钮的使用	270
	12.3.3	工具栏的使用	271
	12.3.4	表单元素的使用	273
	12.3.5	列表控件	274
	12.3.6	jQuery Mobile 的布局	276

12.4 案例剖析：手机版袖珍英语词汇速记本 APP 的设计与开发 277
  12.4.1 程序功能介绍 277
  12.4.2 程序代码分析 278
12.5 本章小结 281
12.6 练习题 282
12.7 上机实战 282

第 13 章 PHP 程序开发综合实例——网络留言板 283

13.1 系统概述 283
  13.1.1 需求分析 283
  13.1.2 流程设计 284
13.2 数据库设计 284
  13.2.1 需求分析及逻辑结构设计 284
  13.2.2 数据库及数据表的建立 285
13.3 系统公用模块设计及代码编写 287
  13.3.1 用户类公用模块代码的设计与实现 287
  13.3.2 留言内容类（Content）公用模块代码的设计与实现 288
  13.3.3 IP 地址类公用模块代码的设计与实现 290
  13.3.4 用户验证公用模块代码的设计与实现 291
  13.3.5 保存用户留言公用模块代码的设计与实现 292
  13.3.6 删除用户留言公用模块代码的设计与实现 293
13.4 各功能页面的设计及代码编写 293
  13.4.1 网站首页的设计与实现 293
  13.4.2 用户注册页面的设计与实现 298
  13.4.3 添加新留言页面的设计与实现 300
  13.4.4 问卷调查内容设置功能页面的设计与实现 301
  13.4.5 网络投票页面的设计与实现 305
  13.4.6 网络投票结果查询页面的设计与实现 308
13.5 本章小结 309
13.6 练习题 310
13.7 上机实战 310

第 14 章 实验指导 311

14.1 实验一：利用 Smarty 模板技术进行网站建设 311
  14.1.1 实验项目设计目的 311
  14.1.2 需求分析及功能描述 311
  14.1.3 数据库设计 312
  14.1.4 代码设计 313
14.2 实验二：成绩管理系统的设计与实现 318
  14.2.1 实验项目设计目的 318
  14.2.2 需求分析及功能描述 318
  14.2.3 数据库设计 319
  14.2.4 代码设计 320
14.3 实验三：用户管理系统的设计与实现 331
  14.3.1 实验项目设计目的 331
  14.3.2 需求分析及功能描述 331
  14.3.3 数据库设计 332
  14.3.4 代码设计 332
14.4 实验项目设计总结与提高 338

参考文献 339

第 1 章 PHP 概述及其运行环境的配置

知识点

- ☑ PHP 的前世今生
- ☑ PHP 能做什么
- ☑ PHP 运行环境
- ☑ PHP 运行的原理
- ☑ 编辑 PHP 程序代码的常用工具

本章导读

  PHP 是一种简单而强大的开源脚本语言，用于创建动态 Web 页面应用，功能和 ASP、ASP.NET、JSP 等相似。本章首先介绍了动态 Web 站点的概念，然后对 PHP 概念和原理进行阐释，最后介绍了 PHP 运行环境及其配置，为了让读者尽快熟悉 PHP 语言的特点，编者在最后介绍了几款常用的 PHP 程序代码编辑工具。

1.1 动态 Web 站点

  在 Internet 上用户可以使用很多服务，其中 Web 服务是目前 Internet 上很重要的也是使用最多的一项服务。Web 服务器上的各个超文本文件称为网页，而存放这些网页的 Web 服务器称为 Web 站点。

1.1.1 什么是动态 Web 站点

  动态 Web 站点的内容会在用户每次访问或重载站点时重新生成，该网页文件不仅具有 HTML 标记，而且含有程序代码，用户数据库连接，动态网页能根据不同的时间、不同的来访者显示不同的内容，动态网站更新方便，一般在后台直接更新。动态网站中的网页广泛地采用通用网关接口（CGI）技术，CGI 技术能够将用户客户端浏览器上输入的数据提交到 Web 服务器上运行，然后将运行结果返回到用户的浏览器上，采用的语言一般为 ASP、PHP、Java 等，目前，大多数 Web 站点已经允许访问者根据自己需要个性化地定义甚至更新网站内容，这被称为 Web 2.0 站点。

1.1.2 从静态网站到动态网站的演变

  静态网页是网站建设的基础，静态网页和动态网页之间相互依存，共同支持网页的运行。动态网站中的大多数网页具有交互筛选功能，其页面信息是根据用户的需求而产生相应的网页内容。与动态网站相反，静态网站没有交互的功能。在 URL 表现形式上，每个静态网页都有一个固定的 URL，而且网页的 URL 以.htm、.html、.shtml 等常见形式为后缀，而不含有"？"；在网站的内容上，静态网页内容发布到网站服务器上后，无论是否有用户访问，每个静态网页的内容都是保存在网站服务器上的，每个网页都是一个独立的文件，且内容相对稳定。在网站维护方面，静态网页一般没有数据库的支持，因此在网站制作和维护方面工作量较大，当网站信息量很大时，仅仅依靠静态网页来发布网站内容变得非常困难。

基于上述静态网站的诸多缺陷，动态网站为用户提供了如下强大的功能。
- ❏ 动态网页以数据库技术为基础，可以大大降低网站维护的工作量。
- ❏ 采用动态网页技术的网站可以实现更多的功能，如网上在线商务等。
- ❏ 根据终端用户不同的需求返回不同内容的网页，具有按需定制网页内容的功能。

当然，由于动态网页上的信息必须从数据库中读取，即每打开一个网页则要读取一次数据库，如果在线访问人数过多，则会影响网站运行速度。但随着现代计算机技术的不断发展，这一点已经不是什么问题了。

1.2 PHP 基本原理及由来

PHP 究竟是什么样的一种语言？它是怎样产生和发展起来的？下面编者将逐一说明这两个问题。

1.2.1 PHP 的概念

PHP 是 Hypertext Preprocessor（超文本预处理器）的字母缩写，是一种广泛使用的服务器端编程语言，用于开发动态网页。PHP 是一种开源的、跨平台的、独立于架构的、解释的、面向对象的、快速的、健壮的、安全性高的 Web 编程语言。它借鉴了 C、Java、Perl 等语言的部分语法并结合 PHP 自身的特性，使一般的初学者都能很快上手并熟练运用，让 Web 开发者能快速地写出动态生成页面的脚本。

与 ASP 和 JSP 不同，PHP 是一个开放源代码的项目，所以没有购买许可证的费用或限制使用的问题，用户完全可以使用 PHP 来开发中小型的 Web 项目，而且开发成本几乎为零。除此之外，用户还可以免费通过互联网获取大量的帮助信息；如果读者是一个 PHP 编程经验丰富的高手，且富有志愿者的精神，就可以将自己的优秀源代码上传到相关的 PHP 网站上去，与他人分享您的杰作。

1.2.2 PHP 的产生与发展

任何新生事物都有其产生和发展的过程，PHP 也不例外。PHP 的创始人 Rasmus Lerdorf 在 1994 年用 Perl 语言编写了一个简单程序，用来统计他自己网站的访问情况，后来他又用 C 语言重新进行了编写，增加了连接数据库等功能，并在 1995 年以 Personal Home Page Tools

（PHP Tools）开始对外发表第一个版本 PHP 1.0。在早期的版本中，提供了访客留言本、访客计数器等简单的功能。此后，越来越多的网站使用了 PHP，并且强烈要求增加一些特性，如循环语句和数组变量等。随着 PHP 开发团队的不断壮大，在 PHP 1.0 版本发布之后不久，PHP 2.0 很快也发布了。第二版定名为 PHP/FI（Form Interpreter）。PHP/FI 加入了对 MySQL 的支持，从此建立了 PHP 在动态网页开发上的地位。到了 1996 年底，有 15000 个网站使用 PHP/FI；到了 1997 年，使用 PHP/FI 的网站数量超过五万个。

1997 年，PHP 开发小组开始了第三版的开发计划，在 Zeev Suraski 及 Andi Gutmans 等人加入到 PHP 开发团队之后，对 PHP 进行了崭新的设计，在加入了许多新功能和新技术的基础上推出了 PHP 的第三版——PHP 3.0。2000 年，PHP 4.0 又问世了，其中又增加了许多新的特性，使 PHP 更加成熟，其核心引擎更加优越，执行速度更快，已比传统的 CGI 及 ASP 等程序有了更好的表现、更丰富的函数库支持，目前，PHP 的最新版本是 PHP 7，但或许是出于稳定性方面考虑，目前 90%以上的用户仍然使用 PHP 5 版本。

PHP 进入中国较晚，在较长的时间内，PHP 在国内使用率很低，但是最近几年，PHP 以其易学、高效、安全、免费、跨平台等一系列重要优势，在国内迅速发展起来，现在国内已经出现大量采用 PHP 开发的网站。

目前 PHP 的最新版本是 PHP 5，它在 PHP 4 的基础上进行了进一步的改进，功能更强大，执行效率更高。

1.2.3　PHP 原理

根据 PHP 程序的代码执行过程和工作机制，可以把 PHP 网络程序的运行原理描述为如图 1-1 所示的 6 个步骤。

图 1-1　PHP 原理图

下面对照图 1-1，对 PHP 原理做进一步的阐释，PHP 程序的一个完整运行周期大致包括如下 6 个步骤。

（1）用户通过浏览器向 Web 服务器发起一个 PHP 网页文件请求。

（2）Web 服务器接收到请求后读取所请求的文件，如果扩展名为.php，则向 PHP 模块发送 PHP 代码的请求。

（3）如果脚本中还有数据库操作语句，PHP 模块建立与 MySQL 的数据库连接将 SQL 命令发送到 MySQL。

（4）MySQL 进行数据库处理操作，并将操作结果返回给 PHP 模块。

（5）PHP 模块处理完 PHP 脚本，将结果返回给 Web 服务器。

（6）Web 服务器最终将纯 HTML 数据返回给客户端浏览器，浏览器显示 HTML 页面。

通过分析以上步骤不难发现，PHP 程序通过 Web 服务器接收访问请求，在服务器端处理请求，然后通过 Web 服务器向客户端发送处理结果。在客户端接收到的只是程序输出的处理结果，是一些 HTML 标记，而无法直接看到 PHP 代码，这样就能够很好地保证代码的保密性和程序的安全性。

1.3 PHP 的运行环境

PHP 编程人员想要得心应手地运用 PHP 开发各种 Web 项目，了解 PHP 运行的软件和硬件环境的知识是必不可少的，除此之外，还要正确安装和配置配套 PHP、MySQL、Apache 等系统软件，进而搭建好整个 PHP 的开发环境。本节将介绍 PHP 项目开发环境搭建的常用途径和方式，并分析各自特点。

1.3.1 PHP 项目开发框架的组成

PHP 项目和其他应用一样，都需要具体硬件和软件环境的支持。对于 PHP 来说，硬件的要求非常低，对于一般初学者，拥有一台普通的计算机就足以满足学习 PHP 的条件。PHP 项目开发环境的框架主要包括操作系统、Web 服务软件及数据库系统软件。PHP 作为一款开发 Web 2.0 项目的利器，如果仅靠它来做动态 Web 站点的开发是不可能的，首先它必须要运行在 Web 服务器，其次它可能要随时读取和存放数据，需要数据库的支持。

PHP 能够在目前所有的主流操作系统上运行，包括 Linux、UNIX（包括 HP-UX、Solaris 和 OpenBSD 等）、Microsoft Windows 系列、Mac OS 等。PHP 在这些平台上的安装步骤大同小异，此处不一一介绍。本书将以 Windows 平台为例，介绍 PHP 的安装和使用。由于 PHP 具有可移植性，在程序设计阶段使用什么样的操作系统无关紧要，因为开发出来的程序可以非常容易地移植到其他操作系统上去。

Web 服务软件也称为 Web 服务器，目前，业界用得最多的主要有两种 Web 服务器，一种是微软公司的 IIS 服务器，另外一种是 Apache 服务器，PHP 对这两种 Web 服务器都能很好地支持，本书将只对 Apache 服务器在 Windows 环境下的安装和配置过程进行详细介绍，同时，如无特别说明，本书中所涉及的所有实例源代码都是通过 Apache 服务器进行测试，程序运行的显示结果也是在 Apache 平台上的执行结果。

目前业界所有主流的数据库几乎都支持 PHP 的接入，都能方便地进行各种数据操作，事件响应迅速，运行稳定可靠。PHP 作为开源的程序设计语言，其默认支持同样是开源的数据库系统 MySQL 数据库，PHP、Apache 和 MySQL 被誉为 PHP 项目开发的黄金组合，本书也主要是按此框架对 PHP Web 开发的实用方法进行讲解。

1.3.2 几种 PHP Web 开发环境配置方法的比较

目前 PHP Web 开发环境配置方法有若干种，但总的来说不外乎两种方式：一种方式是传统手工地对 PHP、Apache、MySQL 分别安装，然后逐一配置及关联；另外一种方式是通过安装集成软件自动完成 PHP、Apache、MySQL 安装，同时实现了三者之间的关联配置。由于通过安装集成软件，开发人员不必理会比较烦琐的环境参数配置操作，为他们节省了一定的时间和精力，因此现在普遍采用安装集成软件的形式来完成 PHP 项目开发环境的搭建，常见的集成软件有 AppServ、XAMPP、LAMP 等，下面简要介绍一下它们的一些情况。

AppServ 将 PHP、Apache、MySQL 等架站资源重新包装成单一的安装程序，以方便初学者快速完成架站，AppServ 所包含的软件有 Apache、Apache Monitor、PHP、MySQL、phpMyAdmin 等。如果用户的本地计算机没有安装过 PHP、Apache、MySQL 等系统，那么用这个软件则可以迅速搭建完整的 PHP 项目开发所需的底层环境。由于 AppServ 集成了 PHP 项目开发所需要的一切组件，且安装简单，几乎无须用户配置即可正常使用，它是目前基于 Windows 平台进行 PHP 项目开发中使用最多的一种环境配置方式之一，编者也是通过安装 AppServ 完成 PHP 程序设计环境搭建的，本书基于该环境完成编写，书中所有的案例都能正常运行，且运行结果正确无误。

XAMPP 是一款具有用汉字来描述说明、功能比较全面的、集成了 PHP 项目开发所需要的组件，XAMPP 并不仅仅针对 Windows 平台，而是一个适用于 Linux、Windows、Mac OS X 等操作系统的、易于安装的 PHP 集成配置软件。集成包中主要包含 Apache 服务器、MySQL、SQLite、PHP、Perl、FileZilla FTP Server、Tomcat 等组件。

LAMP 指的是 Linux 操作系统、Apache 服务器、MySQL 数据库软件和 PHP 的第一个字母，一般用来建立基于 Linux 操作系统的 Web 应用平台，LAMP 实际上就是一种包括操作系统在内的一整套组件，它们都属于开放源代码程序，它们最初并没捆绑在一起，但由于它们的免费和开源，这个组合开始流行起来。基于 LAMP 网站架构设计具有成本低廉、部署灵活、快速开发、安全稳定等特点。

1.3.3 如何安装 AppServ

很多网站都提供了免费下载 AppServ 软件包服务，但为了软件的安全性，建议到官方网站 https://www.appserv.org 下载，如图 1-2 所示，然后选择 Download 选项卡，随即在弹出的网页中显示了最新版本的 AppServ 下载链接以及所包含的组件产品信息，在右边显示了该版本 AppServ 所支持的 Windows 操作系统版本信息等。

下载 AppServ 软件包到本地计算机后，接下来即可进行安装，其具体步骤如下。

（1）双击 AppServ 安装程序 appserv-win32-2.5.10.exe，出现如图 1-3 所示的欢迎界面。

（2）单击 Next 按钮，进入如图 1-4 所示的软件安装的许可协议界面，单击接受许可协议按钮 I Agree。

（3）随后，弹出如图 1-5 所示的选择软件安装位置的对话框，用户根据自己实际需要进行选择。

图 1-2 下载 AppServ 集成软件的页面

图 1-3 AppServ 欢迎界面

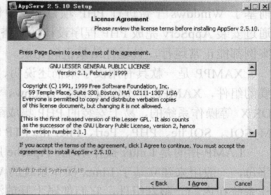

图 1-4 AppServ 软件安装许可协议

（4）单击 Next 按钮，出现如图 1-6 所示的选择安装组件对话框，在此选择所有组件，即 Apache 服务器、MySQL 数据库、PHP 预处理器以及 phpMyAdmin 数据库管理软件。

图 1-5 AppServ 软件安装目录选择对话框

图 1-6 选择 AppServ 安装组件

（5）单击 Next 按钮，出现如图 1-7 所示的 Apache HTTP 服务器配置对话框，要求用户设置服务器名称、管理员的邮箱地址、Apache 服务器的 HTTP 服务端口号（Apache HTTP Port），其默认值为 80，在这里编者选择此默认值。

（6）单击 Next 按钮，出现如图 1-8 所示的 MySQL 数据库服务器配置对话框，要求设置系统管理员用户 root 的密码以及 MySQL 数据库的字符集设置，对于中国大陆地区的用户来说，选择简体中文字符集（GB2312 Simplified Chinese）即可。

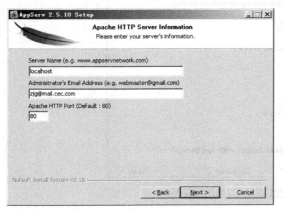
图 1-7 Apache HTTP 服务器的设置

图 1-8 MySQL 数据库服务器配置对话框

（7）单击 Install 按钮，系统将开始安装 AppServ，如图 1-9 所示。

（8）待安装进度条完毕后，此时灰色的 Next 按钮将显示为黑色字体，表示可用，单击 Next 按钮，弹出如图 1-10 所示的对话框，用户可从该对话框中选择立即启动 Apache 服务器和 MySQL 数据库服务器，然后单击 Finish 按钮，至此 AppServ 安装完毕。

图 1-9 开始安装 AppServ

图 1-10 开始安装 AppServ

下面来谈谈如何验证安装成功。打开网页浏览器，在地址栏内输入 http://localhost，按 Enter 键后，如果出现如图 1-11 所示的页面，则说明 PHP+MySQL+Apache 开发环境配置成功。

图 1-11 AppServ 安装成功后的访问页面

1.3.4 php.ini 文件的配置

AppServ 安装完成后，在其安装目录下找到 php5 文件夹，将如图 1-12 所示的 php.ini-dist 文件重命名为 php.ini。

图 1-12 重命名 php.ini-dist 文件

为网站服务器安全起见，还要修改部分 PHP 配置参数。打开 php.ini 文件，然后进行如下操作。

- ❑ 找到全局变量开关 register_globals，默认值为 on，为安全起见，在网站正式运行后要关闭该选项，即设置为 register_globals = off。
- ❑ 找到错误显示开关 display_errors，默认值为 on，在网站正式运行后要关闭该选项，即设置为 display_errors = off。

❑ 设置文件上传时使用的临时目录 upload_tmp_dir，默认情况下，AppServ 安装完毕后并没有对该项进行设置，为避免在 PHP 文件上传时报错，用户应进行必要的设置，如设置为 "upload_tmp_dir ="e:\php5\uploads\"。

AppServAppServ 安装完毕后，系统自动将目录 AppServ\www 设置为默认的网站文档的根目录，用户也可根据需要进行修改，其方法是选择"开始"→"程序"→AppServ→Configuration Server→Apache Edit the httpd.conf Configuration File 命令，即可打开 Apache 的配置文件 httpd.conf，找到 DocumentRoot 选项，对其进行更改即可，如设置为 DocumentRoot "e:/AppServ/www"。

1.3.5 测试 PHP 运行环境

在 PHP 中可以用 phpinfo()函数来查看服务器运行环境，包括 PHP 的编译选项及扩充配置、PHP 版本、服务器信息及环境变量、PHP 环境变量、操作系统版本信息等。打开 Windows 记事本程序，在文本编辑区中输入如下代码。

```
<html>
<head>
</head>
<body>
<?php
echo phpinfo();
?>
</body>
</html>
```

然后保存文件为 test.php 文件，保存类型应选择"所有文件"，保存路径为 Apache 网站主目录，然后在 IE 浏览器中输入 http://localhost/test.php，按 Enter 键，即可浏览如图 1-13 所示的页面信息。

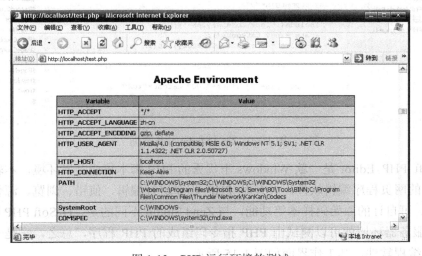

图 1-13　PHP 运行环境的测试

1.4 常用的 PHP 程序编辑工具

编写 PHP 程序的工具很多，常用的网页编辑器如 FrontPage、Dreamweaver，常用的文本编辑器如 Word、UltraEdit、Windows 记事本都可以用来编辑 PHP 源代码，当然，还有专门的 PHP 开发工具，如 Zend Studio 等。

1.4.1 PHP 代码开发工具

常见的 PHP 代码开发工具有若干种，由于篇幅有限，在这里只介绍功能最强的两种：Zend Studio 和 DzSoft PHP Editor。Zend Studio 是最为优秀的 PHP 程序开发工具，其最新版本是 Zend Studio 7.1.1。Zend Studio 是 Zend Technologies 开发的 PHP 语言集成开发环境（Integrated Development Environment，IDE），它同时也支持 HTML 和 JavaScript 语言，但只对 PHP 语言提供调试支持。Zend Studio 7.1.1 具备功能强大的专业编辑工具和调试工具，支持 PHP 语法加亮显示，支持语法自动填充与提示功能，支持书签、语法自动缩排和代码复制功能，Zend Studio 7.1.1 内置一个强大的 PHP 代码调试工具，它可以在本地和远程两种调试模式下进行程序调试，其界面如图 1-14 所示。

图 1-14　Zend Studio 软件界面

DzSoft PHP Editor 是一款 Windows 下优秀的 PHP 脚本集成开发环境，本软件是专为 PHP 设计的网页程序编辑软件，具有对 PHP 程序进行编辑、侦错、浏览、源代码检视、档案浏览、可自订的原始码样本等功能，与 Zend Studio 不同的是，DzSoft PHP Editor 无须架设网站服务器环境就可以测试由 PHP 指令码组成的 PHP 程序，总之，它是一套功能强大的 PHP 编程软件，其工作界面如图 1-15 所示。

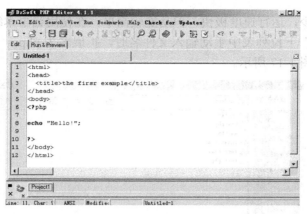

图 1-15　DzSoft PHP Editor 软件界面

1.4.2　网页设计工具

常用的网页设计工具软件有微软公司的 FrontPage 和 Dreamweaver 两种，二者都可以用于编辑 PHP 程序，在这里只介绍最为流行的 Dreamweaver 软件。作为网页设计三剑客之一的 Dreamweaver，已经占据了网站设计与开发的多数市场份额，用它可以轻而易举地制作出跨越平台限制和跨越浏览器限制的充满动感的网页，本书将在第 11 章中详细介绍利用 Dreamweaver 开发 PHP 动态网站的方法。Dreamweaver 界面如图 1-16 所示。

图 1-16　Dreamweaver 软件界面

1.4.3　文本编辑工具

在这里介绍一种最常见的文本工具：Windows 自带的文本编辑工具 NotePad（记事本）。

记事本占用内存极少,运行速度极快,但功能较简单。在使用记事本编写好程序存盘时应注意,在"文件名"下拉列表中手动输入文件名时,扩展名为.php,"保存类型"应选择"所有文件",如图 1-17 所示。

图 1-17　用记事本编写 PHP 代码并存储

1.5　本章小结

本章首先介绍了 Web 的基本概念,接着介绍了 PHP 概念和基本原理以及 PHP 产生与发展过程,其中重点介绍了 AppServ 集成软件的安装与配置,如何实现 PHP 与 Apache 的关联等,最后介绍 PHP 程序常用的编写工具。

1.6　练　习　题

1．简述 PHP 的概念及其发展历程。
2．简述 PHP 的特点、与其他脚本语言有何区别。
3．举例说明如何实现 PHP 与 Apache 的关联。

1.7　上　机　实　战

要求读者根据本章所讲的知识,试着将自己当前使用的计算机配置为 PHP 动态网站开发所需的环境。

第 2 章 HTML 基础

知识点

- ☑ HTML 文档的基本结构
- ☑ 主要文本格式标记
- ☑ 超链接标记
- ☑ 图像标记
- ☑ 表格标记
- ☑ 表单标记
- ☑ HTML 5 简述
- ☑ 在 HTML 中使用 PHP 代码

本章导读

PHP 是一种嵌入在 HTML 代码中的脚本语言,它必须依赖于 HTML,PHP 程序在服务器端执行,并将程序运行结果以 HTML 的形式连通其他的 HTML 一起发送给客户端,客户端用户再通过浏览器查看自己想要看到的信息。在学习 PHP 语言之前,有必要先介绍一下 HTML 基础知识,其中包括 HTML 文档的基本结构、各种文本格式标记、超链接标记以及表格标记等 HTML 中主要标记的使用方法,以便使广大读者尤其是初学者能更容易地理解本书后面章节的内容。正如事物是在不断发展变化一样,HTML 也在不断发展,2014年,万维网联盟宣布,历经 8 年的努力,该组织终于完成了 HTML 第五个版本的制定,这就是 HTML 5,本书将在讲述过程中,顺便讲述这部分的变化。

2.1 HTML 文档的基本结构

HTML 不是像 C、BASIC 之类的程序设计语言,它只是标记语言,基本上只要明白了各种标记的用法和含义就算学懂了 HTML。HTML 的任何标记都由"<"和">"括起来,如<html><i>。标记有单标记和双标记之分,超文本标记一般成对出现在文本中,双标记由始标记和尾标记两部分组成,在其中间可以放入要修饰或说明的各种内容,用带"/"的元素表示结束,如<html>和</html>,这类标记称为双标记;只有始标记而没有尾标记的称为单标记,如
,表示在网页中引入一个换行符。标记的作用只是改变网页显示方式,其本身不在浏览器中显示。

2.1.1 HTML 文件结构

一个标准的 HTML 文件通常由 4 个主要的标记元素构成,其基本格式如下。

```
<html>
    <head>
        <title>HTML 文件标题</title>         ⎫ 文件头
    </head>                                  ⎬
    <body>                                   ⎭              ⎫
        html 文件的正文写在这里....            ⎫ 文件体       ⎬ HTML 文件
    </body>                                  ⎭              ⎭
</html>
```

其中<html></html>在最外层，用以表示这对标记间的内容是 HTML 文档。<html></html>标记有时会被省略，这是因为.html 或.htm 文件已被 Web 浏览器默认为是 HTML 文档；<head></head>之间包括文档的头部信息，如文档总标题等，若在实际应用中不需要此信息，可省略此标记，在 HTML 5 中提供了诸如 header、hgroup 元素，它们提供了更多的标题配置选项，但只有新浏览器才支持；<body>标记一般不省略，表示正文内容的开始。

2.1.2　标题标记<title></title>及主体标记<body></body>

<title></title>标记用于定义页面的标题，在浏览网页时其定义的文本内容将显示在浏览器的标题栏中。<body></body>标记用来指明文档的主体区域，网页要显示的信息都包括在这对标记之中，<body>标记表示主体区域的开始位置；</body>标记表示主体区域的结束位置。

2.2　文本格式标记

在 HTML 中利用文本标记可以让文本和图像在页面中整齐美观、有序地显示，本节主要介绍一些常用的文本格式标记及其属性，学习后，读者可以掌握如何在网页中合理使用文本，如何根据需要选择不同的显示效果。

2.2.1　标题字体标记<hn></hn>

标题标记是具有语义的标记，它指定浏览器在该标记对中显示一个标题，字体为黑色粗体。标题标记可以用来定义第 n 号标题，其中 n=1,2,3,4,5,6，n 的值越大，字越小，<h1>是最大的标题标记，而<h6>是最小的标题标记，标题标记有一个常用的属性：align 可以设置该标记元素的内容在元素占据的一行空间内的对齐方式：left 表示左对齐；right 表示右对齐；center 表示居中对齐。例如：

<h1> align ="center"本段文字居中对齐！

</h1>表示"本段文字居中对齐！"这一文本以一级标题格式，并按居中对齐的方式显示在网页上。

在 HTML 5 中可以使用 header 和 hgroup 元素来定义标题。

2.2.2 字体风格标记<b><i><u><sup><sub><em><strong><big>

字体风格标记主要用来对文字加粗、倾斜和加下划线等，这些标记可以给普通的文本增添丰富的视觉效果，主要由以下标记来完成这些效果。

- <b>：表示粗体。例如，"<b>今天天气真好！</b>"将在网页上显示粗体文本"**今天天气真好！**"。
- <i>：表示斜体。
- <u>：表示在文字下面加下划线。
- <sup>：表示将文字上调半行。例如，Y<sup>2<sup>，将在浏览器中显示 Y^2。
- <sub>：表示将文字下调半行。例如，H<sub>2</sub>O，将在浏览器中显示 H_2O。
- <em>：表示突出显示所定义范围内的文字。例如，<em>这是重点内容</em>。
- <strong>：表示强调所定义范围内的文字。例如，<strong>这是重点内容</strong>。
- <big>：表示大字体。例如，<big>中国</big>，则会在浏览器窗口中显示大字体的"中国"两个字。

2.2.3 字体标记<font></font>

利用字体标记<font></font>可以改变文字的字体、字号或颜色，诸如此类变化，都是可以通过对它 3 个属性——face、size 和 color 的不同设置来实现的，例如：

```
<font face="华文宋体"size="5" color="#000099"></font>
```

其中，face 用来定义文字的字体，size 用来定义字号大小，color 用来定义文本颜色，定义颜色可以用十六进制数来表示某种颜色，如#000099，也可以用下列预定义色彩来表示：black、olive、teal、red、blue、maroon、navy、gray、lime、fuchsia、white、green、purple、silver、yellow 和 aqua。如要在网页上显示白色字体，可以定义为<font color="#ffffff">白色字体</font>，也可以是<font color=white>白色字体</font>，这两条语句功能一样，只是使用的方法不同。

2.2.4 段落标记<p></p>与换行标记

在网页中显示多行文本时，往往要根据内容的不同进行分段或换行，在 HTML 中，分段和换行的标记分别介绍如下。

- 段（Paragraph）标记<p></p>

该标记的作用是在其所在位置对文本分段。例如，在 HTML 文件的文件体部分加入"你好吗？<p>很好</p>"，其网页效果如图 2-1 所示。

📢 **注意**：在两行文字之间空了一行。

❑ 换行标记

该标记的作用是在其所在位置进行强制换行。同样在 HTML 文件的文件体部分加入"你好吗？
很好"，其网页效果如图 2-2 所示，请仔细区分该网页与图 2-1 网页的差别。

图 2-1　HTML 网页中<p></p>标记的应用　　　　图 2-2　HTML 网页中
标记的应用

2.2.5　区域标记<div>

div 标记在网页中创建一个结构性区域，上下各有一个换行，作用是设定字、图像、表格等的布局位置，为 HTML 文档内大块（block-level）的内容提供结构和背景的元素。div 的起始标记和结束标记之间的所有内容都是用来构成这个块的，其中所包含元素的特性由 div 标记的属性来控制，或者是通过使用样式表格式化这个块来进行控制。在 HTML 5 中还提供了新的结构新元素来配置网页上的区域，如 section、article、heading、nav、aside 和 footer 等，由于篇幅有限，关于这方面的知识请读者查阅相关资料。

区域标记<div>语法：<div>区域块内容</div>。例如：

```
<div class="list2"><a href="/special/FAQ.html" title="常见问题解答区"></a></div>
<div class="list3"><a href="/special/query.html" title="咨询区"></a></div>
<div>网页页脚区域</div>
```

2.2.6　列表标记<ul></ul><ol></ol><dl></dl>

为了合理地组织文本或其他对象，网页中常常要用到列表。在 HTML 中可以使用的列表标记有无序列表标记<ul></ul>、有序列表标记<ol></ol>以及定义列表标记<dl></dl> 3 种，每个列表都包含若干个列表项。

无序列表语法：<ul><li>...</ul>。例如：

```
<ul>
    <li>Today
    <li>Tommorow
</ul>
```

有序列表语法：<ol><li>...</ol>。例如：

```
<ol>
    <li>Today
    <li>Tommorow
</ol>
```

两种列表标记使用效果的差别如图 2-3 所示。

（a）无序列表标记的应用　　　　　　　（b）有序列表标记的应用

图 2-3　无序列表与有序列表标记的使用效果

需特别说明的是，在 HTML 5 中，和无序列表一起使用的 type 属性已被废弃。然而，和有序列表一起使用的 type 属性仍得到支持，因为顺序提供了实际的含义，HTML 5 还新增了 reverse 属性，它使列表能反向排序。

定义列表语法：\<dl>\<dt> \</dt>\<dd>\</dd>\</dl>。其中，\<dl>、\</dl>分别是定义列表的起止标记，\<dt>\</dt>用于定义自定义列表标题，\<dd>\</dd>用于定义列表中的具体各项。例如：

```
<dl>
    <dt>湖南城市</dt>
        <dd>长沙</dd>
        <dd>衡阳</dd>
        <dd>常德</dd>
    </dl>
<dl>
    <dt>湖北城市</dt>
        <dd>武汉</dd>
        <dd>襄樊</dd>
        <dd>宜昌</dd>
</dl>
```

网页实际运行效果如图 2-4 所示。

图 2-4　列表标记的举例

2.2.7 水平线标记\<hr/>

这是一个很单一的标记,用来在网页中插入一条水平线。例如:

```
<hr size="3" width="85%" noshade="noshade" />
```

其中,size 用来设置水平线的粗细,noshade 用来设置水平线是否有阴影效果,其默认值是 noshade,即有阴影效果的。

2.2.8 转义字符与其他特殊符号

在 HTML 代码中,文本中有些符号,如空格、大于号是不会显示在浏览器中的,但在某些时候需要在网页中显示它们,此时就必须在源代码中输入它们对应的特殊字符,这些特殊字符可以分为三类。

- ❑ 特殊字符

一些符号是无法直接用键盘输入的,需要在 HTML 源代码中输入特殊的字符来实现,如版权符号"©",需要在源代码中用"\©"来代替,再如"±"用"\±"来代替,"÷"用"\&divide"来代替,"‰"用"\&#8240"来代替,等等。

- ❑ 转义字符

由于在 HTML 标记中已经使用了大于号和小于号,因此在 HTML 代码中若再出现">"和"<",就会被认为是普通的大于号或小于号。如果要显示"5>3"这样一个不等式,则需要用"\>"代表符号">",用"\<"代表符号"<"来实现。例如:

```
<p>a&gt;b&divide;3</p>                <!--在浏览器中显示"a>b÷3"-->
<p>a&lt;|&plusmn;b|</p>               <!--在浏览器中显示"a<|±x|"-->
<p align="center"> 网站版权所有者&copy;公司  </p> <!--在浏览器中显示版权信息-->
```

📢 注意:在上述语句的末尾处有\<!--***-->,它是 HTML 代码的注释语句,浏览器不会执行这些语句。

- ❑ 空格符号

文字与文字之间的空格,如果超过一个空格,那么从第二个空格开始,都会被忽略掉。如果需要在某处使用多个空格,就需要使用代表空格的特殊符号来代替,空格符是"\ ",一个"\ "代表一个半角的空格,如果输入多个空格,可以多次输入"\ "。

2.3 超链接标记\<a>\</a>

链接是网页最主要的特点,也是非常重要的工具,之所以通过互联网能方便地浏览大量可用的信息资源,原因就在于网站的网页中大量使用超链接标记。

2.3.1 链接的定义

链接的源对象是指可以设置链接的网页对象,主要有文本、图像或文本图像的混合体。它们对应<a>标记所显示的内容。其格式如下:

<a href="url" title = "鼠标悬停在超链接上时显示的文字注释">链接显示内容</a>

其中,href 用来指定这个链接所要打开的文件路径,title 用来让鼠标悬停在超链接上时,显示该超链接的文字注释。链接显示内容可以是普通文本,也可以是一幅图片或图片与文字的混合体。

2.3.2 超链接的种类

在网页中超链接的种类很多,如文件链接、电子邮件链接、锚链接等,定义这些不同链接,只需要将 href 属性设置为相应的内容即可。

1. 文件链接

链接到其他网页或文件的方法如下。

- 外部链接:<a href="http://www.cec.edu.cn/index.html">某学院校园网首页</a>。
- 内部链接:<a href="../index.html">返回到首页</a>。
- 下载链接:<a href="document/word 文档.doc">单击下载</a>。

2. 电子邮件链接

在网站中,经常会看到"联系我们"的链接,只要单击这个链接,就会触发邮件客户端,如触发 Outlook Express 程序启动,然后显示一个新建 E-Mail 的窗口。用<a>可以实现这样的功能:

<a href = "mailto:mailzjld@cec.edu.cn>联系我们</a>

3. 锚链接

当网页内容很长,需要进行页内跳转链接时,就需要定义锚点和锚链接,锚点可以使用 name 属性或 id 属性定义,例如:

<a name="C1">第一章</a>　　　<--定义锚点-->
<a href="#C1">参见第一章</a>　　<--页内跳转链接,链接到锚点第一章处-->

HTML 5 为锚标记提供了新功能,即 block anchor,它能将一个或多个元素配置成链接。

2.4 图像标记<img>

在网页中,图像可以直接表现主题,并且凭借图像的意境,让浏览者印象深刻。用<img>

这个标记可以在 HTML 中插入图片,最基本的语法如下:

<img src="url">

url 表示图片的路径和文件名。如 url 可以是"images/logo/blabla_logo01.gif",也可以是一个相对路径"../images/logo/blabla_logo01.gif"。

2.4.1 图像的基本格式

网页中插入的图像文件可以是 JPG 格式、GIF 格式或 PNG 格式,它们都是压缩形式的图像格式,体积比位图格式的图像小,所以适合于网络传输,下面分别简单介绍这 3 种图像格式。

1. GIF 图片

GIF (Graphics Interchange Format)图片的扩展名是.gif。现在所有的图形浏览器都支持 GIF 格式,有的图形浏览器只能识别 GIF 格式。GIF 是一种索引颜色格式,在颜色数很少的情况下,产生的文件极小,它的优点如下。

- ❑ 支持透明背景。如果 GIF 图片背景色设置为透明,它将与浏览器背景相结合,生成非矩形的图片。
- ❑ 支持动画。在 Flash 动画出现之前,GIF 动画可以说是网页中唯一的动画形式。GIF 格式可以将单帧的图像组合起来,然后轮流播放每一帧而成为动画。
- ❑ 支持图形渐进。渐进即图片渐渐显示在屏幕上,渐进图片将比非渐进图片更快地显示在屏幕上,可以让访问者更快地知道图片的概貌。
- ❑ 支持无损压缩。无损压缩是不损失图片细节而压缩图片的有效方法,由于 GIF 格式采用无损压缩,所以它更适合于线条、图标和图纸。

当然,GIF 格式的缺点同样相当明显:它只有 256 种颜色,这对于要求高质量的图片显然是不够的。

2. JPG 图片

JPG(Joint Photograhic Experts Group,联合图像专家组)图片的优点是能支持上百万种颜色,可以表示出自然界中几乎所有的颜色,由于 JPG 图片使用了有损压缩算法之后,其文件更小,下载时间更短。有损压缩会放弃图像中的某些细节,从而减小文件长度,而且从浏览角度来讲图像质量受损不会太大,这样就大大提高了网络传输和磁盘交换文件的速度。

但是从长远来看,随着带宽的不断提高和存储介质的发展,JPG 也应该是一种被淘汰的图片格式,因为有损压缩会对图像产生不可恢复的损失,所以经过压缩的 JPG 图片一般不适合打印;另外,JPG 也不像 GIF 图像那么灵活,它不支持图形渐进、透明背景,更不支持动画。

3. PNG 图片

PNG(Portable Network Graphic Format,流式网络图形格式)是 20 世纪 90 年代中期

出现的图像文件存储格式，其主要用于替代 GIF 和 TIFF 文件格式，同时兼有 GIF 文件格式所不具备的一些特性。PNG 采用位图文件（Bitmap File）存储格式，用来存储灰度图像时，灰度图像的深度可达 16 位；存储彩色图像时，彩色图像的深度可达 48 位。

在 PNG 格式的图像文件中增加了下列 GIF 格式图像文件中所没有的特性。

- ❑ 每个像素为 48 位的真彩色图像。
- ❑ 每个像素为 16 位的灰度图像。
- ❑ 可为灰度图和真彩色图添加 α 通道。
- ❑ 添加图像的 γ 信息。
- ❑ 使用循环冗余码检测被损害的文件。
- ❑ 加快图像显示的逐次逼近显示方式。
- ❑ 标准的读/写工具包。

2.4.2 图像的对齐方式 <img src = " " align=" "/>

<img>标记的对齐方式可以通过 align 属性来设置，其不同的取值一共有 9 种，其中实现图片和文本混排的有"左对齐"、"右对齐"及"居中对齐"。例如：

`<img src = "../images/html_tutorials/smile.jpg" align="left"/>`

此标记表示按照 src 指定的路径来引用名为 smile.jpg 的图片，并且按居中对齐的方式显示。

2.4.3 图像的大小 <img src = " " width=" " height=" "/>

在默认状况下，图片显示原有的大小。用户可以用 height 和 width 属性改变图片的大小。例如：

`<img src="Previous.gif" width="14" height="13" align="left"/>`

不过图片的大小一旦被改变，图片实际显示的大小也会发生改变，显示出来的结果可能会很难看。同时，由于图片相对文字所占的字节数较多，如一个全屏的图片，经过压缩后，也要占去大约 50KB 字节的存储容量，这相当于 25000 字的纯文本所占的空间，所以在网页中插入过多的图像，浏览网页时会使浏览器因载入大量图片而花费过多的时间，一般情况下，建议读者在一个 HTML 文件中不要包含过多的图片，否则会影响网页的显示速度。

2.5 表 格 标 记

表格在网页中应用非常广泛，在网页中可以用表格来对整个页面进行精心布局，使页面变得井然有序，所以表格的相关语法在 HTML 中是非常重要的一部分。

2.5.1 表格定义标记 \<table>\</table>\<tr>\</tr>\<th>\</th>\<td>\</td>

使用好表格可以提高网页设计的工作效率，将对网页设计大有帮助，下面简单讲解一下 HTML 中定义表格的相关语法格式。

```
<table>
<tr>     <--定义表行-->
<th>  表头内容  </th>
<td>表格具体单元格内的数据</td> <--定义表格单元格-->
<td>   …   </td>
</tr> <--行定义结束-->
</table>   <--定义表格结束-->
```

将以上代码加入 HTML 文档的文件体并保存后，用 IE 浏览器打开此文档，将在浏览器窗口中显示如图 2-5 所示的页面。

1．设置表格边框格式

定义表格边框格式的语法为\<table border=#>。其中"#"为整数，用于设置表格的边框大小，它以像素为单位。这里仍以图 2-5 的网页为例来讲解表格边框的设置，下面的代码将创建一个边框为 12 像素的表格：

```
<table border=12 cellspacing=1 cellpadding=2   width="80%">
<thead>
    <tr> <th>股票名称</th><th>最高价</th><th>最低价</th><th>收盘价</th> </tr>
</thead>
    <tr> <td>ABCD</td><td>87.625</td><td>85.50</td><td>85.00</td></tr>
    <tr> <td>EFGH</td><td>101.00</td><td>97.50</td><td>100.00</td></tr>
    <tr> <td>IJKL</td><td>56.00</td><td>54.50</td><td>55.00</td></tr>
    <tr> <td>MNOP</td><td>71.00</td><td>69.00</td><td>69.10</td></tr>
</table>
```

其中，\<thead>、\</thead>和\<th>、\</th>标记分别用来定义表头、表尾的标记，保存该文档后，用 IE 浏览器打开此文档，将显示如图 2-6 所示的页面。

图 2-5　HTML 文档中的表格　　　　　　图 2-6　在 HTML 文档中设置表格的边框

2．定义表格的长宽

设置表格长宽的语法为<table border width=# height=#>。其中"#"为整数，例如：

```
<table cellspacing=1 cellpadding=2 width="350" height="100" border=1>
    <tr><td>公司名称</td><td>地址</td><td>签约时间</td></tr>
    <tr><td>company1</td><td>四川成都</td><td>半年</td></tr>
    <tr><td>company2</td><td>江苏南京</td><td>未签约</td></tr>
    <tr><td>company3</td><td>浙江杭州</td><td>2 年</td></tr>
    <tr><td>company4</td><td>广东深圳</td><td>1 年</td></tr>
</table>
```

执行以上代码，则可在网页中创建一个如图 2-7 所示的表格。

通过这个实例，顺便讲述一下关于设置表元（即单元格）间隙和内部间隙的语法，其格式为<table cellspacing=# cellpadding=#>。同样"#"表示整数，如在本例中，编者设计的是<table cellspacing=1 cellpadding=2>。

3．创建跨多列的单元格

创建跨多列的单元格的语法为<TD colspn=#>。其中"#"表示单元格所跨的列数。例如，用下列语句建立一个表的结构：

```
<table cellspacing=1 cellpadding=2 width="350" height="100" border=1>
    <tr><td colspan=3>毕业生就业情况统计</td></tr>
    <tr><td>公司名称</td><td>地址</td><td>签约时间</td></tr>
    <tr><td>company1</td><td>四川成都</td><td>半年</td></tr>
    <tr><td>company2</td><td>江苏南京</td><td>未签约</td></tr>
    <tr><td>company3</td><td>浙江杭州</td><td>2 年</td></tr>
    <tr><td>company4</td><td>广东深圳</td><td>1 年</td></tr>
</table>
```

执行以上代码，则可在网页中创建一个如图 2-8 所示的表格。

图 2-7　在 HTML 文档中设置表格的长宽　　　图 2-8　在 HTML 文档中设置跨多列的单元格

4．创建跨多行的单元格

与创建跨多列的单元格对应，在 HTML 中同样能创建跨多行的单元格，其语法为

<td rowspan=#>。其中"#"为整数，表示要跨的行数。例如，用以下程序段创建一个跨多行的单元格结构的表格：

```
<table cellspacing=1 cellpadding=2 width="350" height="100" border=1>
    <tr><td colspan=4 align="center">毕业生就业情况统计</td></tr>
    <tr><td>系别</td><td>公司名称</td><td>地址</td><td>签约时间</td></tr>
    <tr><td rowspan=4>机械系</td><td>company1</td><td>四川成都</td><td>半年</td></tr>
    <tr><td>company2</td><td>江苏南京</td><td>未签约</td></tr>
    <tr><td>company3</td><td>浙江杭州</td><td>2 年</td></tr>
    <tr><td>company4</td><td>广东深圳</td><td>1 年</td></tr>
</table>
```

执行以上代码，则可在网页中创建一个如图 2-9 所示的表格。

5．设置表格的标题

表格的标题表明整个表格的主题，其语法格式为<caption align=#>…</caption>。其中，"#"可以是 left、center、right、top 和 bottom，例如：

```
<table cellspacing=1 cellpadding=2 width=300 height="100" border=1 align= center >
    <caption align="center">【毕业生就业情况统计】<<caption>
    <tr><td>系别</td><td>公司名称</td><td>地址</td><td>签约时间</td></tr>
    <tr><td rowspan=4>机械系</td><td>company1</td><td>四川成都</td><td>半年</td></tr>
    <tr><td>company2</td><td>江苏南京</td><td>未签约</td></tr>
    <tr><td>company3</td><td>浙江杭州</td><td>2 年</td></tr>
    <tr><td>company4</td><td>广东深圳</td><td>1 年</td></tr>
</table>
```

执行以上代码，则可在网页中创建一个如图 2-10 所示的表格。

图 2-9　在 HTML 文档中设置跨多行的单元格　　图 2-10　在 HTML 文档中设置表格的标题

> 注意：此表与图 2-9 所示的表格的差别是"毕业生就业情况统计"并没有显示在表格的某个单元格内。

2.5.2 表格体标记<tbody>

<tbody>标记是在<table>中使用的,用来指明由它包括的各表格行来作为表格的主体部分。<tbody>的好处就是:如果表格中的内容很多,比如有上百行的数据记录,浏览器默认情况下是要将表格中上百行的数据记录下载完之后再显示整个表格,但添加了<tbody>标记后,浏览器会分行显示,即每下载一行就立即显示一行,以加快大型表格的显示速度。使用<tbody>标记,可以将表格分为一个单独的部分。<tbody>标记可将表格中的一行或几行合成一组。例如:

```
<table width="423" border="0" cellspacing="0" cellpadding="0">
    <tbody bgcolor="#00CCFF">
    <tr>
        <td width="204">单元格数据 1</td>
        <td width="219">单元格数据 2</td>
    </tr>
    <tr>
        <td>单元格数据 3</td>
        <td>单元格数据 4</td>
    </tr>
    <tr>
        <td>单元格数据 5</td>
        <td>单元格数据 6</td>
    </tr>
    </tbody>
</table>
```

2.6 表单标记

HTML 表单(Form)是 HTML 的一个重要部分,主要用于采集和提交用户输入的信息,它是服务器端程序处理客户端用户提交的各类信息的主要工具,也是一类重要的网页元素。下面介绍 HTML 中与表单相关的语法。

2.6.1 表单的定义语法

表单的基本语法如下:
```
<form action="url" method=*>...
...
<input type=submit>
<input type=reset>
</form>
```
其中,url 表示处理该表单的文件路径,*表示处理表单信息的方式,主要有 get 和 post

两种。get 的方式是将表单控件的 name/value 信息经过编码之后,通过 URL 发送,可以在地址栏中看到。而 post 则将表单的内容通过 http 发送,在地址栏看不到表单的提交信息。那什么时候用 get,什么时候用 post 呢?一般是这样来判断的:如果只是为取得和显示数据,用 get;一旦涉及数据的安全、保存和更新,那么建议用 post。表单中提供给用户的输入形式为<input type=* name=** value=***>。其中*表示表单元素类型,主要有 text、password、checkbox、radio、image、hidden、submit 和 reset,当设置为 submit 时,显示的是提交按钮,设置为 reset 时,显示的是重置按钮;**表示用户为该表单元素定义的名称,该名称的定义要符合 CGI 标准;***表示用户为表单元素预定义的值。下面详细介绍表单中的常见元素及其具体功能。

2.6.2 在文本框中输入文字和密码

文本域<input type="text" />用于在表单上创建单行文本输入区域,即普通文本框。创建文本框相应的语法为<input type="text" name=" " value=" ">。

密码域的定义与文本域的定义基本相同,只是往文本框中输入数据时,其数据以圆点显示,创建密码域相应的语法为<input type="password" name=" ">。例如:

```
<form action="cgi-bin/post-query" method=POST>
您的姓名:
<input type=text name=姓名><br>
您的主页:
<input type=text name=网址 value=http://><br>
您的密码:
<input type=password name=密码><br>
<input type=submit value="发送"><input type=reset value="重设">
</form>
```

保存该 HTML 文档并用 IE 浏览器打开,则用户可在 IE 窗口中查看如图 2-11 所示的表单。

图 2-11　含有文本框和密码域的表单实例

2.6.3 复选框(CheckBox)和单选按钮(RadioButton)

定义复选框的语法为<input type=checkbox name=…value=…>。描述复选框被选中的语法为<input type=checkbox name value=…checked>。例如:

```
<form action="cgi-bin/post-query" method=POST>
    <input type=checkbox name=商品 1>
        罐头<p>
    <input type=checkbox name=商品 2 checked>
        香蕉<p>
    <input type=checkbox name=商品 3 value=book>
        书籍<p>
    <input type=submit><input type=reset>
</form>
```

保存该 HTML 文档并用 IE 浏览器打开,则用户可在 IE 窗口中查看如图 2-12 所示的表单。

定义单选按钮的相应语法为<input type=radio name=… value=…>。描述单选按钮被选中的语法为<input type=radio name value=…checked>。例如:

```
<form action="cgi-bin/post-query"   method=POST>
    <input type=radio name=水果>
        香蕉<p>
    <input type=radio name=水果  checked>
        苹果<p>
    <input type=radio name=水果  value=橘子>
        橙子<p>
    <input type=submit><input type=reset>
</form>
```

保存该 HTML 文档并用 IE 浏览器打开,则用户可在 IE 窗口中查看如图 2-13 所示的表单。

图 2-12　含有复选框的表单实例　　　图 2-13　含有单选按钮的表单实例

2.6.4　列表框(Selectable Menu)

定义列表框的基本语法如下:

```
<select name=…>
    <option value=…>…
    <option value=…>…
</select>
```

描述列表框中某项被选中的语法为：
<option value =... selected>...
例如：

```
<form action="bin/post-query" method=POST>
    您所到过的国家：<p>
    <select name=nation>
        <option>美国
        <option selected>英国
        <option value=My_Favorite>日本
        <option>加拿大
    </select>
    <input type=submit><input type=reset>
</form>
```

保存该 HTML 文档并用 IE 浏览器打开，则用户可在 IE 窗口中查看如图 2-14 所示的表单。

如果在<select>标记中添加属性 multiple，则可创建一个多选项的下拉列表，如语句<select name=fruits size=3 multiple>表示同时可以选择 3 个选项，例如：

```
<form action="bin/post-query" method=POST>
    您所到过的国家：<p>
    <select name=nation size=3 multiple>
        <option>美国
        <option selected>英国
        <option value=My_pscontry>日本
        <option>加拿大
    </select>
    <input type=submit><input type=reset>
</form>
```

保存该 HTML 文档并用 IE 浏览器打开，则用户可在 IE 窗口中查看如图 2-15 所示的表单。

图 2-14 含有列表框的表单实例

图 2-15 可多选的列表框的表单实例

◀) 注意：若要多选，则应先按住 Crtl 键再分别单击所要选择的选项。

2.6.5 文本区域（textarea）

文本区域的语法格式为<textarea name=… rows=* cols=**>…</textarea>。其中，*和**

取整数，rows 表示文本区的行数，cols 表示文本区的列数。例如，有以下程序：

```
<form action="cgi-bin/post-query" method=POST>
    <textarea name=comment rows=5 cols=60>
    </textarea>
    <p>
    <input type=submit><input type=reset>
</form>
```

执行以上代码后将在浏览器窗口上看到如图 2-16 所示的页面。

图 2-16　含有文本区域的表单实例

2.6.6　表单中的按钮

在表单中可以用 input 标记创建按钮，方法是：将 input 标记的 type 属性设置为 submit，创建一个提交按钮；将 type 属性设置为 image，创建一个图像按钮，它们可以用来提交表单数据。将 type 属性设置为 reset，则创建一个重置按钮；当设置 type 属性为 button，此时定义一个普通按钮。为使读者方便掌握以上按钮形式，可以根据表 2-1 将以上按钮的定义做一下总结。

表 2-1　用 type 属性定义不同的按钮

Type 属性类型	功　　能	作　　用
<input type="submit"/>	提交按钮	提交表单信息
<input type="image"/>	图像按钮	用图像做的提交按钮，用于提交表单信息
<input type="reset"/>	重置按钮	将表单中的用户输入信息清空
<input type="button"/>	普通按钮	需要配合 JavaScript 脚本使其具有相应的功能

2.6.7　隐藏表单的元素

隐藏表单元素的语法是<input type=hidden value=*>，其功能是在浏览网页时，浏览器不会显示这个表单字段元素，但当提交表单时，浏览器会将这个隐藏表单元素的 name 属性和 value 属性值组成的信息发送给服务器。例如，有以下程序：

```
<form action="/cgi-bin/post-query"  method=POST>
    <input type=hidden name=add value=hoge@hoge.jp>
    这里是一个隐藏表单元素<p>
    <input type=submit><input type=reset>
</form>
```

执行以上代码后，将在浏览器窗口上看到如图 2-17 所示的页面。

图 2-17　隐藏表单元素的实例

2.7　在 HTML 中嵌入 PHP 代码

由于 PHP 代码和 HTML 代码语法和编译解释的方式都不相同，所以在 HTML 中嵌入 PHP 时，要特别加入 PHP 定界符，PHP 定界符有以下 4 种形式。

❑　<?php…?>

这是 PHP 定界符的标准形式，建议读者使用这种形式。例如：

```
<?php
echo "您好！";
?>
```

❑　<?…?>

这是 PHP 定界符的简写形式，如果要使用这种定界符，必须在配置文件 php.ini 中设置 short_open_tag = On，然后重新启动 Apache 服务器。

❑　<script language="php">…</script>

这种形式是提供脚本引入，其作用是指定 PHP 编译器来解释<script>与</script>之间的脚本，例如：

```
<script language="php">
$a="您好！";
echo $a;
</script>
```

❑　<%…%>

这种形式是 ASP 语言的定界符。如果要在 PHP 文件中使用这种形式的定界符，必须在配置文件 php.ini 中设置 asp_tags = On，然后重新启动 Apache 服务器，使其设置生效。

2.8 HTML 5 新增表单元素和属性

HTML 5 吸纳了 Web 2.0 的标准,大幅强化了对表单元素的功能,使对表单的设计、制作与开发变得更快、更方便。由于篇幅有限,笔者简单介绍以下 4 种新增的属性。

1. form 属性

在 HTML 4 中,表单内的元素必须写在表单内部,而 HTML 5 中则不一定写在内部,可以写在页面上的任何地方,只要给该元素指定一个 form 属性,属性值为该表单的 id,这样就可以声明该元素从属哪个指定的表单。如下列代码:

```
<form id="demoform">
<input type="text" />
</form>
<textarea form=" demoform "></textarea>
```

分析:由于 input 元素是 form 的内部元素,所以不需要使用 form 指定 id,而 textarea 却是在 form 表单的外面,所以必须指定 form 的 id。

2. 表单内部元素的 formaction 属性

在 HTML 4 中,一个表单内的所有元素都只能通过 action 属性统一提交到另外一个页面,然而在 HTML 5 中,可以通过设置 formaction 属性将它们分别提交到不同页面,实现了单击不同的按钮,可将表单提交到不同页面的功能。比如下列代码:

```
<form id="test" action="first.jsp">
<input type="submit" name="s1"  value="v1" formaction="a.jsp">提交到 1 <br />
<input type="submit" name="s2"  value="v2"  formaction="b.jsp">提交到 2<br />
<input type="submit" name="s3"  value="v3"  formaction="a.jsp">提交到 1</form>
</form>
```

3. formmethod 属性

在 HTML 4 中,一个表单只有一个 action 元素对表单内所有的元素统一指定提交页面,所有表单内的元素也只会有一个提交方式(method),但是在 HTML 5 中可以为每个表单内的元素添加 formmethod 属性来分别定义各自的提交方式。如将前面的示例代码改写成如下形式:

```
<form id="test" action="first.jsp">
<input type="submit" name="s1" value="v1"   formaction="a.jsp" formmethod="get">提 交 到
1</form> <br />
<input type="submit" name="s2" value="v2"   formaction="b.jsp" formmethod="post">提 交 到
2</form><br />
<input type="submit" name="s3" value="v3"   formaction="a.jsp"   formmethod="put">提 交 到
1</form>
</form>
```

4. placeholder 属性

placeholder 指的是由<input type="text">定义的文本区域处于未输入状态时文本框中显示的输入提示，实现方法是加上 placeholder 属性，然后指定提示文字即可。如下列代码：

```
<input type="text" placeholder="please click me" />
```

2.9 案例剖析：制作网上问卷调查表单

在网上进行问卷调查，是互联网时代一种比较流行和快捷的问卷调查形式，这不但可以提高调查的工作效率、保证调查的准确性，还可以大大降低调查所需的运行成本，下面举一个实例来说明如何利用表单及其他 HTML 标记来制作表单。

2.9.1 程序功能介绍

本程序要实现的主要功能是：利用表单获取来自广大读者对某图书的反馈意见，其中分为若干个问卷项目，读者可通过网页上呈现的相关表单项进行问卷调查的回答，其网页运行的实际效果如图 2-18 所示。

图 2-18 网上问卷调查表

2.9.2 程序代码分析

基于上述对网上问卷调查的功能分析和描述，编者编写了如下程序代码。

```
<html><head>
    <title>网上问卷调查</title>
```

```html
</head>
<body>
<form action="" method="post">
    <table width="961" height="403" border="0" cellpadding="0" cellspacing="0">
    <tr align="center">
        <td width="221" height="34"><span class="STYLE1">教材名称：C#程序设计</span></td>
        <td width="203"><span class="STYLE1">ISBN：××××××××112</span></td>
        <td width="71"> </td>
        <td width="466"> </td>
    </tr>
    <tr>
        <td height="34" colspan="4">        读者个人资料：</td>
    </tr>
    <tr align="center">
        <td height="31">姓名</td>
        <td align="left"><label>
        <input type="text" name="textfield" id="textfield" />
        </label></td>
        <td>年龄</td>
        <td align="left">
        <input type="text" name="textfield2" id="textfield2" />
        性别
        <label>
        <select name="select" id="select">
        <option value="男">男</option>
        <option value="女">女</option>
        </select>
        </label></td>
    </tr>
    <tr align="center">
        <td height="34">文化程度</td>
        <td align="left">
        <input type="text" name="textfield3" id="textfield3" /></td>
        <td>电子邮箱</td>
        <td align="left">
        <input type="text" name="textfield4" id="textfield4" /></td>
    </tr>
    <tr>
        <td height="34" colspan="4"><hr width="85%" /></td>
    </tr>
    <tr>
        <td height="42" colspan="4" align="center">您使用本书是作为：
        <input name="checkbox" type="checkbox" id="checkbox" value="selejc" />
        指定教材
        <input type="checkbox" name="checkbox2" id="checkbox2" value="selesyjc"/>
        选用教材
        <input name="checkbox3" type="checkbox" id="checkbox3" value="selefdjc" />
        辅导教材
        <input type="checkbox" name="checkbox4" id="checkbox4" value="selezxjc" />
```

```
        自学教材</td>
    </tr>
    <tr>
        <td height="42" colspan="4" align="center">您对本书封面设计的满意度：
            <input name="checkbox5" type="checkbox" id="checkbox5" value="selejc" />
            很满意
            <input type="checkbox" name="checkbox5" id="checkbox6" value="selesyjc"/>
            满意
            <input name="checkbox5" type="checkbox" id="checkbox7" value="selefdjc" />
            一般
            <input type="checkbox" name="checkbox5" id="checkbox8" value="selezxjc" />
            不满意</td>
    </tr>
    <tr>
        <td height="42" colspan="4" align="center">您对本书印刷质量的满意度：
            <input name="checkbox6" type="checkbox" id="checkbox9" value="selejc" />
            很满意
            <input type="checkbox" name="checkbox6" id="checkbox10" value="selesyjc"/>
            满意
            <input name="checkbox6" type="checkbox" id="checkbox11" value="selefdjc" />
            一般
            <input type="checkbox" name="checkbox6" id="checkbox12" value="selezxjc" />
            不满意</td>
    </tr>
    <tr>
        <td height="42" colspan="4" align="center">您对本书总体的满意度：
            <input name="checkbox7" type="checkbox" id="checkbox13" value="selejc" />
            很满意
            <input type="checkbox" name="checkbox7" id="checkbox14" value="selesyjc"/>
            满意
            <input name="checkbox7" type="checkbox" id="checkbox15" value="selefdjc" />
            一般
            <input type="checkbox" name="checkbox7" id="checkbox16" value="selezxjc" />
            不满意</td>
    </tr>
    <tr>
        <td colspan="4" align="center">
            <input type="submit" name="button" id="button" value="提交" />
            <input type="reset" name="button2" id="button2" value="重置" /></td>
    </tr>
</table></form></body></html>
```

2.10 本章小结

本章主要介绍了 HTML 标记语言的基础知识，着重讲述了表格标记语言、表单标记语言、文本格式标记语言、超链接标记等，这些都是构成网页的主要元素。

2.11 练 习 题

1. 网页中能够支持的图像格式有哪些？它们有什么特点？
2. 简述一个表单至少应由哪几部分组成？
3. 什么是 HTML 语言？请写出一个完整的 HTML 文档的基本结构。
4. 文本对齐属性 align，其主要取值有哪些？分别代表什么含义？
5. 电子邮件链接的作用是什么？
6. 什么时候使用绝对链接，href 值中要使用 http 协议吗？

2.12 上 机 实 战

利用 HTML 相关标记，制作一个网站登录页面，其格式如图 2-19 所示。

图 2-19 网站用户登录页面

第 3 章   PHP 的基本语法

知识点
- ☑ PHP 语法的总体特点
- ☑ PHP 中的数据类型
- ☑ PHP 的常量与变量
- ☑ PHP 中的运算符和表达式
- ☑ PHP 程序的主要流程控制

本章导读

PHP 是一种嵌入在 HTML 代码中的脚本语言，它由服务器负责解释，具有自己的语法结构。它可以用于管理动态内容、支持数据库、处理会话跟踪，甚至构建整个电子商务站点。PHP 支持许多流行、非流行的数据库，包括 MySQL、PostgreSQL、Oracle、Sybase、Informix 和 Microsoft SQL Server。本章主要介绍的是如何在 Windows 系统平台上开发 PHP 程序，以及如何在 HTML 网页中加入合法 PHP 的程序代码。

3.1 PHP 语法综述

PHP 之所以在短短的十几年里得到迅速发展，用户遍及全球，被数以亿计的程序开发人员所推崇，这与 PHP 与生俱来的语法特点和优势是分不开的。

3.1.1 PHP 程序语言的特点

PHP 的大多数语法来源于 C，也有一部分 PHP 特性借鉴了 Java 和 Perl。PHP 程序语言最初发明者的初衷，是让 Web 开发人员能够快速、高效地写出动态页面数据库设计的内容。PHP 不仅有着其他同类脚本所共有的功能，更有它自身的特点，其独特之处主要有以下几点。

- ❑ 代码完全开放：所有的 PHP 程序代码都可以免费地、自由地交流。在互联网上，所有 PHP 用户可以得到大量符合自己需求的 PHP 源程序，可以下载到本地机为自己所用。
- ❑ 完全免费：使用 PHP 开发相关的 Web 应用程序无须支付任何费用。
- ❑ 功能强大：PHP 几乎无所不能，具体到 Web 开发上，PHP 能完成任何一款服务器端程序所能完成的工作，如收集表单数据，生成动态网页，或者发送/接收 Cookies 等，当然，PHP 强大的功能远不局限于此。
- ❑ 语法结构简单：PHP 结合了 C 语言和 Perl 语言的特色，坚持以基础语言开发程序，编写程序方便易懂。对于众多以前接触过 C 语言的用户来说，只需了解 PHP 的基本语法，然后掌握一些 PHP 独有的函数，就能轻松地进入 PHP 程序设计殿堂。
- 强大的数据库支持：PHP 几乎支持所有的主流、非主流数据库。如 MySQL、Microsoft SQL Server、Orcale、Dbase、Sybase、Informix、InterBase、Access 等。
- 代码执行效率高：与其他同类 CGI 比较，PHP 消耗更少的系统资源，如果用户采用 Apache 作为服务器，则服务器系统只负责脚本解释，无须承担其他额外的任务。
- 面向对象编程：PHP 提供了类和对象，基于 Web 的编程工作非常需要面向对象编程能力。PHP 支持构造器、提取类等。

3.1.2 PHP 无可比拟的优势

使用过命令式编程语言的编程人员对 PHP 会非常熟悉，例如，使用 C 或者 Perl 等具有类似风格和语法的程序语言的任何用户，一般都能够很快上手 PHP。尽管 PHP 的初衷是用于 Web 设计，但是它也能够作为命令行语言使用。PHP 可以帮助网站开发人员为网站的访问者提供本地化的服务。当远端用户进入网站时，网站会根据远端用户各自浏览器的设置自动地以其母语向其提供页面。如果被请求的语言文件存在，那么用户所看到的文本就是其母语；如果语言文件不存在，那么文本就是默认的英语或者其他 Web 开发人员所指定的语言。

PHP 可与 Apache 自然结合，被作为一个模块编译，直接编译成 Apache 二进制文件。而 Apache 能够运行在 Windows、Linux、Solaris 和各种其他操作系统平台上，单就这一方面优势来说，其他 Web 编程语言都是无法与 PHP 相比的。此外，利用 Apache 构建的 Web 服务器还有跟踪记录的功能，使其安全性能够保持在最高的优先级上，从这个角度来说 ASP.NET 或 ASP 默认的运行平台 IIS 是无法与 PHP 比拟的。最后，PHP 拥有更小的代码路径，这意味着更少的分析和执行 PHP 页面服务器端代码，运行更加迅速。最后，可通过表 3-1 来总结一下 PHP 与其他 Web 编程语言相比，其优势所在。

表 3-1 PHP 与其他 Web 语言的比较

指标性能 语言	PHP	ASP	ASP.NET	JSP	CGI
操作系统	均可	Windows	Windows	均可	均可
Web 服务器	多种	IIS	IIS	多种	均可
代码执行效率	快	快	一般	极快	慢
稳定性	佳	中等	中等	佳	差
开发时间	短	短	短	较长	长
程序语言	PHP	VB	VB、C#、C++	Java	不限
网页结合	佳	佳	佳	差	差
学习门槛	低	低	较高	高	高
函数支持	多	少	少	多	不定
系统安全	佳	差	差	佳	佳
升级速度	快	慢	慢	较慢	无

3.2 数据类型

PHP 共有 8 种数据类型：布尔、整数、浮点数、字符串、数组、对象、资源与 NULL。

3.2.1 布尔数据类型

布尔数据类型只有 TRUE 与 FALSE 两个值，且不区分大小写，即可以写成 true 与 false，或是 True 与 False。

下列范例声明变量$x、$y 与$z 的数据类型是布尔值 TRUE。

```
<html>
<head>
<title></title>
</head>
<body>
$x = True;
$y = True;
$z = true;
echo "x = $x, y = $y, z = $z";
</body>
</html>
```

如图 3-1 所示，在 HTML 语言中嵌入以上语句，并保存为 PHP 文件到网站主目录中，通过浏览器可查看程序运行结果，如图 3-2 所示。

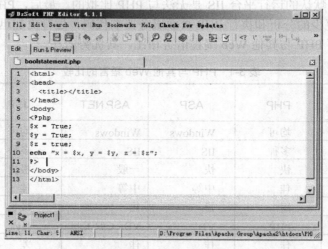

图 3-1 在 HTML 文档中插入 PHP 代码

 注意：在将 PHP 源代码嵌入到 HTML 文档中时，一定要将其插入到 HTML 文档的主体，即 body 部分内。为了节约篇幅，在本教材后面介绍的源代码举例中将省去 HTML 代码部分，而直接罗列 PHP 源代码。

图 3-2　布尔数据类型的举例（1）

下列范例声明变量$x、$y 与$z 的数据类型是布尔值 FALSE。

```
$x = False;
$y = False;
$z = False;
echo "x = $x, y = $y, z = $z";
```

在 HTML 语言中嵌入以上语句，并保存为 PHP 文件后，在浏览器中查看的程序运行结果如图 3-3 所示。

图 3-3　布尔数据类型的举例（2）

如果要将其他的数据类型转换成布尔数据类型，在前面加上（bool）或是（boolean）。例如：

```
$a = 100;
$b = 0;
echo "a = ",(bool) $a, ", b = ",(Boolean) $b;
```

在 HTML 语言中嵌入以上语句，并保存为 PHP 文件后，在浏览器中查看的程序运行结果如图 3-4 所示。

图 3-4　布尔数据类型的举例（3）

用户可以使用 gettype()函数来返回数据类型的种类，如在 HTML 语言中嵌入以下 PHP 代码：

```
$a = 187;
$b = 0;
echo "a 的数据类型是 : ", gettype($a);
echo "<br />";
echo "a 的数据类型是 : ", gettype((bool)$a);
echo "<br />";
echo "b 的数据类型是 : ", gettype($b);
echo "<br />";
echo "b 的数据类型是 : ", gettype((Boolean)$b);
```

在浏览器中查看程序运行结果，如图 3-5 所示。

图 3-5 用 gettype()函数返回数据类型

如果要将其他的数据形态转换成布尔数据类型，下列数值被认为是布尔值 False。
- 布尔值 False 本身。
- 整数 0。
- 浮点数 0.0。
- 空字符串以及字符串 "0"。
- 没有元素的数组。
- 没有成员变量的对象。
- 特殊的数据类型 NULL（包含未设置的变量）。
- 除了 0 以外的数字都被认为是布尔值 True，包含负数。

3.2.2 整数数据类型

整数可以使用十进制、八进制或是十六进制来表示，有效范围视操作系统而定。在 Windows 操作系统中，有效范围是-2147483648～2147483647。

（1）八进制的整数以 0 来开头，例如：$x = 0123。
（2）十六进制的整数以 0x 来开头，例如：$x = 0x1E。
（3）如果要显示的数字超过整数数据类型的范围，PHP 会使用浮点数来表示。例如：

```
$x = 2147483647;
echo "没有超过整数数据类型的范围，x 的数据类型是：", gettype($x),,"<br>";
```

```
$x = 2147483648;
echo "超过整数数据类型的范围, x 的数据类型是: ", gettype($x);
```

在浏览器中查看以上代码输出结果,如图 3-6 所示。

图 3-6　整数数据类型的举例

（4）如果要将其他的数据类型转换成整数数据类型,可在前面加上（int）或（integer）。

（5）下列范例将布尔数据类型转换成整数数据类型。

```
$x = TRUE;
$y = FALSE;
echo "x = ", (int)$x, ", y = ", (integer)$y;
```

浏览器的输出为:

x = 1, y = 0

（6）下列范例将浮点数数据类型转换成整数数据类型。

```
$x = 2.342;
$y = pow(2, 32);
echo "x = ", (int)$x, ", y = ", (integer)$y;
```

浏览器的输出为:

x = 2, y = 0

注意: $y = pow(2, 32)$ 的数值超出了整数数据类型能够显示的范围（通常是 ±2.15E+9,即 $\pm2^{31}$）,所得到的结果是无法预测的,PHP 不会显示警告或错误的信息。

（7）不要将未知的小数使用 int 或是 integer 来转换成整数数据类型计算,所得到的结果是无法预测的。下列的结果是错误的:

```
echo (int)((0.1+0.7) * 10);
```

浏览器的输出为 7,而不是正确的 8。

3.2.3 浮点数数据类型

浮点数的有效范围视操作系统而定。浮点数使用 e 或 E 来表示以 10 为底的指数,有效小数点可达 14 位。

(1)下列范例声明变量$x、$y、$z 的数据类型是浮点数。

```
$x = 2.234;
$y = 5.2e5;
$z = 3.2E-5;
echo "x = $x, y = $y, z = $z";
```

以上代码在浏览器中的实际输出结果如图 3-7 所示。

图 3-7 浮点数据类型的举例(1)

(2)可以使用 round()函数来将浮点数四舍五入,转换成指定小数点精度的整数或浮点数。例如:

```
echo round(3.4),"<br>";
echo round(3.5),"<br>";
echo round(3.6, 0),"<br>";        //保留 0 为小数,对第一位小数四舍五入
echo round(1.95583, 2),"<br>";    //保留 2 位小数,对第三位小数四舍五入
echo round(1241757, -3),"<br>";   //从整数的右边开始,对第三位整数四舍五入
echo round(5.045, 2),"<br>";
echo round(5.055, 2),"<br>";
```

其中,"<br>"表示在浏览器中输出时在此处强制换行,以上代码在浏览器中的实际输出结果如图 3-8 所示。

图 3-8 浮点数据类型的举例(2)

（3）可以使用 ceil()函数来将浮点数无条件进位，转换成整数，但是 ceil()函数返回的值仍然是浮点数数据类型。例如：

```
echo ceil(4.3);                    //返回浮点数 5
echo ceil(9.999);                  //返回浮点数 10
```

（4）可以使用 floor()函数来将浮点数无条件舍去，转换成整数，但是 floor()函数返回的值仍然是浮点数据类型。例如：

```
echo floor(4.3);                   //返回浮点数 4
echo floor(9.999);                 //返回浮点数 9
```

注意：不管是使用 round、ceil、floor 还是 int 来转换浮点数，未知的小数计算因精度转换的关系，会产生无法预期的结果。例如：

Floor(((0.1+0.7)*10))

浏览器的输出为 7，而不是正确的 8。

3.2.4 字符串数据类型

字符串使用单引号或是双引号，将字符串的内容包含起来。例如：

```
$x = "字符串 1";
$y = 'Hello';
```

（1）PHP 的字符串只能表示 256 个字符，所以它不支持 Unicode。
（2）可以用变量的名称使用大括号包含起来来和其他的字符串连接。例如：

```
$str = "book";
echo "There is a $str";
echo "There are three ${str}s","<br>";
echo "There are three {$str}s";
```

其中，"<br>"表示在浏览器中输出时在此处强制换行，以上代码在浏览器中的实际输出结果如图 3-9 所示。

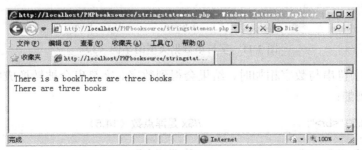

图 3-9 字符串数据类型的举例（1）

（3）可以使用下列方式来取出字符串中的某个字符。

```
$str = "Dictionary";
echo "第 1 个字符是  ", $str{0},"<br>";
echo "第 4 个字符是  ", $str{3},"<br>";
```

以上代码在浏览器中实际输出的结果如图 3-10 所示。

图 3-10　字符串数据类型的举例（2）

（4）可以使用 strlen()函数来取得字符串的长度。例如：

```
$str = "Dictionary";
echo "最后一个字符是  ", $str{strlen($str)-1}, "<br />";
```

最终在浏览器中输出的结果：最后一个字符是 y。

（5）两个字符串要连接时，中间使用"."号连接起来，使用"+"号没有作用。例如：

```
$x = "Hello";
$y = "world";
$str = $x . $y;
echo $str;
```

最终在浏览器中输出的结果如图 3-11 所示。

图 3-11　字符串数据类型的举例（3）

（6）在将字符串与数字相加时，结果会得到数字。字符串会被转换成字符串开头能够转换的数字，例如：

```
$x = 2 + "12.5"."<br>";              //$x 是浮点数（14.5）
echo     $x;
$x = 1 + "-2.3e4"."<br>";            //$x 是浮点数（-22999）
echo     $x;
$x = 1 + "mynumber-1.3e3"."<br>";    //$x 是整数（1）
```

```
echo      $x;
$x = 1 + "mynumber"."<br>";          //$x 是整数（1）
echo      $x;
$x = 1 + "10 books"."<br>";          //$x 是整数（11）
echo      $x;
$x = 5 + "10.2 tables"."<br>";       //$x 是浮点数（15.2）
echo      $x;
$x = "10.0 books" + 1;               //$x 是浮点数（11）
echo      $x;
echo "<br>";                         //强制换行
$x ="10.0 table1" + 1.0;             //$x 是浮点数 （11）
echo      $x;
```

通过浏览器查看，将得到如图 3-12 所示的执行结果。

图 3-12　字符串数据类型的举例（4）

（7）可以使用 ord()函数来取得字符的 ASCII 码。例如：

```
$str = "\n";
echo "ASCII 码 = ", ord($str);
```

浏览器的输出结果为：

ASCII 码 = 10

（8）可以使用 chr()函数来将 ASCII 码转换成字符。例如：

```
echo "字符 = ", chr(67);
echo "<br>";
$str = sprintf("这个字符 = %c", 65);
echo $str;
```

其中，sprintf()函数用于返回一个格式字符串，浏览器的最终输出结果为：

字符 = C
这个字符 = A

（9）如果要将其他的数据类型转换成字符串数据类型，在前面加上（String）。布尔值 True 转换成字符串 "1"，布尔值 False 转换成空字符串 ""。

（10）下列范例将浮点数转换成字符串。

$a = 1.5e-3;
echo(string)$a, "<br />";

浏览器的输出结果为：

0.0015

3.2.5 转义字符串

要在字符串中表示特殊字符时，在特殊字符前面加上一个"\"号。如表 3-2 所示是特殊字符在字符串中的表示法。

表 3-2 转义字符及其说明

特 殊 字 符	说　　明
\n	换行
\r	Return
\t	Tab 键
\\	\ 符号
\$	$ 符号
\"	" 符号
\'	' 符号
\nnn	八进制表示的字符，n 为 0～7 的数字
\xnn	十六进制表示的字符，n 为 0～9 的数字以及 A～F 的字母

例如：

```
echo '奥巴马说: "I\'ll can"',"<br>";
echo '要删除  F:\\*.*?',"<br>";
echo '要删除  E:\*.*?',"<br>";
$x = 160;
echo "\$x = ", $x;
```

以上代码在浏览器中实际输出的结果如图 3-13 所示。

图 3-13 转义字符串数据类型的举例

3.2.6 数组数据类型

PHP 的数组可以是一维数组，也可以是多维数组，使用中括号来包含数组的索引值。数组的索引值是由 0 开始算起的。

（1）下列示例声明变量$a 是一维数组。

```
$a[0] = 1;
$a[1] = 2;
$a[2] = 3;
```

（2）也可以将上述示例改写成：

```
$a[] = 1;
$a[] = 2;
$a[] = 3;
```

在程序执行过程中，PHP 会自动将$a[]数组第一个元素的索引值由 0 开始算起，索引值每次加 1。程序设计人员可以在程序代码中任意增加数组的长度，PHP 会自动计算适当的索引值。

（3）在 PHP 中可以用专用的函数 array()来建立数组。例如：

```
$x = array(1, 2, 3);
```

表示将建立一个一元数据，其中数组的第一个元素是 1，第二个元素是 2，第三个元素是 3，元素间以逗号来分开。

（4）另外，还可以以将数组中的元素设置成一个数组。例如：

```
$A1 = array(1, 2, 3);
$A2 = array(4, 5, 6);
$A3 = array(7, 8, 9);
$X = array($Ax1, $A2, $A3);
```

这样，数组$X 相当于是由 3 个一维数组$A1、$A2、$A3 构成的一个三维数组。

（5）变量$A1、$A2、$A3 都是一维数组，变量$X 则是$A1、$A2、$A3 的集合，则$X 是一个二维数组，它的内容如下：

```
$X[0] [0] = 1      $X[0] [1] = 2      $X[0] [2] = 3
$X[1] [0] = 4      $X[1] [1] = 5      $X[1] [2] = 6
$X[2] [0] = 7      $X[2] [1] = 8      $X[2] [2] = 9
```

（6）一般情况下，PHP 的数组索引值默认是以 0 开始，但程序设计员可以在 array()函数中添加参数来改变索引值的起点，如下列声明数组的索引值是以 1 开始。

```
$Y1 = array(1=> "First", "Second", "Third", "Forth", "Fifth", "Sixth", "Seventh");
```

（7）可以使用 key => value（键值 => 数值）的形式来指定数组的元素，例如：

```
$a = array(
    'Class' => '09112',       //key 等于 'Class'
    'name' => 'John',         //key 等于 'name'
    'Sex' => 'F',             //key 等于 'Sex'
    'age' => '20',            //key 等于 'age'
        14                    //key 等于 0
        );
echo $a['Class'],"<br>";
echo $a['name'],"<br>";
echo $a['Sex'],"<br>";
echo $a['age'],"<br>" ;
echo $a[0];
```

以上代码在浏览器中实际输出的结果如图 3-14 所示。

图 3-14 数组数据类型的举例

3.2.7 对象数据类型

与 C++、Java、C#等面向对象编程语言类似，在 PHP 中要声明一个对象之前，必须先使用 class 关键字来定义一个类，然后使用 new 运算符来建立这个类的对象。

（1）下例声明一个类 student。

```
class student
{
    var $name;
    var $sex;
    var $class_id;
    var $NO;
    var $grade_maths;
    var $grade_english;
    function gettotoalgrade()
    {
        return $this-> grade_maths +$this-> grade_english;
    }
}
```

（2）使用 var 关键字来声明类的成员变量，使用 function 关键字来声明类的成员方法。

（3）要声明 student 类的一个对象时，使用 new 运算符来建立 student 类的一个实例（instance），对象就是类的一个实例。

（4）下列范例声明 student 类的一个对象 stu_zhang。

```
$stu_zhang = new student();
```

（5）要存取对象的成员变量时，使用下列方式。

```
$stu_zhang->name = "张三";
$ stu_zhang ->sex = "男";
$ stu_zhang -> class_id = '09111';
$ stu_zhang -> grade_maths = 68;
$ stu_zhang -> grade_english = 86;
print $ stu_zhang -> gettotoalgrade();
```

使用对象名称，后面加上一个"->"符号，再加上类的成员变量或成员方法的名称来指向这个成员变量或成员方法。

注意：在对象名称的前面已经有"$"符号，所以成员变量名称的前面不需要再加上"$"符号。

（6）如果要存取同一类中的成员变量，可以使用 this 关键字来代表类本身。例如：

```
function gettotoalgrade() {return $this-> grade_maths * $this-> grade_english;}
```

在 gettotoalgrade () 函数中的 $this->grade_maths 就是成员变量$grade_maths 的值，$this-> grade_english 就是成员变量 $ grade_english 的值。

将以上相关代码进行综合，得到能得出实际结果的 PHP 程序如下：

```
class student
{
    var $name;
    var $sex;
    var $class_id;
    var $NO;
    var $grade_maths;
    var $grade_english;
    function gettotoalgrade()
    {
        return $this-> grade_maths +$this-> grade_english;
    }
}
$stu_zhang = new student();
$stu_zhang->name = "张三";
$stu_zhang->sex = "男";
$stu_zhang-> class_id = '09111';
$stu_zhang-> grade_maths = 68;
$stu_zhang-> grade_english =86;
print $stu_zhang->gettotoalgrade();
```

以上程序代码在浏览器中的执行结果如图 3-15 所示。

图 3-15 对象数据类型的举例

3.2.8 资源数据类型

PHP 从 4.0 版开始新增加了资源（resource）数据类型，这种变量用来参考到外部的资源。例如，取得 XML 剖析器、MySQL 数据库以及外部文件等。

PHP 具有垃圾回收的功能，所以它会自动去除不再使用的资源的内存。

3.2.9 NULL 数据类型

NULL 数据类型的值只能是 NULL，这意味着变量的值就是 NULL，没有其他的值。例如：

$x = NULL;

在 PHP 中，变量的值如果是 NULL，主要有以下几个方面的情况：

- 变量被指定为 NULL。
- 变量还没有指定任何的数值。
- 变量使用 unset()函数来取消原先变量的设置。

3.3 PHP 的变量与常数

变量是编程语言的基础，PHP 的变量声明，由"$"符号加上变量名称所组成。变量名称由英文字母或下划线符号"_"来开头，之后是不限长度的字母、数字或下划线符号，但不可以有空格。与变量不同的是，常数一旦设置之后，在程序运行期间不能改变或清除。

3.3.1 变量的定义与赋值

变量具有名称、数据类型和值，变量值在程序运行期间可以改变，PHP 变量能够赋予不同类型的数据，包括数值、字符串、布尔值、对象、数组等。

下例声明一个变量 $x，$x 变量的值等于 1，并且系统会自动将变量$x 当作数值型变量处理：

$x = 1;

下例声明一个变量 $Hello，$Hello 变量的值等于 "Welcome"，同样系统也会自动将变量$Hello 当作字符串变量处理：

$Hello = "Welcome";

PHP 将大小写不同的变量名称视为不同的变量，例如，$New、$new 与$nEw 是不同的变量。如前所述，PHP 的变量不需要事先声明数据类型，而是直接在程序代码中声明变量名称与变量的数值。例如：

$x = 5;   //声明变量$x 是一个数字
$str = "welcome to chengdu";   //声明变量$str 是一个字符串

注意：PHP 变量的数据类型可以在程序代码运行当中任意变换，PHP 会依照变量所保存的内容来决定它的数据类型。如下例将变量$x 的数据类型由数字转换成字符串：

$x = 1;   //此时，$x 一个数值
...
$x = "Washton";   //此时，$x 一个字符串

3.3.2 变量的参考指定

如果要将一个变量（如$y）的值指定给另一个变量（如$x），可以写成以下语句形式："$y = 1;$x = $y;"，这一程序代码只是将变量$y 的值指定给变量$x，变量$x 与$y 之间没有任何关系。当变量$y 的值改变时，变量$x 不会跟着改变，下面举例为证。

建立两个变量$x 与$y，原先$y 的值等于 1，将变量$y 的值指定给变量$x。然后将$y 的值改成 00，再显示一次变量$x 与$y 的值。

```
<?php
$y = 1;
$x = $y;
print "在修改 y 的数值之前  x = $x, y = $y <br />";
$y = 100;
print "在修改 y 的数值之后  x = $x, y = $y";
?>
```

程序运行结果如图 3-16 所示。

图 3-16 变量值的指定

如果想要让变量$x 的值跟着变量$y 的值来改变，在 C 语言里边，可以使用地址引用，而在 PHP 语言中应使用变量的参考指定（assign by reference）。例如：

$y = 1;
$x = &$y;

在变量$y 的前面加上"&"符号，&$y 表示变量$y 在内存中的地址。使用：

$x = &$y;

它表示变量$x 指向变量$y 的内存地址。所以当变量$y 的值改变时，变量$x 就会跟着改变。例如，将变量$y 的值改成 100 时，变量$x 的值就会跟着变成 100。

建立两个变量$x 与$y，原先$y 的值等于 1，将变量$y 的值使用参考指定给变量$x，然后将$y 的值改成 100，再显示一次变量$x 与$y 的值。

```
<?php
$y = 1;
$x = &$y;
print "在修改 y 的数值之前  x = $x, y = $y <br />";
$y = 100;
print "在修改 y 的数值之后  x = $x, y = $y";
?>
```

以上程序执行结果如图 3-17 所示。

图 3-17　给变量赋值

3.3.3　常数的声明

在现实生活中，有一些数是恒久不变的，例如，圆周率、光速、一年中的月数等，这些固定不变的数在计算机程序设计中称为常数，程序设计时，常数一经定义就固定不变。在 PHP 程序中，通常使用 define()函数来声明常数，下列代码定义常数 PI 的值是 3.14159。

```
define("PI", 3.14159);
```

下列代码定义常数"字符串 1"的值是"中国人民"。

```
Define("字符串 1", "中国人民");
```

某些情况下，当常数名被保存到变量里，或是由函数返回时，程序员可能并不清楚这个变量存放的就是自己所需的常数，这时，就要用到 constant()函数。如下例所示：

```
define(ISBN,"9781233432");
$value=constant(ISBN)        //将返回 9781233432
```

3.3.4 保留字

与 C 语言一样，PHP 有一些内定的保留字，不能用来当作常数、类或是函数的名称。变量因为是使用"$"符号来开头，所以可以使用保留字，但最好不要使用，PHP 常见的保留字有 And、or、xor、_FILE_、exception、_LINE_、array()、as、break、case、cfunction、class、const、continue、declare、default、die()、do、echo()、else、elseif、empty()、enddeclare、endfor、endforeach、endif、ndswitch、endwhile、eval、exit()、extends、for、foreach、function、global、if、include()、include_ince()、isset()、list()、new、old_function、print()、require()、require_once()、return()、static、switch、unset()、use、var、while、_FUNCTION_、_CLASS_、_METHOD_ 和 php_user_filter。

3.3.5 可变变量（动态变量）

可变变量也被称为动态变量，这种变量的名称被保存在另一个变量中；一个普通的变量是以下列的方法设置：$x = "hello"，而可变变量是通过使用两个"$"符号来定义，可变变量可以访问原始变量的值。

可变变量是以另外一个变量的数值作为它的变量名称。例如：

```
$x = "hello";
$$x = "world";
print "$x $hello";
```

其中，print()函数与 echo()函数类似，负责在屏幕上打印相关信息。上述代码实际上定义两个变量，并保存在 PHP 的符号表中：

- $x：数值为 "hello"。
- $hello：数值为 "world"。

变量$hello 就等于$$x，在浏览器中查看执行结果，如图 3-18 所示。

图 3-18　可变变量（1）

这是因为变量$x 的值等于 hello，而变量$hello 的值等于 world。如果使用 print 来输出下列程序代码：

```
print "$x ${$x}";
```

也会得到：

hello world

但是如果使用 print 来输出下列程序代码：

```
print "$x $$x";
```

那么会得到：

hello $hello

因为 $x = "hello"，所以 print 将 $$x 输出为 $hello。所以，要保证输出的正确性，必须用大括号将原先的变量包含起来，即：

```
print "$x ${$x}";
```

如将变量 $x 的值设置为 "hello"，使用可变变量将 $x 的值 "hello" 设置为另外一个变量 $hello = "world"。分别输出 "$x $$x"、"$x ${$x}"与"$x $hello" 的值。

```
$x = "Chinese";
$$x = "Man";
print "$x $$x" . "<br />";
print "$x ${$x}" . "<br />";
print "$x $Chinese";
?>
```

结果如图 3-19 所示。

图 3-19　可变变量（2）

PHP 提供了很多运算符，能够对各种数据对象进行多种不同类型的操作。运算符可以通过给出的一个或多个值（而这一个或多个值就构成了表达式）来产生另一个值，所以可以认为函数或任何会返回一个值的结构是运算符，如在表达式"4+6"里，4 和 6 是操作数，而"+"是操作符，也称运算符。

PHP 支持 3 种类型的运算符，第一种是一元运算符，只运算一个值，例如"!"（取反

运算符）或"++"（加一运算符）；第二种是有限二元运算符，PHP 支持的大多数运算符都是这种；第三种是三元运算符（条件表达式?表达式 1:表达式 2），用来根据条件表达式的值，在另两个表达式中选择一个作为整个运算的结果。

3.3.6 变量的作用域

不管是什么样的程序设计语言，变量始终是不可或缺的，它是用来存储信息的"容器"。变量的作用域是指在程序脚本中变量可被引用或使用的范围。一般说来，PHP 有 3 种不同的变量作用域：局部变量、全局变量和静态变量。

- 局部变量（local）的作用域：在函数内部声明的变量是局部变量，仅能在函数内部访问，即它的作用域是所在函数。
- 全局变量（global）的作用域：在所有函数外定义的变量拥有全局作用域，即作用域涵盖整个 PHP 文件；要在一个函数内部定义全局变量，需要使用 global 关键字。
- 静态变量（static）的作用域：当一个函数调用结束后，它的所有变量通常都会被删除，如果期望某个局部变量不被删除，在第一次声明变量时使用 static 关键字，而对于其他普通变量，系统会在函数调用结束后，清除其存储的数据。

对以上三类变量，下面分别举例说明。

（1）使用 global 关键字声明全局变量

```php
<?php
$x=10;
$y=20;
function test(){
    global $x,$y;
    $y=$x+$y;
}
test();
echo $y;                    //输出 30
?>
```

PHP 对所有全局变量实际上是统一存储到一个名为$GLOBALS[index]的数组中，其中 index 表示全局变量的名称。

（2）使用局部变量

```php
<?php
$x=5;                       //全局变量
function myTest()
{
    $y=10;                  //局部变量
    echo "<p>测试函数内变量:<p>";
    echo "变量 x 为: $x";   //输出错误 Notice: Undefined variable:
    echo "<br>";
    echo "变量 y 为: $y";
}
```

```
myTest();
echo "<p>测试函数外变量:<p>";
echo "变量 x 为: $x";
echo "<br>";
echo "变量 y 为: $y";       //输出错误，y 是局部变量，myTest()调用后，其定义被清除
?>
```

(3) 使用静态变量

```
<?php
function test(){
    static $y=1;
    echo $y;
    $y++;
}
echo test()."</br>";       //输出 1
echo test()."</br>";       //输出 2
echo test();               //输出 3
?>
```

3.3.7 运算符优先级

运算符优先级指定了两个表达式绑定得有多"紧密"，例如，表达式 1 + 5 * 3 的结果是 16 而不是 18，是因为乘号"*"的优先级比加号"+"高。必要时可以用括号来强制改变优先级。例如，(1 + 5) * 3 的值为 18。如果运算符优先级相同，则使用从左到右的左联顺序。

如表 3-3 所示，从高到低列出了运算符的优先级。同一行中的运算符具有相同优先级，此时它们的结合方向决定求值顺序。

表 3-3 运算符的优先级

运 算 符	描 述	结合方向
()	小括号	左到右
new	创建对象	非结合
[	数组下标	左到右
++ --	递增/递减运算符	非结合
! ~ -	逻辑非、位运算非、求反	非结合
(int) (float) (string) (array) (object)	强制指派数据类型	非结合
@	抑制错误	非结合
* / %	算数运算符（乘法、除法、取模）	左到右
+ - .	加法、减法、字符串串连	左到右
<< >>	位运算符（向左移位、向右移位）	左到右
< <= > >=	比较运算符（小于、小于等于、大于、大于等于）	非结合
== !=	比较运算符（等于、不等于）	非结合
=== !==	比较（对象）运算符（等同、不等同）	非结合

续表

运算符	描述	结合方向
&	位运算符（与）和引用	左到右
^	位运算符（异或）	左到右
|	位运算符（或）	左到右
&&	逻辑运算符（与）	左到右
||	逻辑运算符（或）	左到右
?:	三元运算符	左到右
= += -= *= /= .= %= &= |= ^= <<= >>=	赋值运算符	右到左
and	逻辑运算符（与）	左到右
xor	逻辑运算符（异或）	左到右
or	逻辑运算符（或）	左到右
,（逗号）	列表分隔符等	左到右

在表 3-3 的结合方向一栏中，"左到右"表示表达式从左向右求值，"右到左"表示表达式从右向左求值。为理解各种运算符的优先级顺序，不妨举例如下：

```
<?php
$a = 3 * 3 % 5;                //(3 * 3) % 5 = 4
echo $a,"<br>";
$a = true ? 0 : true ? 1 : 2;  //(true ? 0 : true) ? 1 : 2 = 2
echo $a,"<br>";
$a = 1;
$b = 2;
$a = $b += 3;                  //相当于$a =($b += 3), $a = 5, $b = 5
echo $a,"<br>";
?>
```

其中，为了增强代码的可读性，编者在某些地方特意加上了括号运算符。以上程序代码在浏览器中的显示结果如图 3-20 所示。

图 3-20 运算符优先级举例

3.3.8 算术运算符

在初等数学里，常见到加减乘除等运算，PHP 中算术运算符就与此类似，往往是以数值（变量或数字）作为操作数，并且返回单一的数值，如表 3-4 所示。

表 3-4 PHP 算术运算符列表

运算符	运算符名称	例子	运算结果
-	取反	-$a	$a 的负值
+	加法	$a + $b	$a 和$b 的和
-	减法	$a - $b	$a 和$b 的差
*	乘法	$a * $b	$a 和$b 的积
/	除法	$a / $b	$a 除以$b 的商
%	取模	$a % $b	$a 除以$b 的余数

注意：除法运算（"/"）总是返回浮点数，即使两个运算数是整数（或由字符串转换成的整数）也是这样。下面略举一例：

```
<html>
<head>
  <title></title>
</head>
<body>
<?php
$data1=5;
$data2=9;
$sum=$data1+$data2;
print "<h3>$sum=$data1+$data2<br/>";
$sum=$sum+(10/2+5)%7;
print "$sum=14+(10/2+5)%7<br/></h3>";
?>
</body>
</html>
```

以上程序在浏览器中的执行结果如图 3-21 所示。

图 3-21 算术运算符举例

3.3.9 赋值运算符

基本的赋值运算符是"="。初学者一开始可能把它当作"等于"，但实际上它的功能是把右边表达式的值赋给左边的操作数。

赋值运算表达式的值也就是所赋的值。也就是说，"$a = 3"的值是 3。这样就可以使用一些小技巧：

```
<? php
$a = ($b = 4) + 5;        //$a 现在成了 9，而$b 成了 4
?>
```

在基本赋值运算符之外，还有适合于所有二元算术、数组集合和字符串运算符的"组合运算符"，这样可以在一个表达式中使用它的值并把表达式的结果赋给它，例如：

```
<?php
$a = 3;
$a += 5;                  //运用了短路运算符
$b = "Hello ";
$b .= "There!";
?>
```

其中，在表达式"$a += 5"中运用到了被称之为短路运算符的"+="，短路运算符允许编程人员把赋值运算符与一个算术或字符运算符合并在一起实现算术或字符操作，如"$a = $a + 5"可以写成"$a += 5"。

> **注意**：赋值运算将原变量的值复制到新变量中（传值赋值），所以改变其中一个并不影响另一个。这也适合于在很密集的循环中复制一些值，例如，大数组。自 PHP 4 起支持引用赋值，用 $var = &$othervar，但在 PHP 3 中不可能这样做。引用赋值意味着两个变量都指向同一个数据，没有任何数据的复制。

3.3.10 位运算符

众所周知，"位"是计算机世界里最小的信息单位，每一个数据在计算机内部都最终表现为由 0 和 1 组成的二进制位代码。位运算符允许对整型数中指定的位进行置位。如果左右参数都是字符串，则位运算符将操作其字符所对应的 ASCII 码值。

> **注意**：在 32 位系统上不要右移超过 32 位，不要在结果可能超过 32 位的情况下左移，如表 3-5 所示。

表 3-5 位运算符的应用规则

操作符	功能	范例	含义
&	按位与	$a & $b	将把$a 和$b 中都为 1 的位设为 1
|	按位或	$a | $b	将把$a 和者$b 中为 1 的位设为 1
^	按位异或	$a ^ $b	将把$a 和$b 中不同的位设为 1
~	按位非	~ $a	将$a 中为 0 的位设为 1，反之亦然
<<	左移位	$a << $b	将$a 中的位向左移动$b 次（每一次移动都表示"乘以 2"）
>>	右移位	$a >> $b	将$a 中的位向右移动$b 次（每一次移动都表示"除以 2"）
>>>	填零右移	x>>>y	把二进制表示的 x 向右移动 y 位，抛弃移出的位，并且从左侧移进 0

如下例：

```
<?php
echo 12 ^ 9;
```

```
echo "12" ^ "9";
?>
```

在第一行中,PHP 进行异或运算,将 12 转换为 1100,将 9 转为 1001,然后用 1001 对 1100 进行重新置位得出 0101,即输出为 '5'。

在第二行中,PHP 也是进行异或运算,此时,系统将取字符串"12"中的首字符"1"的 ASCII 值,即 49,然后与字符"9"的 ASCII 码值,即 57 进行位运算,得到 8,即空格符的 ASCII 码值,所以此行将输出空格。

3.3.11 递增/递减运算符

PHP 支持 C 风格的前/后递增与递减运算符。需要注意的是,递增/递减运算符不影响布尔值,递减 NULL 值没有效果,但是递增 NULL 后的结果是 1,如表 3-6 所示。

表 3-6 递增/递减运算符的应用规则

运算符	功能	所完成的操作
++$a	先加 1	$a 的值加 1,然后返回$a
$a++	后加 1	返回$a,然后将$a 的值加 1
--$a	先减 1	$a 的值减 1,然后返回$a
$a--	后减 1	返回$a,然后将$a 的值减 1

下面举一简单的例子以帮助读者理解递增/递减运算符:

```
<?php
echo "<h3>后加操作</h3>";
$a = 5;
echo "此次结果应该是 5: " . $a++ ."<br />\n";
echo "此次结果应该是 6: " . $a ."<br />\n";
echo "<h3>先加操作</h3>";
$a = 5;
echo "此次结果应该是 6: " . ++$a ."<br />\n";
echo "此次结果应该是 6: " . $a ."<br />\n";
echo "<h3>后减操作</h3>";
$a = 5;
echo "此次结果应该是 5: " . $a-- ."<br />\n";
echo "此次结果应该是 4: " . $a ."<br />\n";
echo "<h3>先减操作</h3>";
$a = 5;
echo "此次结果应该是 4: " . --$a ."<br />\n";
echo "此次结果应该是 4: " . $a ."<br />\n";
?>
```

以上程序代码在浏览器中的执行结果如图 3-22 所示。

图 3-22　递增/递减运算符举例

3.3.12　逻辑运算符

逻辑运算符是用来测试数据之间的真假值,它经常用在条件判断和循环处理中,以此判断条件是否满足和是否该结束循环或继续执行。PHP 的逻辑运算符主要有 6 种,如表 3-7 所示。

表 3-7　逻辑运算符的应用规则

例　　子	名　　称	结　　果
$a and $b	And（逻辑与）	TRUE,如果$a 与$b 都为 TRUE
$a or $b	Or（逻辑或）	TRUE,如果$a 或$b 任一为 TRUE
$a xor $b	Xor（逻辑异或）	TRUE,如果$a 或$b 任一为 TRUE,但不同时是
!$a	Not（逻辑非）	TRUE,如果$a 不为 TRUE
$a && $b	And（逻辑与）	TRUE,如果$a 与$b 都为 TRUE
$a || $b	Or（逻辑或）	TRUE,如果$a 或$b 任一为 TRUE

注意:逻辑"与"和逻辑"或"有两种不同形式运算符,但它们的功能是不同的,原因在于它们运算的优先级不同。

3.3.13　字符串运算符

有两个字符串运算符。第一个是连接运算符".",它返回其左右参数连接后的字符串。第二个是连接赋值运算符".=",它将右边参数附加到左边的参数后。更多信息见赋值运算符。

```
<?php
$a = "Hello ";
```

```
$b = $a . "World!";              //此时，$b 包含了 "Hello World!"
$a = "Hello ";
$a .= "World!";                  //将"Hello"与"World!"拼接起来
echo "<center>".$a."</center>";
?>
```

以上程序代码运行后的结果如图 3-23 所示。

图 3-23　字符串运算符举例

3.3.14　强制类型转换运算符

PHP 最大的特点是对数据类型约束比较宽松，就是说程序员不必关心变量存储的是什么类型的数据，如在一行代码中可以将$y 赋予一个数值，而在另一行中$y 赋予一字符串，在这个过程中，PHP 大多能自动实现必要的类型转换。但有时需要强制性地把一种类型转换成另一种类型，这就是下面讲的强制类型转换。

PHP 中的类型强制转换和 C 语言非常类似，只需在要转换的变量之前加上用括号括起来的目标类型即可。

允许的强制转换如下。

- (int)、(integer)：强制转换成整型。
- (bool)、(Boolean)：强制转换成布尔型。
- (float)、(double)、(real)：强制转换成浮点型。
- (string)：强制转换成字符串。
- (array)：强制转换成数组。
- (object)：强制转换成对象。

还可以用 settype (mixed var, string type)进行强制转换，需要说明的是，决不要将未知的分数强制转换为 integer，这样有时会导致意外的结果。下面举一实例以理解强制转换运算符：

```
<?php
echo (int) ((0.1+0.7) * 10);     //将显示 7
$str = "123.456abc7";
echo (int)$str;                  //将显示 123
$str = "abc123.456";
echo (int)$str;                  //将显示 0
$str = true;
echo (int)$str;                  //将显示 1
```

```
$str = false;
echo (int)$str;                    //将显示 0
?>
```

3.3.15 执行运算符

PHP 支持一个执行运算符：反引号"`"。其外观像单引号"'"，但其实不是。PHP 会尝试将反引号中的内容作为操作系统命令来执行，并将其输出信息返回，且可以将值赋给一个变量。使用反引号运算符"`"的效果与 PHP 内置函数 shell_exec() 相同。

> 注意：反引号里的具体内容取决于实际使用的操作系统。如在 Windows 环境下执行如下程序代码，将在浏览器中查看到当前网页的存放目录，如图 3-24 所示。

```
<?php
$output = `dir`;
echo "<pre>$output</pre>";
?>
```

图 3-24 执行运算符举例

3.3.16 PHP 常量与表达式

常量可以理解为其值不变的变量。常量的值被定义后，在脚本的其他任何地方都不能改变，常量通常具有如下属性。

- ❑ 必须用函数 define() 定义。
- ❑ 定义完后其值不能再改变开头，它们的值只能是特定类型，如整数、浮点数、字符串、布尔值等。
- ❑ 常量的名称不能用字符"$"。
- ❑ 使用时直接用常量名，而不能像变量一样在前面加"$"。

- 默认情况下，常量的作用域是全局的。
- 不能与系统常量重名。

在 PHP 中有几个专门的对常量进行相关操作的函数，如 define()函数是用来定义常量的；constant()函数用来动态获取常量的值，而 defined()函数则是判断一个常量是否已经定义过，get_defined_constants()函数是用来获取所有已经定义的常量。下面通过具体示例了解上述函数的使用方法。

```php
<?php
define ("MESSAGE","这里用 define 定义了一个常量\n") ;        //定义常量
echo MESSAGE."<BR>" ;                    //输出"这里用 define 定义了一个常量"
echo Message."<BR>" ;                    //输出 Message，表示没有该常量
define ("COUNT","这里又用 define 定义了一个常量\n",true) ;   //定义常量并设定大小写不敏感
echo COUNT."<BR>" ;                      //输出"这里又用 define 定义了一个常量"
echo Count."<BR>";                       //输出"这里又用 define 定义了一个常量"
define ("MAXSIZE","50\n");               //定义常量
echo MAXSIZE;                            //输出 50
echo constant ("MAXSIZE")."<BR>" ;       //输出 50
echo (defined ("ONE"))."<BR>" ;          //未定义，因此输出空行
define ("ONE","Hello PHP") ;             //定义常量
echo (defined ("ONE"))."<BR>" ;          //如果定义返回 True，使用 echo 输出显示 1
?>
```

PHP 表达式是由运算符、操作数以及括号等所组成的合法序列代码，它是 PHP 程序最重要的基石。在 PHP 中，几乎所有的代码组合就是一个表达式。PHP 与其他语言相比，其表达式的构成更丰富、更灵活，功能也更强。

最基本的表达式是由常量和变量构成的，当在程序中输入"$a = 7"表达式，即表示将值"7"分配给变量 $a，而"7"的值为本身就是 7，它是一个整型常量，也就是说"7"是一个值为 7 的表达式。

根据表达式中运算符作用的不同，可把表达式分为算术表达式、赋值表达式、字符串表达式、位运算表达式、逻辑表达式和比较表达式等。还有一种特殊的表达式，即三元条件运算符的表达式：

$表达式 1 ? $表达式 2 : $表达式 3

上述表达式由 3 个子表达式构成，其功能是：如果第一个子表达式的值是 True，那么计算第二个子表达式的值，将其值作为整个表达式的值。否则，将第三个子表达式的值作为整个表达式的运行结果。

3.4 PHP 程序中的流程控制

任何编程语言，所有的程序不外乎有 3 种程序结构，即顺序结构、分支结构和循环结构。程序由若干语句组成，顺序结构是指程序中的每一条语句都是顺序执行的，不存在分支和循环。程序执行的顺序是：按先后逐条语句执行，它是最基本的程序结构，也是常见的流

程结构,这里就不再赘述。总的说来,几种常见的基本程序结构可以通过图 3-25 高度概括。

（a）顺序结构　　　　　　（b）选择结构　　　　　　（c）循环结构

图 3-25　常见的几种基本程序结构

3.4.1　if…else…语句

这种语句的功能是：满足某个条件时执行一条语句或语句块 1,而在不满足该条件时执行语句或语句块 2,其形式如下：

```
if(条件)
    {
    语句或语句块 1      //条件为逻辑真时执行这部分语句或语句块
    }
else
    {
    语句或语句块 2      //条件不成立时执行这部分语句或语句块
    }
```

如有以下语句：

```
if($num>=0)
    echo "非负数";
else
    echo "负数";
```

当然,如果只作单纯的条件判断,则可去掉 else 部分,只保留 if 条件判断和相应的执行语句或语句块：

```
if(条件)
    {语句或语句块 1      //条件为逻辑真时执行这部分语句或语句块
    }
```

比如下述示例代码：

```
if($pwd="123"||$username="user1")
{
    echo "<script>alert('登录测试成功');</script>";
}
```

3.4.2 if...else if...语句

前面介绍的 if...else...结构只能实现二路分支,而用包含 else if 的语句可实现多路分支,其基本形式如下:

```
if(条件 1)
    {
        语句或语句块 1      //条件为逻辑真时执行这部分语句或语句块
    }
else if(条件 2)
    {
        语句或语句块 2      //条件不成立时执行这部分语句或语句块
    }
else if(条件 3)
    {
        语句或语句块 3      //条件不成立时执行这部分语句或语句块
    }
…
```

例如,以下代码将判断两数的大小关系——大于、小于、等于。

```php
<?php
if ($x > $y) {
    echo "x is bigger than y";
} else if ($a == $b) {
    echo "x is equal to y";
} else {
    echo "x is smaller than y";
}
?>
```

在同一个 if 结构中可以有多个 else if 语句,在第一个表达式值为 True 的 else if 下的语句将会执行。在 PHP 中,也可以写成 else if,它和 else　if 的效果完全一样。

3.4.3 while 循环结构

while 循环是 PHP 中最简单的循环类型。它和 C 语言中的 while 表现形式一样。while 语句的基本格式如下:

```
while(表达式)        //先判断循环条件,再执行循环体
{
    语句或语句块;
}
```

while 语句告诉 PHP 只要 while 表达式的值为 True 就重复执行嵌套中的语句或语句块,而如果 while 表达式的值一开始就是 False,则嵌套中的语句或语句块循环一次都不被执行。

如下例中,计算还银行贷款共 5100 元,一个月还 300 元,什么时候能还清。

```php
<?php
    $a=5100;
    $i=1;
    while($a>0){
        $price=300*$i;
        echo "您第".$i."月还款后总共已还款<b>".$price."</b>元<br>";
        $a=$a-300;
        $i++;
    }
    echo "您需要".($i-1)."个月还清贷款";
?>
```

其执行结果如图 3-26 所示。

图 3-26　while 循环结构的使用

3.4.4　do…while 循环结构

Do…while 和 while 循环非常相似,区别在于 do…while 循环是先执行循环体,再判断循环条件,也就是说,do…while 循环语句无论如何至少会执行一次嵌套中的语句或语句块,而 while 在循环结构中有可能一次都不执行嵌套中的语句或语句块。

Do…while 循环结构形式如下:

```
<? php
do {                    //先执行循环体,再判断循环条件
    语句或语句块;
}while(条件)
?>
```

下面举一实例来理解以上两种 while 循环结构的区别，其示范代码如下：

```
<?php
$i=1;
while($i<=6){
    print $i++;
    echo ". Excuse me<br>\n";
}
echo "第二次……<br>";
$i=1;
do{
    print $i++;
    echo ". Excuse me <br>\n";
} while($i<=6)
?>
```

其执行结果如图 3-27 所示。

图 3-27　两种 while 循环结构的区别（1）

此时，还看不出二者的区别，将上述代码的第 2 行和第 8 行的$i 初始值修改为"$i=7"，然后再在浏览器中查看执行结果，如图 3-28 所示。

图 3-28　两种 while 循环结构的区别（2）

3.4.5 for 循环结构

for 循环是 PHP 中最复杂的循环结构，其功能和用途与 C 语言中的 for 循环类似。for 循环的基本语法如下：

for(expr1; expr2; expr3)
    {
        statement
    }

其中第一个表达式（expr1）在循环开始前无条件求值一次。第二个表达式 expr2 在每次循环开始前求值。如果值为 True，则继续循环，执行嵌套的循环语句。如果值为 False，则终止循环。第三个表达式 expr3 在每次循环之后被执行。每个表达式都可以为空，此时，和 C 一样，PHP 认为其值为 True，整个嵌套语句将无限循环下去。

在以下程序中，一共有 3 种不同的 for 循环结构，但它们都显示数字 1～10。

```php
<?php
for ($i = 1; $i <= 10; $i++)
{
    echo $i;
}
echo "<br>","Above is the first","<br>";
for ($i = 1; ; $i++)
{
    if ($i > 10)
    {
        break;           //中止循环
    }
    echo $i;
}
echo "<br>","Above is the second","<br>";

$i = 1;
for(;;)
{
    if($i > 10)
    {
        break;           //中止循环
    }
    echo $i;
    $i++;
}
echo "<br>","Above is the third","<br>";
?>
```

以上代码的执行结果如图 3-29 所示。

图 3-29　for 循环结构应用举例

3.4.6　foreach 循环

从 PHP 4 开始，PHP 引入了 foreach 结构，和 C#以及其他语言很像，它是一种遍历数组的简便方法。foreach 仅能用于数组，当试图将其用于其他数据类型或者一个未初始化的变量时会产生错误。下例是利用 foreach 遍历一个一维数组，其中在第一次遍历时显示数组中的各元素，第二次遍历时将数组中的每个元素取出，再乘 2 后显示出来。

```
<?php
$arr = array(1, 2, 3, 4);
foreach ($arr as &$value)
{
    echo $value;
}
echo "<br>";
foreach ($arr as &$value)
{
 $value = $value * 2;
 echo $value;
}
?>
```

以上代码执行后的结果如图 3-30 所示。

图 3-30　foreach 循环结构应用举例

3.4.7　break 与 continue 语句

如前所述，编者在讲述 for 循环结构的实例时用到了 break 语句，它的作用是中途结束

for、foreach、while、do...while 循环，或者中止 switch 结构的执行。同样，continue 语句也是用在循环结构中，它的作用是跳过本次循环中剩余的代码并在条件求值为真时开始执行下一次循环。

以下代码将演示这两种语句的区别：

```php
<?php
echo "break 语句的输出效果：<br>";
$i=0;
while ($i<10) {
    if ($i%2==1) {
        break;
    }
    echo $i;
    $i++;
}
echo "<br>","contine 语句的输出效果：","<br>";
for ($i=0;$i<10;$i++){
    if ($i%2){
        continue;
    }
    echo $i." ";
}
?>
```

在浏览器中查看执行结果如图 3-31 所示。

图 3-31　break 与 continue 语句的应用

3.4.8　switch 语句

一系列的 if 语句的功能可以等同于一个 switch 语句，switch 语句的用途是：把一个变量（或表达式）与多个不同的值比较，并根据变量（或表达式）等于哪个值来执行不同的程序代码。

switch 语句的格式如下：

switch(条件)
{ //根据条件的具体值来执行下面某一语句
    case 选项 1：

```
        语句 1;    break;
    case 选项 2:
        语句 2;    break;
    …
    case 选项 n:
            语句 n;    break;
    default;
            语句 n+1;
    break;
}
```

比如以下语句将根据$i 值的不同而显示相应的数值:

```
<?php
switch ($I)
{
    case 0:
        echo "i 等于 0";
        break;
    case 1:
        echo "i 等于 1";
        break;
    case 2:
        echo "i 等于 2";
        break;
}
?>
```

3.5　案例剖析: 九九乘法口诀表的实现

在本章最后，将利用 PHP 语言来编写一个九九乘法口诀表的功能程序，以便读者进一步掌握 PHP 的基础语法知识。

3.5.1　程序功能介绍

输出九九乘法口诀表，使用任何一种程序设计语言实现都比较容易，而且也是常用的经典案例，下面就具体分析一下如何利用前面所介绍的 PHP 的一些基本语法来输出一个九九乘法表。

简单地说，九九乘法表就是一个二维表格，只不过在该表格中每一行的乘法表达式会随着行数的增加而有所增加，并且是以 1 为单位逐次递增的。考虑到以上特点，编者简单描述一下编程的一些思路。

- 设置一个变量 x，用以存放乘法表的行数，这里选择存储 9。

- 本程序功能的实现主要采用内、外两层循环结构实现。
- 设置一个外循环变量 i，用来控制行数。
- 设置一个内循环变量 j，用来控制每一行的列数。
- 最后，利用 echo()函数逐一显示每一行的乘法表达式。

3.5.2 程序代码分析

基于九九乘法表的特点和上述功能分析，编者编写了如下代码，以起抛砖引玉的作用。

```
<html>
<head>
<title></title>
</head>
<body>
<h3><center>九九乘法口诀表</center></h3>
<?php
$x=9;
for ($i=1;$i<=$x;$i++)
{
    for ($j=1;$j<=$i;$j++)
    {
        echo $j."*".$i."=".$j*$i." ";        // " "用于在浏览器输出一个空格
    }
    echo "<br>";
}
?>
</body>
</html>
```

以上代码为完整的代码，其中包含了 HTML 语言。在浏览器中查看效果如图 3-32 所示。

图 3-32　九九乘法口诀表 PHP 程序的运行效果

3.6 本章小结

本章主要介绍了 PHP 的基本语法，包括 PHP 常量与变量、运算符和表达式，以及 PHP 程序中常用的流程控制语句，这些都是 PHP 网络编程必备的基础知识，读者务必要全面理解与掌握。

3.7 练习题

1. 简述 PHP 可支持哪些数据类型、有哪些运算符。
2. 简述 PHP 程序有哪几种流程结构。
3. 举例说明在 PHP 中实现分支结构程序和循环结构程序的所有语句。
4. 简述如何利用 PHP 语言定义类和对象。

3.8 上机实战

1. 在 HTML 语言中嵌入 PHP 程序，要求在显示器上分行显示"World Peace Long Live！"和"世界和平万岁！"，其中字体为粗体，颜色为红色，居中显示。
2. 试编写一个 PHP 程序，并命名为 ciclearea.php，其功能是计算和显示一个圆的面积。

第 4 章　PHP 中的函数与内置数组

知识点

- ☑ PHP 函数的定义与调用
- ☑ PHP 内置函数
- ☑ PHP 内置数组
- ☑ 函数的参数传递
- ☑ 字符串处理函数
- ☑ 数组、时间日期函数
- ☑ 数学、图像处理函数
- ☑ 自定义函数

本章导读

将一系列的语句组合在一起，并给它们取一个统一的名字，这就是函数。PHP 语言的一大特色就是为程序员提供了大量功能强调、内容丰富的函数。在程序的编写过程中往往会有一些反复用到的功能模块，如果每次都要重复编写这些代码，不仅浪费时间，而且会使程序变得冗长、可读性差，维护起来很不方便。PHP 允许程序员用户可以自行将某些程序代码组合在一起，将常用的流程或者变量组织成一个函数，并且在程序的其他地方可多次调用。PHP 中除了大量的系统函数外，还有很多内置数组，这些数组可以完成特别的用途。本章主要介绍的是如何自定义函数、常用的内置函数及内置数组的功能和用法，以及在程序中如何调用函数。

4.1　PHP 内置函数概述

PHP 提供了丰富的函数和语言结构，其中函数分为内置函数与用户自定义函数。大部分内置函数可以在程序代码中直接调用，而某些内置函数需要特定的 PHP 扩展模块支持，否则将会在编译中出现错误，而自定义函数则是根据用户自己的需求编写的函数。

4.1.1　PHP 标准函数与扩展函数

PHP 开发者在开发 PHP 时编写了很多内置函数，这些函数功能强大，内容丰富，可以大大节省应用程序的开发时间。按照内置函数的引用方式不同，这些内置函数可以分为标准函数和扩展函数。

标准函数是集成在 PHP 解析器中的，所以它不用被定义就可以直接使用，在使用过程中只需注意函数的参数类型、调用方法、返回值以及格式,如常用的数学函数 floor()、abs()、min()、max()等都属于这类函数。和用户自定义函数相比,PHP 标准函数使用更简单方便,用户无须事先定义,也不必担心函数本身有什么语法和功能错误,因为它们已经被实践反复证明是正确无误的。

在 PHP 内置函数中,还有一些需要和特定的 PHP 扩展模块一起编译,否则在使用它们时就会得到一个"未定义函数"的错误,例如要使用图像处理函数 imageellipse()来画一个椭圆,就需要在编译 PHP 时加上对 GD 库的支持。在 PHP 5 中,扩展函数被存放在 PHP 安装目录的 ext 子目录下,如图 4-1 所示,这些函数大都是以 DLL 文件形式存放的。

图 4-1 PHP 内置扩展函数库

4.1.2 启用扩展函数库

初次安装 PHP 时,大多数库函数都是被屏蔽了的,要想启用一个扩展函数非常容易,只需要在 php.ini 文件中找到相关的行,然后将行首的分号";"去掉后重新保存 php.ini 文件即可,例如用户要启用图像处理函数,则须在 php.ini 文件中找到";extension=php_gd2.dll"这一行,然后将行首的";"去掉,重新启动 Apache 服务器使之生效,这样 PHP 解析器在启动时就会加载 GD 库函数,然后就可以像使用内置的标准函数那样使用有关图像处理的函数。

4.2 PHP 内置数组

在第 3 章中讲到了一种特殊数据类型即数组,实际上除了用户自定义的数组之外,PHP 还提供了一套附加的内置数组,也叫预定义数组,它们是一类特殊的数组,在全局范围内自动生效，在程序中直接使用，而无须事先定义和初始化。这些数组变量包含了来自 Web 服务器、运行环境和用户输入的数据。

4.2.1 PHP 5 内置数组简介

在表 4-1 中列出了一些常用的内置数组，这些数组包含了来自 Web 服务器、运行环境以及用户输入的数据。由于它们在程序的全局范围内都有效，因此通常被称为自动全局变量或者超全局变量。

表 4-1 PHP 中内置数组

预定义变量	描 述	应 用 示 例
$GLOBALS	包含一个引用指向每个当前脚本的全局范围内有效的变量，该数组的键名为全局变量的名称	用$GLOBALS["a"]可访问在脚本中定义的全局变量$a
$_SERVER	由 Web 服务器设定或者直接与当前脚本的执行环境相关联，是一个包含诸如头信息、路径和脚本位置的数组，该数组的实体由 Web 服务器创建。在脚本中可以用 phpinfo()函数来查看其内容	用$_SERVER["PHP_SELF"]可获取当前正在执行脚本的文件名，与 document root 相关
$_GET	经由 URL 请求提交至脚本的变量，是通过 HTTP GET 方法传递的变量组成的数组，可用来获取附加在 URL 后面的参数值	用$_GET["id"]可获取附加在 URL 后的名为 id 的参数的值
$_POST	经由 HTTP POST 方法提交至脚本的变量，是通过 HTTP POST 方法传递的变量组成的数组，可用来获取用户通过表单提交的数据	用$_POST["name"]可获取通过表单提交的名为 name 的表单元素的值
$_COOKIE	经由 HTTP Cookies 方法提交至脚本的变量，是通过 HTTP Cookies 传递的变量组成的数组，可用于读取 Cookie 值	用$_COOKIE["email"]可获取存储在客户端的名为 email 的 Cookie 值
$_REQUEST	经由 GET、POST 和 COOKIE 机制提交至脚本的变量，因此该数组并不值得信任。所有包含在该数组中的变量的存在与否以及变量的顺序均按照 php.ini 中的 variables_order 配置指示来定义	$_REQUEST 数组包括 GET、POST 和 COOKIE 的所有数据
$_FILES	经由 HTTP POST 文件上传而提交至脚本的变量，是通过 HTTP POST 方法传递的已上传文件项组成的数组，可用于 PHP 文件上传编程	用$_FILES["userfile"]["name"]可获取客户端机器文件的文件名
$_SESSION	是当前注册给脚本会话的变量，是包含当前脚本中会话变量的数组，可用于访问会话变量	用$_SESSION["user_level"]可检索名为 user_level 的会话变量的值

4.2.2 接收表单数据和 URL 附加数据

编者在第 2 章有关表单标记的基础知识中已经讲述过，网页之间的数据传递有两种方式：一种是用 POST 方法来接收表单数据；一种是用 GET 方法来获取 URL 中附加的数据，这两种方法分别要使用到$_POST 内置数组和$_GET 内置数组将客户端表单内的数据传送到服务器中，它们的具体功能和用法如表 4-1 所示。比如下面的例子，实现了将客户端表单中提交的两个数传送到服务器端，然后在服务器中进行汇总并将结果返回至客户端的功能。

```
<HTML>
    <HEAD>
        <TITLE>网页中的数据传递</TITLE>
    </HEAD>
    <BODY>
    <?php
    $CFQ=$_POST["tag"];                          //用来判断用户是否单击了计算按钮
    if ($CFQ ==1)                                //用户单击计算按钮，则分别将两个文本框的数据存放到两个变量中
    {
            $addnum1=$_POST["addnum1"];          //通过$_POST 内置数组获取第一个加数
            $addnum2=$_POST["addnum2"];          //通过$_POST 内置数组获取第二个加数
    }
    else                                         //用户没按计算按钮，则将两个变量赋值为 0
    {
            $addnum1=0;
            $addnum2=0;
    }
    $sum=$addnum1+$addnum2;                      //对两个变量中存放的加数求和
    ?>
    在表单中输入两个加数
    <form name="form1" method="post" action="#">
      <input type="hidden" name="tag" size="4" value="1">
      <input type="text" name="addnum1" size="4" value="<?php echo $addnum1;?>">
      +
      <input type="text" name="addnum2" size="4" value="<?php echo $addnum2;?>">
      =
      <?php echo $sum;?><br>                     //输出计算结果
    <br><input type="submit" name="Submit" value="计算">
    <input type="reset" name="Submit2" value="重置">
    </form>
    </BODY>
</HTML>
```

以上代码运行后的效果如图 4-2 所示。

图 4-2 用 POST 传递数据

下面讲一下如何运用 GET 方法传递数据，如下例：

```
<HTML>
    <HEAD>
        <TITLE>URL 附加数据传递</TITLE>
    </HEAD>
    <BODY>
    <a href="chap4_nzsz2.php?show_tag=1">显示文字</a>
    <a href="?show_tag=2">隐藏文字</a><br><br>
    <?php
    $show_tag=$_GET["show_tag"];        //用内置数组$_GET 来获取 URL 附加数
    if ($show_tag==1){
        echo "如果您看到了这段文字，则说明通过 show_tag 传递了 1，这可以从网页地址栏上的 URL 地址查看到。否则传递了 2";
    }
    ?>
    </BODY>
</HTML>
```

该程序运行的结果如图 4-3 所示。

图 4-3　用 GET 传递数据

4.2.3　用 Session 和 Cookie 实现用户登录

Session 和 Cookie 在 Web 技术中起着非常重要的作用。例如，在某些网站中常常要求用户先登录，但怎么知道用户已经登录了呢，如果没有 Session 和 Cookie，登录信息是无法保留的，要解决这个问题最简单的办法就是利用 Session 和 Cookie 机制。

Session 也称为会话，PHP 在操作 Session 时，在用户登录或访问一些初始页面时，服务器会为客户端临时分配一个随机数字，即 Session ID，在会话的生命周期中保存在客户端，Session 会话的生命周期是从网站最初连接开始至关闭浏览器断开网站连接结束，断开网站连接之后，Session 会自动失效，之前注册的会话变量也不能再使用。用户通过 Session ID 可以注册一些特殊的变量，称为会话变量，这些变量的数据保存在服务器端，从而使服务器端实时了解客户端用户的信息。如果配置文件 php.ini 中没有设置"session.auto_start=1"，那么要使用 Session 就必须先运行代码 session_start(),运行时,就在服务器上产生了一个 Session 文件,随之也产生了与之唯一对应的一个 Session ID。例如,下面用户登录的例子,该例子由两个程序组成,一个程序是 chap4_nzsz3.php,用于获取用户信息以及将用户登录信息通过 Session 内置数组保存至服务器,第二个程序是用来定义用户登录成功后输出的信息。

chap4_nzsz3.php 程序代码如下:

```
<html>
<body>
<form action="chap4_nzsz3.php" method="post">
<table border="0" align="center">
<tr><td colspan="2" align="center">用户登录</td></tr>
<tr><td align="center">用户名</td><td><input name="username" type="text"></td></tr>
<tr><td align="center">密码</td><td><input name="password" type="password"></td></tr>
<tr><td colspan="2" align="center">
<input type="submit" name="Submit" value="登录">
<input type="reset" name="Submit2" value="重置"></td></tr>
</table>
</form>
</body>
</html>
<?php
session_start();
if(isset($_POST['Submit']))
{
    $username=$_POST['username'];
    $password=$_POST['password'];
    if($username=="administrator"&&$password=="123456")
    {
        $_SESSION['username']=$username;
        $_SESSION['password']=$password;
        header("location: chap4_nzsz3sucess.php");
    }
    else
    {
        echo "<script>alert('登录失败');location.href='chap4_nzsz3.php';</script>";
    }
}
?>
```

需要提醒的是,本程序倒数第 8 行 "header("location: chap4_nzsz3sucess.php");" 中用到了页面跳转语句 header,它告诉程序此处应转到什么页面上去。

chap4_nzsz3sucess.php 程序代码如下:

```
<?php
session_start();
$username=@$_SESSION['username'];
$password=@$_SESSION['password'];
```

```
if($username)
    echo "欢迎管理员登录，您的密码为$password";
else
    echo "对不起，您没有权限登录本页";
?>
```

本例实际运行的效果如图 4-4 和图 4-5 所示。

图 4-4　用户登录页面

图 4-5　用户登录成功后的页面

与 Session 将用户数据存储在服务器端相反，Cookie 是一种在浏览器端储存数据并以此来跟踪和识别用户的机制，而且从客户端发送的 Cookie 都会被 PHP 5 自动包括进 $_COOKIE 的内置数组。如果希望对一个 Cookie 变量设置多个值，则需在 Cookie 的名称后加"["值名称"]"符号。设置 Cookie 常用到的函数是 Setcookie，其语法如下：

int setcookie(string name, string value, int expire, string path, string domain, int secure);

本函数的参数除了第一个 name 之外，都是可以省略的。参数 name 表示 Cookie 的名称；value 表示 Cookie 的值，这个参数为空字符串则表示取消浏览器中该 Cookie 的资料；expire 表示该 Cookie 的有效时间；path 为该 Cookie 的相关路径；domain 表示 Cookie 的网站；secure 则是在 https 的安全传输时才有效。例如，前面刚刚讲到的例子，其功能也可以通过 Cookie 来实现。

chap4_nzsz4.php 程序代码如下：

```
<html>
<body>
<form action="chap4_nzsz4.php" method="post">
<table border="0" align="center">
<tr><td align="center">用户名</td><td><input name="username" type="text"></td></tr>
<tr><td align="center">密码</td><td><input name="password" type="password"></td></tr>
<tr><td>Cookie 保存时间</td>
    <td><select name="time">
        <option value="0" selected>不保存</option>
        <option value="1">保存一小时</option>
        <option value="2">只保存一天</option>
        <option value="3">保存一个星期</option>
    </select></td></tr>
<tr><td colspan="2" align="center">
```

```
<input type="submit" name="Submit" value="登录">
<input type="reset" name="Submit2" value="重置"></td></tr>
</table>
</form>
</body>
</html>
<?php
setcookie("username");
if(isset($_POST['Submit']))
{
    $username=$_POST['username'];
    $password=$_POST['password'];
    $time=$_POST['time'];
    if($username=="administrator"&&$password=="123")
    {
        switch($time)
        {
            case 0:
                setcookie("username",$username);
                break;
            case 1:
                setcookie("username",$username,time()+60*60);
                break;
            case 2:
                setcookie("username",$username,time()+24*60*60);
                break;
            case 3:
                setcookie("username",$username,time()+7*24*60*60);
                break;
        }
        header("location:chap4_nzsz4sucess.php");
    }
    else
    {
        echo "<script>alert('登录失败');location.href='chap4_nzsz4.php';</script>";
    }
}
?>
```

chap4_nzsz4sucess.php 程序代码如下：

```
<?php
if($username=@$_COOKIE['username'])
{
    echo "欢迎用户".$username."登录";
}
```

```
else
    echo "对不起，你无权限访问本页面";
?>
```

本例实际运行的页面如图 4-6 和图 4-7 所示。

图 4-6 用户登录页面

图 4-7 用户登录成功的页面

4.3 PHP 数组函数

在编写 PHP 程序的过程中，有很多时候要用到数组。数组是一种复合数据类型，很多的信息都是用数组作为载体来保存一组类型相同或不相同的数据，数组在 PHP 编程中占有很大比重，要想得心应手地编写 PHP 程序，必须掌握好 PHP 数组函数。

4.3.1 数组函数总览

编者在本书第 3 章中介绍了在 PHP 中如何定义数组和使用数组，读者对数组有了一定了解。在 PHP 中还提供了一些用来操作数组的函数，这些函数作为系统内置的标准函数可以直接使用，下面用列表的方式来说明一下常用的数组函数及功能，如表 4-2 所示。

表 4-2 PHP 中的数组函数

函 数 名 称	函数功能描述
array_change_key_case	返回字符串键名全为小写或大写的数组
array_chunk	将一个数组分割成多个
array_combine	创建一个数组，用一个数组的值作为其键名，另一个数组的值作为其值
array_count_values	统计数组中所有的值出现的次数
array_diff_assoc	带索引检查计算数组的差集
array_diff	计算数组的差集
array_fill	用给定的值填充数组
array_flip	交换数组中的键和值
array_intersect_assoc	带索引检查计算数组的交集
array_intersect	计算数组的交集

续表

函 数 名 称	函数功能描述
array_key_exists	检查给定的键名或索引是否存在于数组中
array_keys	返回数组中所有的键名
array_map	将回调函数作用到给定数组的单元上
array_merge_recursive	递归地合并两个或多个数组
array_merge	合并两个或多个数组
array_multisort	对多个数组或多维数组进行排序
array_pad	用值将数组填补到指定长度
array_pop	将数组最后一个单元弹出（出栈）
array_push	将一个或多个单元压入数组的末尾（入栈）
array_rand	从数组中随机取出一个或多个单元
array_reduce	用回调函数迭代地将数组简化为单一的值
array_reverse	返回一个单元顺序相反的数组
array_search	在数组中搜索给定的值，如果成功则返回相应的键名
array_shift	将数组开头的单元移出数组
array_slice	从数组中取出一段
array_splice	把数组中的一部分去掉并用其他值取代
array_sum	计算数组中所有值的和
array_unique	移除数组中重复的值
array_unshift	在数组开头插入一个或多个单元
array_values	返回数组中所有的值
array_walk	对数组中的每个成员应用用户函数
array	新建一个数组
arsort	对数组进行逆向排序并保持索引关系
asort	对数组进行排序并保持索引关系
compact	建立一个数组，包括变量名和它们的值
count	统计数组中的单元数目或对象中的属性个数
current	返回数组中的当前单元
each	返回数组中当前的键（下标）/值对，并将数组指针向前移动一步
end	将数组的内部指针指向最后一个单元
extract	从数组中将变量导入到当前的符号表
in_array	检查数组中是否存在某个值
key	从结合数组中取得键名
krsort	对数组按照键名逆向排序
ksort	对数组按照键名排序
list	把数组中的值赋给一些变量
natcasesort	用"自然排序"算法对数组进行不区分大小写字母的排序
natsort	用"自然排序"算法对数组排序

续表

函 数 名 称	函数功能描述
next	将数组中的内部指针向前移动一位
pos	得到数组当前的单元
prev	将数组的内部指针倒回一位
range	建立一个包含指定范围单元的数组
reset	将数组的内部指针指向第一个单元
rsort	对数组逆向排序
shuffle	将数组打乱
sizeof	count()的别名,用于统计数组中的单元数目或对象中的属性个数
sort	对数组排序
uasort	使用用户自定义的比较函数对数组中的值进行排序并保持索引关联
uksort	使用用户自定义的比较函数对数组中的键名进行排序
usort	使用用户自定义的比较函数对数组中的值进行排序

显然,PHP 中数组函数非常多,这里只是罗列了其中部分常用的,读者不必被这么多的函数吓倒,只需在开始学习时仔细浏览一下这些函数,而不必去强行记忆,在实际编程过程中再根据程序需要来查找函数手册找到相关函数及其使用方法。下面讲述表中几个最常用的数组函数的使用方法,其他函数的使用方法读者可以查看 PHP 参考手册。

4.3.2 array()函数

array()函数用来创建一个新数组,创建数组通常有两种方法:一种是直接给数组每个变量赋值,这种方式已在本书第 3 章讲述过;另一种就是同时给数组所有元素赋值,此时就要用到 array()函数。如下例:

```
<?php
  $arrNo1=array(4,5,6,7,8,9);
  $arrNo2=array("a"=>4,"b"=>5,"c"=>6,"d"=>7,"e"=>8,"f"=>9);
  echo "\$arrNo1[0]=".$arrNo1[0];
echo "<br>";
echo "\$arrNo2[\"a\"]=".$arrNo2["a"];
?>
```

在本例中分别用两种方法来定义了两个数组,其中第一种省略了数组下标及键名,此时系统采用默认的下标为每个元素分配下标,即从 0 开始分配,故$arrNo1[0]元素的值就是数组 arrNo1 的第一个元素即 4,而$arrNo1[1]代表的是 arrNo1 数组的第二个元素。第二种方法是通过用户自定义元素的下标来完成数组的创建,数组元素下标可以是整型数或字符串,所以,$arrNo2["a"]代表的是数组下标为"a"的元素,在本例中该元素的值为 4。在浏览器中查看以上代码输出结果,如图 4-8 所示。

图 4-8 整数数据类型的举例

4.3.3 count()函数

count()函数用来统计一个数组中元素的个数，在循环输出某个数组所有元素时，往往必须先要知道该数组一共有多少个元素，此时就必须使用count()函数。count()函数的用法如下：

```
<?php
$arr1=array(1,2,3,4,5,6);
echo "数组\$arr1 中元素的个数是：".count($arr1);
?>
```

在本例中，首先定义了一个$arr1数组，然后将该数组作为count()函数的参数，从而统计出这个数组的元素个数，以上代码在浏览器中的实际输出结果如图4-9所示。

图 4-9 count()函数的使用

4.3.4 each()函数

each()函数返回数组中当前元素的索引，即键（key）和内容（value），并将数组指针向前移动到下一个元素，该函数通常被用在一个循环中来遍历一个数组。例如：

```
<?php
$arr = array("name"=>"张三","age"=>31,"sex"=>"男","personID"=>"32424212100000");
for($i=0;$i<count($arr);$i++){
    $keyvaule=each($arr);
    echo $ keyvaule ["key"]."=>".$ keyvaule ["value"];
    echo "<br>";
}
?>
```

在本例中，首先定义了一个 4 个元素的数组，然后通过 for 循环，利用 each()函数对每个元素遍历，需要注意的是，each()函数返回的结果实际上又是一个数组，即数组元素的下标（key）和内容（value），它们一起被存储到$keyvaule 中，然后通过显示$keyvaule 中的元素值来查看数组$arr 中元素的下标和内容。程序运行后的页面如图 4-10 所示。

图 4-10　each()函数的使用

4.3.5　current()、reset()、end()、next()、prev()函数

在一个数组中往往有多个元素，那怎么知道数组当前的元素是哪一个，如何访问其他位置的元素，这些操作都要涉及数组指针的问题。每一个数组都有一个指针，它指向当前的元素。在进行 PHP 编程时，有时需要对数组指针进行移动操作，这些操作往往涉及 current()、reset()、end()、next()、prev()等函数。如下例：

```
<?php
$arr=array("第一个","第二个","第三个","第四个","第五个","第六个","第七个","第八个");
echo "调用 current()函数后:".current($arr);
echo "<br>";
echo "再次调用 current()函数后指针指向:".current($arr);
echo "<br>";
echo "调用 next()函数后指针指向:".next($arr);
echo "<br>";
echo "调用 reset()函数后指针指向:".reset($arr);
echo "<br>";
echo "调用 end()函数后指针指向:".end($arr);
echo "<br>";
echo "调用 prev()函数后指针指向:".prev($arr);
?>
```

以上代码在浏览器中实际输出的结果如图 4-11 所示。

图 4-11　数组指针函数的应用

4.3.6 添加数组元素的函数

在 PHP 中，用 array_push()函数来添加数组元素，该函数将数组当成一个栈，将新增的元素压入到数组末尾，而数组的长度将随着入栈元素数量的增加而增加，之后还要返回新的数组的元素总数，array_push()函数的语法格式如下：

int array_push(array array_name,mixed var [,mixed…])

其中，array_name 为指定数组元素的名称，var 为新添加的元素。

例如下列程序将在数组末尾增加两个新元素：

```
<?php
$array=array(0=>'进入新时代',1=>'踏上新征程');
array_push($array, '加油干', '出把汗');
print_r($array);
?>
```

4.3.7 获取数组的最后一个元素

在数组中，通过 array_pop()函数把最后一个元素从栈中弹出，从而获取该元素的数值，此函数操作后，原数组的长度自动减 1。其语法格式如下：

mix array_pop(array array_name)

其中，参数 array_name 表示要操作的数组名。如在下例中，首先运用 array_push()函数向数组中添加元素，然后使用 array_pop()函数获取该数组的最后一个元素。

```
<?php
$array=array(0 =>'学 PHP 从这里开始', 1 =>'JAVA 从入门到精通');    //声明数组
array_push($array,'C#开发宝典','VC 实用教程');                    //向数组中添加元素
$last_cell=array_pop($array);                                    //获取数组中最后一个元素
echo $last_ cell;                                                //返回结果为 VC 实用教程
?>
```

运行结果如图 4-12 所示。

图 4-12　获取数组的最后一个元素

4.4 字符串处理函数

字符串是由多个字符组成的序列，在 PHP 编程过程中，不管是进行文本的处理还是字符的操作，都离不开字符串。在信息管理系统中，大量的信息也是由字符串来储存的，PHP 为程序员提供了大量实用的字符串处理函数，利用这些函数可以完成许多复杂的字符串处理工作。

4.4.1 字符处理函数总览

在 PHP 中用于处理字符串的函数非常多，为了读者尽快学习和查阅方便起见，编者通过列表的形式将大多数常用的函数加以说明，如表 4-3 所示。

表 4-3 PHP 中的字符串处理函数

函 数 名	函数功能描述
addcslashes	为字符串里面的部分字符添加反斜线转义字符
addslashes	用指定的方式对字符串里面的字符进行转义
bin2hex	将二进制数据转换成十六进制表示
chr	返回一个字符的 ASCII 码
chunk_split	按一定的字符长度将字符串分割成小块
convert_cyr_string	将斯拉夫语字符转换为别的字符
convert_uudecode	解密一个字符串
convert_uuencode	加密一个字符串
count_chars	返回一个字符串里面的字符使用信息
crc32	计算一个字符串的 crc32 多项式
explode	将一个字符串用分割符变为一数组形式
fprintf	按照要求对数据进行返回，并直接写入文档流
htmlspecialchars	将字符串中一些字符转换为 HTML 实体
implode	将数组用特定的分割符变为字符串
join	将数组转变为字符串，implode()函数的别名
ltrim	去除字符串左侧的空白或者指定的字符
md5_file	将一个文件进行 MD5 算法加密
md5	将一个字符串进行 MD5 算法加密
nl2br	将字符串中的换行符 "\n" 替换成 " "
number_format	按照参数对数字进行格式化的输出
ord	将一个 ASCII 码转换为一个字符
print	用以输出一个单独的值
printf	按照要求对数据进行显示
quoted_printable_decode	将一个字符串加密为一个 8 位的二进制字符串
rtrim	去除字符串右侧的空白或者指定的字符

续表

函 数 名	函数功能描述
sprintf	按照要求对数据进行返回，但是不输出
str_pad	对字符串进行两侧的补白
str_repeat	对字符串进行重复组合
str_replace	匹配和替换字符串
str_shuffle	对一个字符串里面的字符进行随机排序
str_split	将一个字符串按照字符间距分割为一个数组
str_word_count	获取字符串里面的英文单词信息
strchr	通过比较返回一个字符串的部分 strstr()函数的别名
strcmp	对字符串进行大小比较
strlen	获取一个字符串的编码长度
strpbrk	通过比较返回一个字符串的部分
strpos	查找并返回首个匹配项的位置
strrev	将字符串里面的所有字母反向排列
strrpos	从后往前查找并返回首个匹配项的位置
strspn	匹配并返回字符连续出现长度的值
strstr	通过比较返回一个字符串的部分
strtok	用指定的若干个字符来分割字符串
strtolower	将字符串转变为小写
strtoupper	将字符串转变为大写
strtr	对字符串比较替换
substr_count	计算字符串中某字符段的出现次数
substr_replace	对字符串中的部分字符进行替换
substr	对字符串进行截取
trim	去除字符串两边的空白或者指定的字符
ucfirst	将所给字符串的第一个字母转换为大写
ucwords	将所给字符串的每一个英文单词的第一个字母变成大写

下面着重讲述一些使用频率较高的字符串处理函数。

4.4.2 去除空格函数

由于数据存储的需要，在某些情况下是不允许在字符串中出现空格的，例如当在用户登录某个系统时，用户名和密码的开头和结尾一般都不能有空格，所以在进行 Web 编程时，程序员就应该在程序中预先去除这些空格，以保证传送到服务器的数据符合规范，在 PHP 中去除空格的内部函数有如下几种。

❑ trim()函数

该函数用于去除字符串开始位置和结束位置的空格字符，其使用格式如下：

trim(string str [, string charlist])

其中参数 str 表示待处理的字符串；charlist 为可选参数，指定要去除的字符，如果不指定该参数，则该函数将去除空格、制表符、空字节、换行符、回车符。

❑ ltrim()函数

该函数用于去除字符串左边的空格或其他指定的字符，并返回处理后的字符串，其使用格式如下：

ltrim(string str [, string charlist])

其中参数的含义及功能和 trim()函数完全一致。

❑ rtrim()函数

rtrim()函数用来去除字符串右边的空格或其他指定的字符，并返回处理后的字符串，其使用格式如下：

rtrim(string str [,string charlist])

其中参数的含义及功能和 trim()函数完全一致。下面举一实例来理解这 3 个函数的用途，其 PHP 代码如下：

```
<?php
$str="初始字符  左右两边及中间都有空格";
echo "原始字符串：".$str."<br>";
echo "原始字符串长度：".strlen($str)."<br>";
$str1=ltrim($str);
echo "用函数 ltrim()去掉左边的空格后的字符串：".$str1."<br>";
echo "执行 ltrim()之后的长度：".strlen($str1)."<br>";
$str2=rtrim($str);
echo "用函数 rtrim()去掉右边的空格后的字符串：".$str2."<br>";
echo "执行 rtrim()之后的长度：".strlen($str2)."<br>";
$str3=trim($str);
echo "执行 trim()之后的长度".strlen($str3)."<br>";
echo "去掉首尾空格之后的字符串：".$str3."";
?>
```

字符处理函数运行后，结果如图 4-13 所示。

图 4-13　变量值的指定

其中需要说明的是，在上述程序中用到了strlen()函数，该函数的功能是用来统计字符串长度的。

4.4.3 HTML 处理相关函数

还有一种是用于格式化 HTML 文本的内部函数，通过这些函数可以把字符串中的换行符转换为 HTML 换行标记；还可以实现在特殊字符与 HTML 实体之间相互转换以及去除所有 HTML 和 PHP 标记等，下面就来讲述一下这些函数。

❑ nl2br()函数

在 HTML 文件中使用"\n"，显示 HTML 代码时不能显示换行的效果，这时可以使用 nl2br()函数，这个函数可以用 HTML 中的"
"标记代替字符串中的换行符"\n"。例如：

```
<?php
$str="Welcome  to \nChengdu";
echo $str;                    //直接输出不会有换行符
echo nl2br($str);             //"Welcome to"后面换行
?>
```

❑ htmlspecialchars()函数

该函数可以将字符转化为 HTML 的实体形式，该函数转换的特殊字符及转换后的字符如表 4-4 所示。htmlspecialchars()函数将特殊的 HTML 标签转换为 HTML 实体并以普通文本显示出来，可以用来防止恶意脚本对网站的攻击。

表 4-4 可以转化为 HTML 实体形式的特殊字符

原 字 符	字 符 名 称	转换后的字符
&	AND 记号	&amp;
"	双引号	&quot;
'	单引号	&#039;
<	小于号	&lt;
>	大于号	&gt;

❑ htmlentities()函数

该函数把字符串中的一些 HTML 标签转换为 HTML 实体并返回经过处理的字符串。与 htmlspecialchars()函数类似，htmlentities()函数也可以将特殊字符转换为实体，不过 htmlspecialchars()函数只转化&、"、'、<、>这 5 个字符，而 htmlentities()函数则会把汉字也进行转化。例如：

```
<?php
$str1="<font size=5>这是中文字符串</font>";
echo htmlentities($str1);            //将在网页中输出<font size=5>ÕâÊÇÖÐÎÄ×Ö·û´®</font>
?>
```

❑ strip_tags()函数

该函数从字符串中去除所有 PHP 和 HTML 标记并返回经过处理的字符串，其语法格式如下：

strip_tags(string str [, string allowable_tags])

其中参数 str 是要处理的字符串，allowable_tags 表示指定要保留的某些 PHP 或 HTML 标记。

下面举一个例子来综合讲解以上 HTML 处理的相关函数，程序代码如下：

```php
<?php
define("SP","<br/>\n");
$str1="这是第一行文本。\n 这是第二行文本";
print "<b>把换行符替换成换行标记</b>".nl2br($str1).SP;
$str2="<p align=\"center\">文本内容</p>";
print "<b>HTML 段落标记:</b>".htmlspecialchars($str2).SP;
$str3="<font color=\"red\">文本内容</font>";
print "<b>HTML 字体标记:</b>".htmlentities($str3,ENT_COMPAT,"GB2312").SP;
$str4="<div>一行文本，</div><!--这里是注释-->这里是其他文本";
print "<b>过滤掉了所有 HTML 标记:</b>".strip_tags($str4).SP;
print "<b>除 div 标记外，过滤掉了所有 HTML 标记:</b>".strip_tags($str4,"<div>").SP;
?>
```

该程序运行后的结果如图 4-14 所示，请注意分析结果。

图 4-14　HTML 处理函数的运用

4.4.4　改变字符串大小写

有时在比较英语字符串时，要求只比较其内容，而对其是否大小写不做要求，这时就需要把比较的对象转化为统一的大小写格式。使用 strtolower()函数可以将字符串全部转化为小写，使用 strtoupper()函数将字符串全部转化为大写。例如：

```php
<?php
echo strtolower("HelLO,WoRlD");                    //输出"hello,world"
```

```
echo strtoupper("hEllo,wOrLd");        //输出"HELLO,WORLD"
?>
```

此外，还可用 ucfirst()函数将字符串的第一个字符改成大写，用 ucwords()函数将字符串中每个单词的第一个字母改成大写。例如：

```
<?php
echo ucfirst("hello world");           //输出"Hello world"
echo ucwords("how are you");           //输出"How Are You"
?>
```

4.4.5 字符串拆分与连接

在编程过程中，有时需要把一个较长的字符串按照特定的字符分割成多个字符串，PHP 提供了 explode()、str_split()等函数来完成字符串的分割。

❑ explode()函数

使用 explode()函数可以将指定字符串中的内容按照指定的规则进行分类存储，并将原字符串分割成另一些字符串，同时返回一个数组。

语法格式如下：

array explode(string $separator, string $string [, int $limit])

其中，字符串$separator 是分割字符串$string 的边界点，此函数返回由字符串组成的数组，每个元素都是$string 的一个子串。参数$limit 是可选项，如指定了此参数，则返回的数组包含最多$limit 个元素，并且最后那个元素将包含 string 的剩余部分。例如：

```
<?php
$str="使用 空格 分割 字符串";
$array=explode(" ", $str);
print_r($array);                       //输出 Array ([0] =>使用[1] =>空格[2] =>分割[3] =>字符串)
?>
```

而如果$limit 参数是负数，则返回除了最后的$limit 个元素外的所有元素。

❑ str_split()函数

与 explode()函数不同的是，str_split()不是以某个字符串为分割依据，而是以一定长度为单位将字符串分割成多段，并返回由各段组成的数组。语法格式如下：

array str_split(string $string, [, int $lengh])

其中，$string 为要分割的字符串，可选参数$lengh 是分割的单位长度，此参数默认时，采用默认的单位长度 1。

❑ implode()函数

字符串可以肢解、分割，当然也就可以把它重新组装、合成。与 explode()和 str_split()函数相反，使用 implode()函数可以将存储在数组不同元素中的字符串连接成一个字符串，语法格式如下：

string implode(string $glue, array $pieces)

其中，$pieces 是保存要连接的字符串的数组，$glue 是用于连接字符串的连接符。例如：

```php
<?php
$array=array("welcome","to","Cheng","du");
$str=implode(",",$array);              //使用逗号作为连接符
echo $str;                              //输出" welcome, to, Cheng, du "
?>
```

再如：

```php
<?php
$str="上课时间：星期四下午 1-2 节@课程名称：ASP.NET 教程@上课地点：允明楼 1124@任课教师:刘山";              //定义字符串变量
$str_arr=explode("@",$str);            //应用标识@分割字符串
$array=implode("*",$str_arr);          //将数组合成字符串
echo $array;                            //输出字符串
?>
```

下面举一实例来说明以上函数的用法及区别，程序如下：

```php
<?php
  $arr1=array("Apache","PHP","MYSQL");
print "<b>数组内容：</b><br/>\n";
var_dump($arr1);
$strarr1=implode("-",$arr1);
print "<br/>\n<b>连接后的字符串：</b><br/>\n$strarr1<br/>\n";
   $str = "苹果，西红柿，香蕉，栗，梨子，芒果";
   echo "原字符串是：<b>".$str."</b><br>";
   echo "方式一.以逗号为分割符分割字符串：<br>";
   $arr1 = explode(",",$str);
   echo "---\$arr1[0]的值：".$arr1[0]."<br>";
   echo "---\$arr1[4]的值：".$arr1[4]."<br>";
   echo "方式二.分割时指定 limit 参数：<br>";
   $arr2 = explode(",",$str,3);
   echo "---\$arr2[0]的值：".$arr2[0]."<br>";
   echo "---\$arr2[2]的值：".$arr2[2]."<br>";
   echo "---\$arr2[4]的值：".$arr2[4]."<br>";
echo "方式三.str_split 函数分割，且采用默认单位的分割长度：<br>";
   $str2="this,that,they,what,here";
   echo "原字符串是：<b>".$str2."</b><br>";
   $arr3 = str_split($str2);
   echo "---\$arr3[0]的值：".$arr3[0]."<br>";
   echo "---\$arr3[2]的值：".$arr3[2]."<br>";
   echo "---\$arr3[4]的值：".$arr3[4]."<br>";
echo "方式四.str_split 函数分割，并设置分割长度为 2：<br>";
   $arr3 = str_split($str2,2);
   echo "---\$arr3[0]的值：".$arr3[0]."<br>";
   echo "---\$arr3[2]的值：".$arr3[2]."<br>";
   echo "---\$arr3[4]的值：".$arr3[4]."<br>";
?>
```

以上程序代码在浏览器中显示结果如图 4-15 所示。

图 4-15　字符串分割与连接函数

4.4.6　字符串查找

在实际编程过程中，经常需要在一个字符串中查找某个字符串或者某个子串。PHP 中用于字符串查找、定位的函数非常多，下面介绍比较常用的几种函数。

❑ substr()函数

substr 函数的语法格式如下：

string substr(string str, int start [, int length])

其中，str 参数用来指定被操作的字符串；参数 start 用来指定子串的起始位置，如省略，则表示从第一个字符开始，如果该参数为负数，则从原字符串末尾向前数 start 个字符，并由此开始取子串，如果 start 所指定的位置超出了 str 范围，则该函数返回 false；参数 length 用来指定子字符串的长度，如果省略此参数或者该参数大于原被操作字符串长度，则返回从起始位置之后的所有字符。

❑ stristr()函数

该函数用来在一个字符串中查找一个子串的首次出现，在查找时要区分字符的大小写，stristr()函数的语法格式如下：

string stristr(string $haystack, string $needle)

其中，参数$haystack 指定原字符串；参数$needle 表示要查找的子字符串，如果它不是一个字符串，则它将被转换为一个整数并作为一个普通字符来使用。如果在字符串$haystack 中出现了$needle，则返回$haystack 字符串中从$needle 第一次出现的位置开始到$haystack 字符串结束处的字符串。如果没有返回值，即没有发现$needle，则返回 False。

❑ strstr()函数

请注意，这个函数与 stristr()函数外形上的变化，它没有字母 i，该函数功能与 stristr()

函数基本相同，只不过在查找子串时将不区分字符的大小写，strstr()函数的语法格式如下：

string strstr(string $haystack, string $needle)

其中，参数的含义和功能与stristr()函数中的参数相同。

❑ strrchr()函数

该函数用于在一个字符串中查找一个字符串的最后一次出现，语法如下：

string strrchr(string $haystack, string $needle)

查找时，系统将从原字符串右边开始查找，如果在字符串$haystack中出现了$needle，则返回$haystack字符串中从$needle最后出现的位置开始到$haystack字符串结束处的字符串。如果没有返回值，即没有发现$needle，则返回False。

下面举一实例比较一下以上函数的用法，程序如下：

```php
<?php
    $str = "春眠不觉晓,处处闻啼鸟,夜来风雨声,花落知多少.";
    echo "原字符串：<b>".$str."</b><br>";   //按各种方式进行截取
    $str1 = substr($str,4);
    echo "从第 4 个字符开始取至最后：".$str1."<br>";
    $str2 = substr($str,6,4);
    echo "从第 6 个字符开始取 4 个字符：".$str2."<br>";
    $str3 = substr($str,-5);
    echo "取倒数 5 个字符：".$str3."<br>";
    $str4 = substr($str,-7,4);
    echo "从倒数第 7 个字符开始向后取 4 个字符：".$str4."<br>";
    $str5 = substr($str,-9,-3);
    echo "从倒数第 9 个字符开始取到倒数第 3 个字符为止：".$str5."<br>";
    $email="user@website.com";
    $domain=strstr($email,"@");
    print "从电子邮件地址中取出域名：{$domain}<br/>\n";
    $stri=stristr("This is a big city","A");
    print "不区分大小写取子串：{$stri}<BR/>";
    $strr="This is a book, that is a desk";
    $strrigth=strrchr($strr,"th");
    print "从原始字符右边取出子串：{$strrigth}";
?>
```

程序运行结果如图 4-16 所示。

图 4-16　字符串的查找函数举例

4.4.7 字符串替换

在 Web 程序中，常常需要在一个字符串中替换指定的内容，实现这种功能的函数有以下几种。

❑ str_replace()函数

该函数的语法格式如下：

mixed str_replace(mixed $search, mixed $replace, mixed $subject [, int &$count])

str_replace()函数的功能是使用新的字符串$replace 替换字符串$subject 中的$search 字符串。$count 是可选参数，表示要执行的替换操作的次数，$count 是 PHP 5 中新添加的。该函数中$search、$replace、$subject 以及函数本身的返回值都是 mixed 类型，即这些参数可以是多种类型，相应的其返回值也有多种类型，如字符串、数组等。例如：

```
<?php
$str="I love you";
$replace="China";
$end=str_replace("you",$replace,$str);
echo $end;                                //输出"I love China "
?>
```

str_replace()函数对大小写敏感，还可以实现多对一替换，即将多个不同的字符替换为同一个字符。多对多替换，即将多个不同的字符替换为多个对应的不同字符，但无法实现一对多的替换，例如：

```
<?php
$str="My name is John Smith";
$array=array("a","o","A","O","e");
echo str_replace($array, "",$str);        //多对一的替换，输出"My nm is Jhn Smith"
echo "<br/>";
$array1=array("a","b","c");
$array2=array("d","e","f");
echo str_replace($array1,$array2, "abcdef");  //多对多的替换，输出"defdef"
?>
```

以上程序在 IE 浏览器运行的结果如图 4-17 所示。

图 4-17 字符串替换函数举例

❑ str_irepalce()函数

该函数与str_replace()函数的功能基本相同,只是不区分大小写,语法格式如下:

mixed str_ireplace(mixed $search, mixed $replace, mixed $subject [, int &$count])

其中,各参数的功能和含义与str_replace()函数中的参数一致,这里就不再赘述,特举一例以帮助读者理解。

```
<?php
$str1 = "川普";                              //定义字符串常量
$str2 = "特朗普";                            //定义字符串常量
$str = "川普总统抵达北京开始访华之旅";        //定义字符串常量
echo "原始字符串:  <br>";
echo $str."<br>";
echo "替换后的字符串<br>";
echo str_ireplace($str1,$str2,$str);        //输出特朗普总统抵达北京开始访华之旅
?>
```

程序运行效果如图4-18所示。

图4-18　字符串替换函数str_irepalce()举例

❑ substr_replace()函数

该函数用于替换子串的文本内容并返回替换后的字符串,其语法格式如下:

mixed substr_replace(mixed str, string replacement, int start [, int length])

其中,参数str表示原字符串;参数replacement为指定用来替换原子字符串的新字符串,start用来指定执行替换操作的起始位置;length是可选参数,表示要替换的长度,如果不给定,则从start位置开始一直到字符串结束;如果length为0,则替换字符串会插入到原字符串中;如果length是正值,则表示要用替换字符串替换掉的字符串长度;如果length是负值,则表示从字符串末尾开始到length个字符为止停止替换,如下例:

```
<?php
echo substr_replace("abcdefg","CHY",3);        //输出"abc CHY "
echo substr_replace("abcdefg"," CHY ",3,3);    //输出"abc CHY g"
echo substr_replace("abcdefg"," CHY ",-2,2);   //输出"abcde CHY "
echo substr_replace("abcdefg"," CHY ",3,-2);   //输出"abc CHY fg"
echo substr_replace("abcdefg"," CHY ",2,0);    //输出"ab CHY cdefg"
?>
```

4.4.8 字符串加密

通常情况下,人们将可懂的文本称为明文;将明文变换成的不可懂的文本称为密文。把明文变换成密文的过程叫加密。PHP 提供了 crypt()、md5()等函数完成字符串的加密功能,crypt()函数的语法格式如下:

string crypt(string $str [, string $salt])

其中,参数$str 是需要加密的字符串,参数$salt 是一个位字串,能够影响加密的暗码,干扰非法人员识别明文,从而减少被破解的可能性。默认情况下,PHP 使用一个 2 个字符的 DES 干扰串,如下面的程序代码:

```
<?php
$str="这是明文";
$des="ab";
echo "没加密之前的明文是:".$str."<br/>";
echo "加密后的密文:";
echo crypt($str,$des);
?>
```

程序运行的结果如图 4-19 所示。

图 4-19 字符串加密函数

crypt()函数只能完成单向加密的功能,也就是说它可以加密一些明码,但不能将加密后的密文转换为原来的明码。在默认状态下使用 crypt()并非特别安全,若要获得更高的安全性,可以使用 md5()函数,函数使用散列算法对指定的字符串进行加密,其语法格式如下:

string md5(string str [,bool raw_output])

其中,参数 str 表示待加密的字符串;第二个参数 raw_output 是可选参数,如果将 raw_output 设置为 true,则 md5()函数将改为返回一个长度为 16 位的二进制格式的摘要,如设置为 False,则返回长度为 32 位的十六进制格式的摘要,该参数默认取 False 值。例如:

```
<?php
$str="我是明文";
echo md5($str);      //输出的相应密文是"f51fbb37237ddd56b14299b9de277be4"
?>
```

4.5 时间日期函数

PHP 中所有时间都是 UNIX 纪元的，即从 1970 年 1 月 1 日开始的，日期是用从这个时候开始所经历的总秒数来表示。当一个时间函数调用从 1970 年 1 月 1 日零时开始计的秒数时，就把它当作时间戳（timestamp），PHP 中的大多数时间函数就是以时间戳为参数转换成各种格式的时间形式。

4.5.1 时间日期函数总览

PHP 在处理数据库中时间类型的数据时，经常需要先将时间类型的数据转化为 UNIX 时间戳后，再对其进行其他后续处理。另外，不同的数据库系统对时间类型的数据不能兼容转换，这时就需要将时间转化为 UNIX 时间戳，然后对时间戳进行操作，这样就实现了不同数据库系统的跨平台性，下面就以表 4-5 的形式罗列出相关的时间数据处理函数。

表 4-5 日期时间处理函数

函 数 名	函数功能描述
checkdate	检查日期是否合法
date	返回一个表示时间的字符串
date_default_timezone_get	取得一个脚本中所有日期函数所使用的默认时区
date_default_timezone_set	设定一个脚本中所有日期函数所使用的默认时区
getdate	返回一个数组，其中包含小时数、分数、秒数
gettimeofday	取得当前的时间
gmdate	格式化一个 GMT/UTC 日期/时间
gmmktime	取得 GMT 日期的 UNIX 时间戳
idate	将本地时间日期格式化为整数
localtime	取得本地时间
microtime	返回一个字符串，由当前时间的毫秒数+空格+从 1970 年开始的秒数
mktime	返回指定日期的时间戳，即从 1970 年 1 月 1 日到指定日期的秒数
set_time_limit	规定从调用此函数的程序语句起，程序必须在指定秒数内运行结束，超时则程序出错退出
strftime	根据区域设置格式化本地时间/日期
time	将当前系统时间转换为对应的时间戳（长整数）

下面讲述几种常用的日期时间处理函数。

4.5.2 date()函数和 time()函数

date()函数用来将一个 UNIX 时间戳格式化成指定的时间/日期格式，其语法格式如下：
string date(string $format [, int $timestamp])

其中，参数$format 指定了转化后的日期和时间的格式，参数$timestamp 是需要转化的时间戳，如果省略时间戳则使用本地当前时间，即默认值为由 time()函数返回当前系统时间对应的时间戳。本函数比较难掌握的是由$format 参数指定的日期格式，下面列出 data()函数支持的格式字符，如表 4-6 所示。

表 4-6　date()函数的格式字符列表

format 字符	说　　明	返回值例子
d	月份中的第几天，有前导零的 2 位数字	01～31
D	星期中的第几天，用 3 个字母表示	Mon 到 Sun
j	月份中的第几天，没有前导零	1～31
l	星期几，完整的文本格式	Sunday～Saturday
N	ISO-8601 格式数字表示的星期中的第几天	1（星期一）～7（星期天）
S	每月天数后面的英文后缀，用 2 个字符表示	st、nd、rd 或 th，可以和 j 一起用
w	星期中的第几天，数字表示	0（星期天）～6（星期六）
z	年份中的第几天	0～366
W	ISO-8601 格式年份中的第几周，每周从星期一开始	例如，42（当年的第 42 周）
F	月份，完整的文本格式，如 January 或 March	January～December
m	数字表示的月份，有前导零	01～12
M	3 个字母缩写表示的月份	Jan～Dec
n	数字表示的月份，没有前导零	1～12
t	给定月份所应有的天数	28～31
L	是否为闰年	如果是闰年为 1，否则为 0
Y	4 位数字完整表示的年份	例如，1999 或 2003
y	2 位数字表示的年份	例如，99 或 03
a	小写的上午和下午值	am 或 pm
A	大写的上午和下午值	AM 或 PM
B	Swatch Internet 标准时	000～999
g	小时，12 小时格式，没有前导零	1～12
G	小时，24 小时格式，没有前导零	0～23
h	小时，12 小时格式，有前导零	01～12
H	小时，24 小时格式，有前导零	00～23
i	有前导零的分钟数	00～59
s	秒数，有前导零	00～59
e	时区标志	例如，UTC、GMT、Atlantic/Azores
I	是否为夏令时	如果是夏令时为 1，否则为 0
O	与格林尼治时间相差的小时数	例如，+0200
P	与格林尼治时间（GMT）的差别，小时和分钟之间用冒号分隔	例如，+02:00
T	本机所在的时区	例如，EST、MDT

续表

format 字符	说明	返回值例子
Z	时区偏移量的秒数。UTC 西边的时区偏移量总是负的，UTC 东边的时区偏移量总是正的	-43200~43200
c	ISO 8601 格式的日期	2004-02-12T15:19:21+00:00
r	RFC 822 格式的日期	Thu, 21 Dec 2000 16:01:07 +0200
U	从 UNIX 纪元开始至今的秒数	time()函数

例如，将当前系统日期分别转换成英文格式、中国传统的日期格式，其实现程序如下：

```
<?php
echo date("Y-m-d")."<br>";              //按年-月-日格式输出当前日期
echo date("m.d.y")."<br>";              //11.10.17
echo date("j, n, Y")."<br>";            //10, 11, 2017
echo date("F j, Y, g:i a")."<br>";      //November 10, 2017, 5:30 am
echo date("D M j G:i:s T Y")."<br>";    //Sat Nov 10 5:30:22 UTC 2017
echo date('\I\t \i\s \t\h\e jS \d\a\y')."<br>";  //It is the 10th day
echo date("H:i:s this is now time")."<br>";      //05:10:22 this is now time
echo date('h-i-s, j-m-y')."<br>";       //05-10-22, 10-11-17
?>
```

time()函数用来获取当前时间的 UNIX 时间戳，它返回的是一个整数，如下列程序代码：

```
<?php
$tm= time();
echo "当前时间的 UNIX 时间戳为：".$tm;   //显示当前计算机系统时间所对应的时间戳
?>
```

4.5.3 strtotime()函数

要将用字符串表达的日期和时间转化为时间戳的形式，其语法格式如下：
int strtotime(string $time [, int $now])

其中，参数$time 是一个字符串，用来指定一个具体的时间；参数$now 用来计算返回值的时间戳，如果该参数默认，则使用当前系统时间的时间戳。该函数接受一个包含美国英语日期格式的字符串，并尝试以 now 参数给出的时间为基础，将其解析为 UNIX 时间戳。

例如：

```
<?php
echo strtotime('2010-3-31');                 //输出 1269993600
echo strtotime('2010-03-05 10:27:30');       //输出 1267784850
echo strtotime("10 September 2010");         //输出 1284076800
?>
```

特别提醒：如果采用两位数字的格式来指定年份，则年份值 0~69 表示 2000~2069，70~100 表示 1970~2000。

4.5.4 getdate()函数

使用 getdate()函数可以获取日期和时间信息，语法格式如下：
array getdate([int $timestamp])

其中，参数$timestamp 表示要转换的时间戳，如果省略，则使用当前系统时间所对应的时间戳，该函数根据$timestamp 返回一个包含日期和时间信息的数组，数组的下标和值如表 4-7 所示。

表 4-7　getdate()函数返回数组下标与值的对应表

键　　名	说　　明	值 的 例 子
seconds	秒的数字表示	0～59
minutes	分钟的数字表示	0～59
hours	小时的数字表示	0～23
mday	月份中第几天的数字表示	1～31
wday	星期中第几天的数字表示	0（表示星期天）～6（表示星期六）
mon	月份的数字表示	1～12
year	4 位数字表示的完整年份	例如，1999 或 2003
yday	一年中第几天的数字表示	0～365
weekday	星期几的完整文本表示	Sunday～Saturday
month	月份的完整文本表示	January～December
0	自 UNIX 纪元开始至今的秒数	系统相关，典型值从–2147483648～2147483647

例如，用两种方法来获取某时间点的时间信息，一种方法是直接获取当前系统时间的信息，另一种方法是指定某时间字符串，然后将该时间字符串转换为对应的时间戳，再根据这个时间戳来获取时间信息，其程序代码如下：

```
<?php
$arr1 = getdate();                                              //使用 getdate()函数将当前信息保存到数组
echo $arr1[year]."-".$arr1[mon]."-".$arr1[mday]." ";            //返回当前的日期
echo $arr1[hours].":".$arr1[minutes].":".$arr1[seconds]." ".$arr1[weekday];//返回当前的时间
echo "<p>";
echo "Today is the $arr1[yday]th of year";                      //今天是一年中的第几天
?>
```

以上程序代码运行后的页面如图 4-20 所示。

图 4-20　getdate()函数的使用

4.5.5 mktime()函数

与 strtotime()函数类似，另一个将时间日期转换为时间戳的函数是 mktime()函数，语法格式如下：

int mktime([int $hour [, int $minute [, int $second [, int $month [, int $day [, int $year]]]]]])

其中，参数$hour 表示小时数，参数$minute 表示分钟数，参数$second 表示秒数，参数$month 表示月份，参数$day 表示天数，参数$year 表示年份。如果所有的参数都为空，则默认为当前系统日期及时间。

例如：

```
<?php
$timenum1=mktime(0,0,30,8,12,2017);    //2017 年 8 月 12 日 0 时 0 分 30 秒
echo $timenum1;                         //输出 20178 年 8 月 12 日 0 时 0 分 30 秒所对应的时间戳
echo "<br/>";
$timenum2=mktime(3,20,0,9,18,99);
echo $timenum2;                         //1999 年 9 月 18 日 3 时 20 分的时间戳 937624800
?>
```

4.6 数学函数

Web 程序在运行过程中有时需要进行数据计算操作，除了加、减、乘、除之外，往往还要求最大值、最小值、绝对值、随机数、取整、对数值等。这些操作都可以通过 PHP 内置函数来实现，这些函数称为 PHP 的数学函数。

4.6.1 数学函数总览

PHP 中的数学函数非常丰富，几乎涵盖了所有的数学运算，表 4-8 罗列出了相关的 PHP 数学函数。

表 4-8 常用的数学函数列表

函 数 名	功 能 描 述
abs	求解绝对值
acos	求解反余弦
acosh	求解反双曲余弦
asin	求解反正弦
asinh	求解反双曲正弦
atan2	求解两个参数的反正切
atan	求解反正切
atanh	求解反双曲正切
base_convert	在任意进制之间转换数字

续表

函 数 名	功 能 描 述
bindec	二进制转换为十进制
ceil	进一法取整
cos	求余弦
cosh	求双曲余弦
decbin	十进制转换为二进制
dechex	十进制转换为十六进制
decoct	十进制转换为八进制
deg2rad	将角度转换为弧度
exp	计算 e（自然对数的底）的指数
floor	舍去法取整
fmod	返回除法的浮点数余数
getrandmax	显示随机数最大的可能值
hexdec	十六进制转换为十进制
hypot	计算一直角三角形的斜边长度
is_finite	判断是否为有限值
is_infinite	判断是否为无限值
is_nan	判断是否为合法数值
lcg_value	组合线性同余发生器
log10	求以 10 为底的对数
log	求自然对数
max	找出最大值
min	找出最小值
mt_getrandmax	显示随机数的最大可能值
mt_rand	生成更好的随机数
mt_srand	播下一个更好的随机数发生器种子
octdec	八进制转换为十进制
pi	得到圆周率值
pow	指数表达式
rad2deg	将弧度数转换为相应的角度数
rand	产生一个随机整数
round	对浮点数进行四舍五入
sin	求正弦
sinh	求双曲正弦
sqrt	求平方根
srand	播下随机数发生器种子
tan	求正切
tanh	求双曲正切

下面讲述几种常用的数学函数的用法，以便启发读者在编程中灵活运用各种数学函数。

4.6.2 求随机数的 rand()函数

rand()函数用于返回一个随机整数，其语法格式如下：
rand([int min, int max])

其中，参数 min、max 表示产生的随机数的起止范围，min 表示最小数，max 表示最大数，如果没有提供可选参数 min 和 max，则 rand()返回 0～RAND_MAX 之间的伪随机整数，其中，在 Windows 平台下，RAND_MAX 值等于 32768，如果要产生大于 32768 的随机数，那就只有指定 min 和 max 参数了。例如，想要 15～30（包括 15 和 30）之间的随机数，此时，函数的调用形式是 rand(15,30)。

4.6.3 最大值函数与最小值函数

在两个数值中求最大值，所用的函数形式如下：
max(number arg1,number arg2)
或在数组中，求最大的元素值，其函数形式如下：
max(array numbers [,array…])
如果仅有一个参数且是数组，max()函数返回该数组中最大的值。如果第一个参数是整数、字符串或浮点数，则至少需要两个参数，且 max()函数返回这些值中最大的一个，此时，PHP 会将非数值的字符串当成 0，如果参数中的值都是 0，则 max()函数返回最左边的那个。

与求最大值函数对应地，求最小值的函数也用两种函数形式，在两个数值中求最小值，所用的函数形式如下：
min(number arg1,number arg2)
或在数组中，求最小的元素值，其函数形式如下：
min(array numbers [,array…])
同样，如果仅有一个参数且是数组，min()函数返回该数组中最小的值。如果第一个参数是整数、字符串或浮点数，则至少需要两个参数，且 min()函数返回这些值中最小的一个，此时，PHP 会将非数值的字符串当成 0，如果参数中的值都是 0，则 min()函数返回最左边的那个。

4.6.4 ceil()、floor()和 round()函数

在 PHP 中，对某数值取整的函数主要有 3 个：ceil()、floor()和 round()函数。
❑ ceil()函数
该函数的调用格式如下：
ceil(float value)
其功能是返回不小于 value 的下一个整数，value 如果有小数部分则进一位。
❑ floor()函数
该函数的调用格式如下：
floor(float value)

其功能是返回不大于 value 的下一个整数，将 value 的小数部分舍去取整。

❑ round()函数

该函数的调用格式如下：

round(float val [,int precision])

其功能是返回根据给定的精度 precision 进行四舍五入后的结果，即是返回小数点后 precision 位的四舍五入结果，precision 可以是负数或 0（默认情况下的默认值）。

下面通过一个实例来综合说明以上各种数学函数的使用方法：

```
<?php
    echo "随机数 1:"."<br/>";
    $s1 = rand(100,200);
    echo $s1."<br/>";
    echo "随机数 2:"."<br/>";
    $s2 = rand(100,200);
    echo $s2."<br/>";
    echo "随机数 1 和随机数 2 中的最大值:"."<br/>";
    echo max($s1,$s2)."<br/>";
    echo "随机数 1 和随机数 2 中的最小值:"."<br/>";
    echo min($s1,$s2)."<br/>";
    echo "对小数 3.214443 保留 2 位小数的四舍五入".round(3.214443,2)."<br/>";
    echo "对小数 3.214443 采用进一法取整： ".ceil(3.214443)."<br/>";
    echo "对小数 3.214443 采用舍去法取整： ".floor(3.214443);
?>
```

以上程序代码运行后的页面如图 4-21 所示。

图 4-21 常用的 PHP 数学函数

4.7 图像处理函数

在 PHP 中提供对图像进行编辑处理的函数，这些函数在很多需要动态生成图像、自动批量处理图像等方面，都能给 PHP 网站开发者带来很大的帮助。其中最为典型的应用有随机图形验证码、图片水印、数据统计中饼状图、柱状图的生成等。

在 PHP 中有的图形函数可以直接使用，这类函数中大多数需要安装 GD2 函数库后才能使用。在 Windows 平台下，安装 GD2 库很简单，就是 PHP 5 自带的 ext 目录中的 php_gd2.dll 文件，也就是本章开始处讲到的图 4-1 所示的内容。如果没有，说明安装 PHP 时没有安装 GD2 库，打开 php.ini 文件，查看文件中是否有一句 ";extension=php_gd2.dll"，如果有，则将其中的 ";" 去掉，再将文件中扩展目录 extension_dir 的值设置成 PHP 的 ext 目录所在的完整路径，如 "extension_dir= "E:/php5/ext""，保存后重启 Apache 即可。

4.7.1 用图像处理函数绘制 PNG 图形

在 PHP 中绘制图形一般有 4 个步骤：创建一个背景；在背景中绘制图形或输入文本；输出图形；释放所有资源。由于绘制图形的函数种类和内容都比较多，鉴于篇幅有限，此处举一个简单例子来让读者体会一下此类函数的使用。例如：

```php
<?php
$image=imagecreate(400, 400);
$background_color = imagecolorallocate($image, 255, 255, 255);
$black=imagecolorallocate($image,0,0,0);
imageline($image, 0,0,100,100,$black);
header("Content-type: image/png");
imagepng($image);
imagedestroy($image);
?>
```

本程序第二行中用 imagecreate() 函数创建了一幅图像，imagecreate() 函数的使用方法是：imagecreate(int $x_size, int $y_size)，其中，$x_size 和 $y_size 两个参数分别表示图像的宽度和高度，单位为像素，并返回此图像的数据流，存放到 $image 变量中；第三行中用 imagecolorallocate() 函数为图像设置了白色的背景色。其中，该函数的第一个参数表示图像流，第二个到第四个参数分别表示 RGB 的色值；按同样的方法，在第四行为图像设置了黑色的背景色；第五行用 imageline() 函数绘制了一条直线，并设置直线颜色为黑色；第六行向浏览器发送头信息，输出 PNG 图片；第七行输出图形；第八行清除资源。

本程序运行结果如图 4-22 所示。

图 4-22　绘制图形的函数

4.7.2 用图像处理函数制作水印效果

除了可以处理 PNG 格式的图像,还可以把图像输出为 JPG、GIF 等格式,而且不仅可以直接创建一个图像流来绘制图形,还可以将现有的图片作为图像流读入,然后在此基础上对该图像进行修饰,如加上水印效果等,这种功能常用来防止图片被盗用而为图像设置特殊标记。如下面这个程序,将在一幅原始图片 picture.jpg 上面加上"版权为本人所有,严禁盗用"水印字样,代码如下:

```
<?php
header("Content-type:image/jpeg ");
$im = imagecreatefromjpeg("picture.jpg");
$black = imagecolorallocate($im,0,0,0);
$width=imagesx($im);
$height=imagesy($im);
imagestring($im,5,6,10," www.danyangnetworkcommany.com.cn", $black);
imagejpeg($im);
imagedestroy($im);
?>
```

本程序运行结果如图 4-23 所示。

图 4-23 制作水印效果的图像

4.8 自定义函数

虽然 PHP 为用户提供了大量的功能函数,但在某些情况下仍然不能满足用户的个性化需求,为此,PHP 为用户提供了自定义函数的功能,程序员可以根据自己实际需要来编写函数代码,其编写的方法非常简单。

4.8.1 函数的命名规则

PHP 函数的命名规则如下。
- 简单明了。根据上下文给动词与介词加上名词以显示该函数的操作对象。但不要过度的简洁,以免影响清晰度和准确性。
- 避免歧义。要见名知义,不能出现一个函数的命名可能有多种解释的情况。
- 不要使用保留关键字来命名。避免命名中出现 if、php、class、continue 以及 while 等系统关键字。
- 函数名称不区分大小写。如 edit_data()与 EDIT_DATA()指向的是同一个函数。
- 函数的参数没有限制的,理论上可以定义任意需要的参数数量。
- "."及类型声明等专用语不能作为函数名称。
- 和变量名、程序名一样,函数名称的长度也必须在 255 个字符以内。

4.8.2 函数的定义与调用

自定义函数的语法格式如下:
```
function function_name ($arg1, $arg2, …, $argN) {
    statements
    [return arg_n;]
}
```

其中,function 是声明自定义函数时必须使用的关键字,function_name 是要创建函数的名称。给函数命名时,应遵循与变量命名相同的规则,但函数名不能用美元符号($)打头。通常这个函数名可以是以字母或下划线开头,后面跟 0 个或多个字母、下划线和数字的字符串,且不区分大小写,但是,函数名称不能与系统函数或用户已经定义的函数重名。$arg1~$argN 是函数的参数,通过这些参数可以向函数传递信息。一个函数可以有多个参数,它们之间用逗号隔开,且都是可选的。参数可以是各种数据类型,例如,整型、浮点型、字符串以及数组等。

statements 表示在函数体中定义的执行语句,它包括在调用函数时将会执行的代码,这段代码可以包括变量、表达式、流程控制语句,甚至是其他函数或类定义。return 语句用于立即结束此函数的执行并将它的参数作为整个函数的值返回,如果后面不跟任何参数,则仅终止脚本文件执行而不会返回任何值。return 是语言结构而不是函数,当需要返回的函数结果是一个表达式时才需要用括号将其括起来。

例如，下面的一段程序定义了一个函数名为 func1 的函数：

```php
<?php
function func1($x,$y)
{
 if($x==$y)
        echo "x=y";
 else if($x>$y)
        echo "x>y";
 else
        echo "x<y";
}
?>
```

在以上程序代码中，function 是系统关键字，用来定义函数，在此函数中包含了两个参数：$x 与$y，然后在函数体内定义一个 if-else if-else 流程控制语句，用来判断参数$x、$y 的大小，然后输出这两个参数的比较结果。

4.8.3 函数的参数传递

函数的参数传递方式总体上可被分为值传递方式和引用传递（也称为地址传递）方式，默认情况下，PHP 采取按值传递的方式传递参数。下面介绍一下 PHP 自定义函数的参数使用的各种形式。

❑ 通过引用（地址）传递参数

在默认情况下，函数参数通过值传递，这意味着即使在函数内部改变参数的值，并不会改变函数外部的值。如果需要函数修改它的参数值，则必须通过引用传递参数，其特点是实际参数与形式参数共享一块内存，因此，当形式参数的值改变时，实际参数的值也会相应地改变。若要函数的一个参数通过引用传递，则可以在函数定义中在该参数的前面预先加上引用符号"&"。例如：

```php
<?php
function color(&$col)       //定义函数 color()，其中参数采用引用传递方式
{
     $col="green";
}
$clr="blue";                //给$clr 赋值 blue
color($clr);                //调用函数 color()，参数使用变量$clr
echo $clr;                  //输出" green "，表明原变量$clr 的值已改变
?>
```

❑ 设置参数的默认值

定义函数时，还可以为函数的参数设置默认值。参数的默认值必须是常量表达式，不能是变量、类成员或函数调用，默认值的数据类型既可以是标量类型，也可以是数组和特殊类型，如 NULL。当使用默认参数时，任何默认参数必须放在所有非默认参数的右侧。

例如：

```php
<?php
function book($author,$newbook="PHP")
{
    echo "我喜欢的书是".$newbook. ",作者是:". $author;
}
?>
```

下面的例子用来说明函数中整个参数的传递方式：

```php
<?php
function pingfang(&$var)        //通过引用传递参数
{
    $var*=$var;
}
function pingfang1($var)
{
    $var*=$var;
}
function display_text($text,$font_name="宋体")
{
    echo "<font face=\"{$font_name}\">{$text}</font>\n";
}
$var=3;
echo "调用函数 pingfang 和 pingfang1 之前：\$var=$var<br/>\n";
pingfang1($var);
echo "调用函数 pingfang1(值传递)之后：\$var=$var<br/>\n";
pingfang($var);
echo "调用函数 pingfang 之后：\$var=$var<br/>\n";
echo "<hr/>\n";
display_text("默认情况下使用宋体<br>\n");
display_text("现在的字体改为隶书<br>\n","隶书");
?>
```

以上程序运行后的网页页面如图 4-24 所示。

图 4-24　函数参数的传递方式

4.8.4 函数的嵌套调用与递归调用

在一个程序中，在主函数调用了另外一个函数，而另外一个函数又调用下一个其他函数，在一个函数被调用的过程中又调用另一个函数，这就是函数的嵌套调用。如果在一个函数内部嵌套调用该函数本身，这种调用称为函数的递归调用。比如下面两个例子。

函数的嵌套调用：

```
<?php
function example($price,$zkl){
    function examples($yuan,$huilv=6.5){
        return $yuan*$huilv;
    }
    $total=$price+($price*$tax);
    echo "按美元计价,折扣后价格是:$total  美元<br>";
    echo "按人民币计价,折扣后价格是:".examples($total)."元<br>";
}
example(84,0.80);
?>
```

上述程序代码运行结果如图 4-25 所示。

图 4-25 函数的嵌套调用

函数的递归调用：

```
<?php
echo "按字母的反序输出字母:";
function example($str){
    if (strlen($str)>0)
        example (substr($str,1));
        echo substr($str,0,1);
        return;
}
example('abcdefghijklmnopqrstuvwxyz');
echo "<br>按照规定的规律输出:";
function num($i){
```

```
        if ($i==0)
            return 0;
        if ($i==1)
            return 1;
    return num($i-1)+num($i-2);
}
for($i=0;$i<20;$i++){
    echo num($i)."*";
}
?>
```

运行结果如图 4-26 所示。

图 4-26　函数的递归调用

4.8.5　用函数的同名变量实现可变函数

在 PHP 语言中，如果一个变量名后有圆括号，则 PHP 将寻找与变量的值同名的函数，并且将尝试执行它。这就是变量函数的概念。变量函数不能用于语言结构，如 echo()、require()、print()、unset()、isset()、empty()、include()等语句。例如：

```
<?php
function func1()
{
    echo "这是由函数 fun1()输出的文字<br/>\n";
}
function func2($var)
{
    echo "这是由函数 fun2()输出的内容:$var<br/>\n";
}
function func3($var1,$var2)
{
    echo "这是由函数 fun3()输出的内容:$var1,$var2<br/>\n";
}
$func="func1";
$func();
$func="func2";
```

```
$func("你好");
$func="func3";
$func("我爱你","中国");
?>
```

该程序运行结果如图 4-27 所示。

图 4-27 变量函数

4.8.6 变量在函数中的使用

变量作用域指的是变量定义的上下文背景，而变量在函数中的作用域规定了变量的生效范围，也就是规定某变量是在其所在函数体内有效还是在函数体内外都有效。

1. 变量的作用域与包含文件

编者在这里顺便补充说明一下 PHP 程序中的包含文件语句，用这类语句可以实现在一个 PHP 文件中包含并执行指定的其他文件的程序代码，从而实现了软件的重用性，简化了代码结构。用来实现这类功能的语句主要包括两个：include 语句与 require 语句。它们的用法形式如下：

include filepath;

require filename;

其中，filepath 表示一个字符串，表示被包含文件的路径，当程序运行到包含语句时，系统自动指向被包含的文件并执行相应的代码直到代码结束，然后又转回到包含语句的下一条语句运行。require 语句与 include 语句功能相似，只是如果找不到文件，则 include 语句产生一个警告，而 require 语句则导致一个致命错误。

在 PHP 中，多数变量不仅在当前 PHP 程序中有效，而且其生效范围也涵盖 include 和 require 引入的文件。例如：

```
<?php
$str1="a";;
include "otherprog.php";
?>
```

本程序的第三行包含了另外一个 PHP 程序 otherprog.php，则第二行中的变量$str1 也将在 otherprog.php 文件中起作用。

2．局部变量

在一个用户自定义函数中定义的变量，在默认情况下，该变量将被限制在所处的函数体范围内，这种变量称为局部变量。例如：

```php
<?php
$str1="a";;            //在函数体外定义的变量
function test()
{
echo $str1             //函数体内引用的局部变量
}
text();                //不会产生任何结果
?>
```

3．全局变量

与局部变量不同，任何在函数外部定义的变量是全局变量。若要在函数内部使用全局变量，可以先用 global 关键字来声明全局变量，然后才可以对全局变量进行访问。例如：

```php
<?php
$NO1=2;
$NO2=8;
function total()
{
global $NO1,$NO2;
 $NO2=$NO1+$NO2;
}
total();
echo $NO2;             //将输出计算结果为 10
?>
```

4．静态变量

所谓静态变量，就是使用关键字 static 来定义的变量，它仅在局部函数体中存在，但当程序执行离开函数作用域时，其值并不会丢失，当下次引用它时将返回最近一次被赋的值。例如：

```php
<?php
Function Exam()
{
    Static $a=0;
    Echo $a."<br/>";
    $a++;
}
 Exam();               //输出 0
 Exam();               //输出 1
 Exam();               //输出 2
?>
```

117

以上程序代码运行后的页面如图 4-28 所示。

图 4-28 函数中静态变量的使用

4.9 案例剖析：图像验证码的实现

在本章最后，可以利用 PHP 语言来编写一个图像验证码的实现程序，在本程序中将综合运用到本章讲到的大多数函数，让读者进一步掌握 PHP 一些常用的内置函数和内置数组的运用。

4.9.1 程序功能介绍

通常用户登录一个 Web 系统时，除了要求输入用户名和口令之外，为了防止同一个用户在同一时刻多次登录，往往 Web 程序还要求用户输入验证码，验证码是在登录页面生成时随机产生的。下面就具体分析一下如何利用前面所介绍的有关 PHP 常用的函数来实现本功能。

验证码的主要目的是防止网络上的黑客恶意"灌水"，不断向网站服务器发送一些垃圾信息，影响网站的正常运作，因此要在保证人的肉眼能正确识别验证码图像上字符的前提下，尽量多产生一些干扰因素，如在图像中加入一些分布不均的黑点、短横线等。

4.9.2 程序代码分析

基于验证码的特点和上述功能分析，编者编写了如下代码，以起抛砖引玉的作用。验证码图像程序一般由三部分组成，一部分是位于后台的验证码产生程序，如本例中的 createYZM.php 程序；另一部分是位于前台的 HTML 文件，如本例中的 login.html 程序；最后是用于验证用户输入的验证码是否匹配的 PHP 程序，如本例的 correct.php。

createYZM.php 程序代码如下：

```
<?php
    $NO = rand(1000,9999);                //随机生成一个 4 位数的数字验证码
    Header("Content-type: image/PNG");
    Session_start();
    $_SESSION["CheckNO"] = $NO;
```

```
    srand((double)microtime()*1000000);
    $image = imagecreate(60,20);
    $black = ImageColorAllocate($image, 0,0,0);
    $gray = ImageColorAllocate($image, 200,200,200);
    imagefill($image,0,0,$gray);                              //创建图片，定义颜色值
    $style = array($black, $black, $black, $black, $black, $gray, $gray, $gray, $gray, $gray);
    imagesetstyle($image, $style);
    $y1=rand(0,20);
    $y2=rand(0,20);
    $y3=rand(0,20);
    $y4=rand(0,20);
 imageline($image, 0, $y1, 60, $y3, IMG_COLOR_STYLED);   //随机绘制两条虚线，起干扰作用
 imageline($image, 0, $y2, 60, $y4, IMG_COLOR_STYLED);
 for($i=0;$i<80;$i++)
    {
    imagesetpixel($image, rand(0,60), rand(0,20), $black);   //在画布上随机生成大量黑点
    }
$strx=rand(3,8);
for($i=0;$i<4;$i++){
$strpos=rand(1,6);
imagestring($image,5,$strx,$strpos, substr($NO,$i,1), $black); //将4个数字随机显示在画布上
$strx+=rand(8,12);
}
    ImagePNG($image);
    ImageDestroy($image);
?>
```

login.html 文件代码如下：

```
<HTML>
<HEAD>
<TITLE>图形验证码的实现</TITLE>
</HEAD>
<body>
<form action="correct.php" method="post">
<table align="center">
<tr><td>
<img src=createYZM.php>
</td></tr>
<tr><td>请输入上面显示的验证码： <input type="text" name="correctcode"></td><tr>
<tr><td><input type=submit value="提交"></td></tr>
</table>
</form>
</body>
</HTML>
```

correct.php 文件代码如下：

```
<?php
session_start();
```

```
$passcode=$_SESSION["CheckNO"];
$userInput=$_POST["correctcode "];
if($passcode == $ userInput){
    echo "验证码匹配！通过验证！";
}else{
    echo "你输入的验证码不匹配！没通过验证！";
}
?>
```

以上代码为完整的代码，其中包含 HTML 语言。在浏览器中查看效果如图 4-29 和图 4-30 所示。

图 4-29　图像验证码的实现

图 4-30　图像验证码验证程序

4.10　本章小结

本章着重介绍了常见的数组、字符串处理、时间日期处理等内置函数的功能及其用法，同时还介绍了几种用法和功能与内置函数相似的内置数组。在本章最后，介绍了如何综合利用函数和内置数组来实现图像验证码的功能。

4.11　练　习　题

1．列举至少 10 个处理字符串的函数，并简要说明它们的功能。
2．若要显示的时间格式为"××××年××月××日"，怎样设置 date()函数的格式字符串。

3. 在用户自定义函数中，怎样定义静态变量，它有什么特点？
4. 什么是局部变量、全局变量？简述它们有何区别。
5. 列举至少 4 种内置数组，并简要说明它们的功能。
6. 简述 Session 与 Cookie 工作原理，它们有什么区别？

4.12 上 机 实 战

设计一个程序，首先制作一个如图 4-31 所示的表单，并将客户端提交的"每月生活费用支出表"的表单数据转化为如图 4-32 所示的饼状百分比图。

图 4-31 表单格式

图 4-32 饼状百分比图

第 5 章　目录与文件操作

知识点

- ☑ 在 PHP 程序中检查文件是否存在
- ☑ 打开和关闭文件
- ☑ 写入和读取文件
- ☑ 文件的复制、删除操作
- ☑ 目录的创建、读取、删除操作
- ☑ 文件的上传

本章导读

在 PHP 中有很多文件处理函数，其功能包括对文件和目录进行各种操作，如将用户提交的数据保存到文件中，也可以将文件包含的数据读取到网页上，还可以在文件中添加、更新数据。最后，PHP 还可以通过$_FILE 及其他内置数组来实现用户文件的上传，并进行相关处理。

5.1　文 件 操 作

文件操作在 PHP 编程中具有重要地位，在很多情况下，用户要对普通文件进行操作，如读取文件，判断某文件是否存在以及文件存放的目录位置等。

5.1.1　文件的基本操作方法

在对文件操作之前，首先要打开文件，然后才可以读取文件、写入文件，文件操作完毕之后还要关闭文件。

（1）打开文件

打开文件要使用内置函数 fopen()，其使用方法如下：

$fp= fopen(string filename, string mode)

需要注意的是，必须把 fopen()函数的返回值赋给一个变量，如$fp，这个变量代表文件的指针。其中，string filename 是要打开的文件名，必须为字符串形式，可以表示一个文件的路径，如果是像 http://…的格式，则被当成一个 URL，该函数将利用所指定的协议与服务器连接，文件指针指到服务器返回文件的起始处。如果 PHP 认为 filename 指定的是一个本地文件，将尝试在该文件上打开一个流。必须确保该文件能被 PHP 访问，因此需要确认文件包括读写的访问权限。string mode 是打开文件的方式，必须为字符形式，其可能值如

表 5-1 所示。

表 5-1 文件打开的模式

参 数 值	含 义
"r"	只读形式，文件指针指向文件的开头
"r+"	可读可写文件，指针指向文件的开头
"w"	只写形式文件，指针指向文件的开头，打开的同时清除所有内容，如果文件不存在，则尝试建立文件
"w+"	可读可写文件，指针指向文件的开头，打开的同时清除所有内容，如果文件不存在，则尝试建立文件
"a"	追加形式文件（只可写入），文件指针指向文件的最后，如果文件不存在将尝试建立文件
"a+"	追加形式文件（可读可写），文件指针指向文件的最后，如果文件不存在将尝试建立文件
"x"	写入方式打开，如果文件存在则打开失败，不存在则创建。如果文件已存在，则 fopen()调用失败并返回 False，并生成一条 E_WARNING 级别的错误信息。如果文件不存在则尝试创建它。此选项被 PHP4 及以后的版本所支持，仅能用于本地文件
"x+"	读写方式打开，如果文件存在则打开失败，不存在则创建。如果文件已存在，则 fopen()调用失败并返回 False，并生成一条 E_WARNING 级别的错误信息。如果文件不存在，则尝试创建它。此选项被 PHP 4 及以后的版本所支持，仅能用于本地文件

如下面这个小程序：

```
<?php
$handle=fopen("abc.txt","r+");      //以读写方式打开文件，并以文件流的形式赋给$handle
if($handle)                          //如果文件流存在
      echo "打开成功";
else                                 //如果文件流不存在
      echo "打开文件失败";
>
```

（2）读取文件

在 PHP 中，读取文件可用内置函数 fread()，该函数用于读取文件的内容，其使用方法如下：

$fc= fread(int $handle, int $length)

在使用本函数时，必须将其返回值赋给一个变量，如$fc，参数$handle 是通过 fopen()函数打开的文件指针，$length 是希望读取的字节数，其最大取值为 8192。在读完$length 个字节数之前遇到文件结尾标志（EOF），则返回所读取的字符，并停止读取操作，在读取文件时，如果不确定文件大小，可以用一个大数字来替代。该函数读取成功将返回所读取的字符串，否则返回 False。

例如，下面这个小程序：

```
<?php
$handle=fopen ("C:\php\php.ini", "r");;    //打开一个本地的二进制文件
$stringcont="";                             //将字符串初始化为空
while(!feof($handle))                       //判断是否到文件末尾
```

```
{
    $data=fread($handle,8192);         //读取文件内容
    $stringcont.=$data;                //将读取到的字符数据赋给字符串
}
echo $stringcont;                      //输出内容
fclose($handle);                       //关闭文件
?>
```

（3）写入文件

在 PHP 中可以使用 fwrite()函数来向现有文件内写入数据，如果文件不存在则先要创建它，一般可以使用 fopen()函数来创建文件，此时，文件打开模式的参数值应是"w"、"w+"、"a"、"a+"。例如，下面的代码将在 C 盘 example 目录下新建一个名为 exam1.txt 的文件：

```
<?php
$handle=fopen("C:\\example\\exam1.txt", "w");
?>
```

文件打开后，向文件中写入内容可以使用 fwrite()函数，fwrite()函数的使用方法如下：
fwrite(resource $handle, string $string [, int $length])

其中，参数$handle 是 fopen()函数返回的文件指针，$string 是将要写入到由$handle 所指定的文件中的字符串数据，$length 是可选参数，如果指定了$length，则当写入$string 中的前$length 字节的数据后停止写入，最后该函数将返回写入数据的字节数。

例如，下面的程序：

```
<?php
$handle=fopen("E:\\TOOL\\abc.txt", "w+");     //打开 abc.txt 文件，不存在则先创建
$num=fwrite($handle,"这是新添内容",16);        //将返回的写入字符的长度赋给变量$num
if($num)
{
    echo "写入文件成功<br>";
    echo "写入的字节数为".$num."个";
    fclose($handle);                           //关闭文件
}
else
    echo "文件写入失败";
?>
```

执行以上程序代码后，abc.txt 文件内容的前后变化如图 5-1 所示。

图 5-1 利用 fwrite()函数向文件写入新内容

程序运行结果如图 5-2 所示，从中可以查看到成功写入了多少字节的字符。

图 5-2　程序运行结果

（4）关闭文件

文件处理完毕后，需要使用 fclose()函数关闭文件，其语法格式如下：

fclose(resource $handle)

参数$handle 为要关闭的文件指针，文件指针必须有效，如果关闭成功，则返回 True，否则返回 False。例如：

```
<?php
$handle=fopen("D:\\example\\A.php","w");      //以只写方式打开文件
if(fclose($handle))                           //判断是否成功关闭文件
     echo "关闭文件成功";
else
     echo "关闭失败";
?>
```

5.1.2　文件操作的重要函数

前面讲述了文件的打开操作、读写操作和关闭操作，在实际编程中这些函数还不能满足程序员的需要，往往需要其他一些重要的文件操作函数配合。下面用如表 5-2 所示的形式来概括描述这些函数。

表 5-2　重要的文件操作常用函数

函　　数	功　　能
filetype(string $filename)	返回$filename 文件的类型。可能的值有 fifo、char、dir、block、link、file 和 unknown
filesize(string $filename)	返回$filename 文件大小的字节数，如果出错则返回 False，并生成一条 E_WARNING 级的错误
file(string $filename)	把整个$filename 文件读入一个数组中，文件中的每一行作为数组中的一个元素，操作时，无须打开文件
file_get_contents(string $filename)	读取$filename 文件内容
is_readable(string $filename)	如果由$filename 指定的文件或目录存在并且可读，则返回 True
is_writable(string $filename)	由$filename 指定的文件或目录存在并且可写，则返回 True
readfile(string $filename)	读取$filename 文件，无须打开此文件
unlink(string $filename)	删除$filename
file_exist(string $filename)	如果由$filename 指定的文件或目录存在,则返回 True,否则返回 False
fgetc(string $filename)	从文件$filename 中读取一个字符

续表

函　数	功　能
fgets(string $filename)	从文件$filename中读取一行字符
feof(string $filename)	判断文件指针是否达到文件末尾
filemtime(string $filename)	读取文件的最后修改时间
copy(string $src, string $targ)	将$src文件复制到$targ文件中

表5-2中，每个函数都有一个表示文件名的参数$filename，它包含文件存放的目录路径以及文件名本身。在Windows中支持"\"和"/"作为路径分隔符，如C:\TEMP\ABC.php和C:/TEMP/ABC.php是等价的，而在UNIX平台只支持"/"作为路径分隔符，所以如果要使编写的程序不加任何修改就能移植，建议使用"/"作为文件的路径分隔符，如下列程序代码。

```
<?PHP
    $path = "e:/php/php.exe";
    copy($path, "C:/php.exe");
?>
```

这4行代码的主要功能是将E盘下的PHP文件夹内的php.exe文件复制到C盘根目录下。

5.1.3 文件操作函数的综合案例

下面用一个具体案例来综合演示一下常见的文件操作全过程，其中将要用到前面所讲的重要函数。

```
<?php
$handle=fopen("demo1.txt", "r");
while(!feof($handle))                              //判断是否到文件尾
{
    $char=fgetc($handle);                          //获取当前一个字符
    echo ($char== "\n"? '<br>':$char);
}
$handle=@fopen("demo1.txt","r");                   //打开文件
if($handle)
{
    while(!feof($handle))                          //判断是否到文件末尾
    {
        $buffer=fgets($handle);                    //逐行读取文件内容
        echo $buffer. "<br>";
    }
    fclose($handle);                               //关闭文件
}
$filestring=file_get_contents("demo1.txt");
echo $filestring ."<br/>";
$line=file("demo1.txt");                           //将文件demo1.txt中内容读取到数组$line中
foreach($line as $file)                            //遍历$line数组
{
    echo $file. "<br>";                            //输出内容
```

```
}
$filename="demo1.txt";
$num=filesize($filename);                       //计算文件大小
echo ($num/1024). "KB"."<br/>";                 //以 KB 为单位输出文件大小
$filename = '_notes/demo2.txt';
if (file_exists($filename))                     //检查 demo2.txt 文件是否存在
{
    echo "文件存在" . "<br/>";
}
else
{
    echo "该文件不存在" . "<br/>";
}
$filename = '_notes/demo2.txt';
unlink($filename);                              //删除磁盘根目录下_notes 目录中的 demo2.txt 文件
$sourcefile="_notes/a.txt";
$targetfile="../phpstudy/b.txt";
if(copy($sourcefile,$targetfile))
{
    echo "文件复制成功！ ";
}
?>
```

以上程序代码运行后，在 IE 浏览器中得到的结果如图 5-3 所示。

图 5-3　文件操作函数

当然，此类函数还有很多，由于篇幅有限，这里就不一一介绍，读者可查阅 PHP 手册或其他相关资料。

5.2　目　录　操　作

通常对某文件进行操作时需要寻找它所在的目录路径，对目录的操作主要是利用目录函数来实现的，下面就来介绍一下常用的目录操作函数。

5.2.1　获取磁盘驱动器信息

对文件的各种操作，首先是从磁盘操作开始的，下面介绍一下获取磁盘驱动器信息的几个函数。

- disk_free_space()函数

该函数用来获取指定目录下的所有可用空间，返回整数型数据，单位是字节，下列代码演示了 disk_free_space()函数具体使用的方法。

```
<?PHP
    $diskSpace = round(disk_free_space("E:\\") / 1024 / 1024 / 1024, 2);
    echo "e 盘的空闲空间是:<br>";
    echo($diskSpace . "GB");
?>
```

此段代码的功能是统计磁盘 E 上的可用磁盘空间的容量大小，由于最后以 GB 的容量单位来显示，所以对获取的原始字节数连续 3 次除以 1024 进行单位转换，最后用 round()函数对结果四舍五入，保留 2 位小数。此段程序代码运行效果如图 5-4 所示。

图 5-4　disk_free_space()函数的使用

- disk_total_space()函数

该函数指定目录所在磁盘空间的总大小，返回整型数据，单位是字节，下列代码展示了如何使用 disk_total_space()函数。

```
<?PHP
    $diskSpace = round(disk_total_space("E:\\") / 1024 / 1024 / 1024, 2);
    echo "e 盘的总空间大小是:<br>";
    echo($diskSpace . "GB");
?>
```

程序对磁盘空间显示单位的换算方式和前例相同，这里就不再赘述。本段程序代码运行效果如图 5-5 所示。

- is_dir()函数

该函数是用来判断参数中的字符串是否是目录，如果是则返回 True，反之返回 False，下列代码演示了该函数的使用方法。

```
<?PHP
    $dir = "C:\inetpub";
    //打开目录，读取下面的内容
    if (is_dir($dir)) {
        if ($dh = opendir($dir)) {
            echo "经检测，是目录，里边包括以下内容:<br>";
```

```
            while (($file = readdir($dh)) !== false) {
                print "$file<br>";
            }
            closedir($dh);
        }
    }
?>
```

上述程序的功能是先判断 is_dir()函数给定的参数是否为目录，如果是，则打开该目录，并显示里边的内容，最后关闭这个目录。上述程序代码执行效果如图 5-6 所示。

图 5-5 disk_total_space()函数的使用

图 5-6 is_dir()函数的使用

5.2.2 创建和删除目录

使用 mkdir()函数可以根据提供的目录名或目录的全路径，创建新的目录，如果创建成功则返回 True，否则返回 False。其语法格式如下：

bool mkdir(string pathname [, int mode])

其中，pathname 表示要创建的路径名称，mode 表示创建目录时设置的对该目录的读写权限，其权限值由四位数字组成，其中第一位为 0；后三位为 3 个八进制数，每一个八进制数指定不同用户对该文件的权限，第一个八进制数代表文件所有者的权限，第二个八进制数代表指定组（group）的权限，第三个八进制数指定其他所有人的权限（public），每一个数字包含 3 种权限：读、写、执行。其权限值分别为 1、2、4，3 个值相加就是某个用户对某个文件的权限。例如，如果允许目录创建者有读、写、执行的权限，本组人员只有读、执行的权限；其他人员仅有读的权限，则可以把 mode 设定为 0751。

例如，下面这个程序将创建一个只有创建者才具有读、写、执行的权限，其他用户没有任何访问权限。

```
<?php
if(mkdir("./directory",0700))          //在当前目录中创建 path 目录
    echo "创建成功";
?>
```

如果要在 PHP 代码中删除指定的目录，可以使用 rmdir()函数来实现，其语法格式如下：
bool rmdir(string dirname)
该函数的功能是：尝试删除 dirname 指定的目录，该目录是空的，如果目录不为空，

必须先删除目录中的文件后才能删除目录。而且具有相应的权限，若删除成功则返回 true，否则返回 false。例如：

```
<?php
mkdir("d:/dir1");                    //在当前工作目录中创建 dir 目录
if(rmdir("d:/dir1"))                 //删除 dir 目录
    echo "删除成功";
?>
```

5.2.3 获取和更改当前目录

在 PHP 中，可以通过两个函数来获取和设置当前目录：getcwd()函数、chdir()函数。下面介绍这两个函数的功能和用法。

1．getcwd()函数获取当前工作目录

getcwd()函数的语法格式如下：

string getcwd(void)

本函数无须参数，其作用是取得当前的工作目录，如果成功则返回当前工作目录，否则返回 false。

2．chdir()函数改变当前工作目录

用 chdir()函数可以改变当前目录，其语法格式如下：

bool chdir(string directory)

使用 chdir()函数可以改变当前工作目录的设置，其中参数 directory 是新的当前目录。下面举一个实例来阐述这两个函数的具体应用：

```
<?php
echo getcwd()."<br>";                //显示当前工作目录
@mkdir("../temp");                   //在网站根目录中建立 temp 目录
@chdir('../ temp');                  //设置 temp 目录为当前工作目录
echo getcwd();
?>
```

该程序运行结果如图 5-7 所示。

图 5-7　chdir()函数的应用

5.2.4 读取目录内容

如果在 PHP 程序脚本中要获取一个目录中的内容，可以利用 readdir()函数来实现，该函数参数是一个已经打开的目录句柄，在每次调用时返回目录中下一个文件的文件名，在列出了所有的文件名后，函数返回 False。因此，该函数结合 while 循环可以实现对目录的遍历，如下列程序：

```php
<?php
$dir="../phpweb/manage";
$dir_handle=opendir($dir);              //打开目录句柄
if($dir_handle)
{
    //通过 readdir()函数返回值是否为 False 判断是否到最后一个文件
    while(FALSE!==($file=readdir($dir_handle)))
    {
        echo $file ."<br>";             //输出文件名
    }
    closedir($dir_handle);              //关闭目录句柄
}
else
    echo "打开目录失败！";
```

本程序运行结果如图 5-8 所示。

图 5-8　利用 readdir()函数读取目录内容

此外，scandir()函数也有与 readdir()函数类似的功能，该函数的功能是列出指定路径中的目录和文件，语法格式如下：

array scandir(string $directory [, int $sorting_order [, resource $context]])

其中，$directory 为指定路径。参数$sorting_order 默认是按字母升序排列，如果设为 1，表示按字母的降序排列。$context 是可选参数，是一个资源变量，这个变量保存着与具体的操作对象有关的一些数据，此函数运行成功，则返回一个包含指定路径下的所有目录和文件名的数组，否则返回 False。例如：

```php
<?php
$dir="../phpweb/manage";
$file1=scandir($dir);
$file2=scandir($dir,1);
if($file1==FALSE)
{
    echo "读取失败";
}
else
{
    print_r($file1);
}
print_r($file2);
?>
```

以上程序运行结果如图 5-9 所示。

图 5-9 利用 scandir()函数读取目录内容

需要提醒读者注意的是，在本程序中采用了两种方式来读取目录内容，一种是按目录中文件名的升序来查看文件，所用的代码在程序的第三行即"$file1=scandir($dir);"，在图 5-9 中显示的实际效果是从第一行至第七行。另一种是按目录中文件名的降序来查看文件，所用的代码在程序的第四行即"$file2=scandir($dir,1);"，在图 5-9 中显示的实际效果是从第八行至最后一行。

5.2.5 解析路径信息

在 PHP 程序脚本中,利用 pathinfo()函数可以返回文件所在的目录路径信息,pathinfo()函数语法格式如下:

array pathinfo(string directory [, int options])

其中,参数 directory 表示一个路径,options 指定要返回哪些元素,包括 PATHINO_DIRNAME(目录名)、PATHINFO_BASENAME(基本文件名)和 PATHINFO_EXTENSION(文件扩展名)。本函数返回一个数组,该数组包括以下元素:dirname(目录名)、basename(基本文件名)和 extension(文件扩展名)。下面举一个实例来说明如何利用 pathinfo()函数对文件路径进行解析:

```
<?php
$dqianpage=$_SERVER['SCRIPT_FILENAME'];        //获取当前网页在服务器中的地址
$path=pathinfo($dqianpage);
$path1=pathinfo("E:\AppServ\MySql\my.ini");
echo "当前网页存储路径信息解析结果: <br/>";
echo "完整路径: ".$dqianpage."<br/>";
echo "目录名称".$path["dirname"]."<br/>";
echo "基本文件名:".$path["basename"]."<br/>";
echo "文件扩展名:".$path["extension"]."<br/>";
echo "MySQL 数据库路径信息解析结果: <br/>";
echo "完整路径: E:\AppServ\MySql\my.ini <br/>";
echo "目录名称".$path1["dirname"]."<br/>";
echo "基本文件名:".$path1["basename"]."<br/>";
echo "文件扩展名:".$path1["extension"]."<br/>";
?>
```

本程序运行结果如图 5-10 所示。

图 5-10 文件的路径解析函数举例

其中,$_SERVER[]是 PHP 内置的预定义数组,用于获取有关网站服务器的信息。关于预定义数组,在第 4 章已作了介绍,这里不再赘述。

5.3 文件上传的实现

所谓文件上传，就是将客户端的文件复制到服务器端。有了文件上传的功能，用户不仅可以为网站动态添加附件，还可以实现网站中相关图片、Flash 动画、声音文件等的动态更新。若要 PHP 网站具有上传文件的功能，则首先应在其 php.ini 配置文件中开启 file_uploads，即设置为 file_uploads = On，还要设置上传文件所使用的临时目录 upload_tmp_dir，如编者设置为 upload_tmp_dir ="e:\php5\uploads\"，最后设置上传文件最大容量值 upload_max_filesize，系统默认是 2MB，如要设置更大容量如 5MB，则对 upload_max_filesize 赋予新值，即 upload_max_filesize=5M。

5.3.1 创建文件域

实现文件上传功能的前提是要在客户端网页上创建一个表单，并且表单上要添加若干文件域，目的是让用户选择自己计算机上的文件上传到服务器，文本域相当于文本框，用以输入上传文件在本地机存放的位置，不过与普通文本框不同的是在其旁边多了一个"浏览"按钮，在 HTML 语言中用 input 标记创建一个文件域，格式如下：

\<input type="file" name="string" size="int" maxlength="int"\>

其中，name 属性指定文件域的名称；size 属性指定文件名输入框最多能显示的字符数；maxlength 属性指定文件域最多可容纳的字符数。

5.3.2 单个文件的上传

在文件上传过程中，往往要用到预定义数组$_FILES，该数组中包含所有上传的文件信息，它是一个二维数组，如果 HTML 表单中的文件域名称为 file，则上传后的文件信息可以使用以下形式获取。

- ❏ $_FILES['file']['name']：客户端上传的原文件名。
- ❏ $_FILES['file']['type']：上传文件的类型，需要浏览器提供该信息的支持。常用的值有：text/plain，表示普通文本文件；image/gif，表示 GIF 图片；image/pjpeg，表示 JPEG 图片；application/msword，表示 Word 文件；text/html，表示 HTML 格式的文件；application/pdf，表示 PDF 格式文件；audio/mpeg，表示 MP3 格式的音频文件；application/x-zip-compressed，表示 ZIP 格式的压缩文件；application/octet-stream，表示二进制流文件，如 EXE 文件、RAR 文件、视频文件等。
- ❏ $_FILES['file']['tmp_name']：文件被上传后在服务端存储的临时文件名。
- ❏ $_FILES['file']['size']：已上传文件的大小，单位为字节。
- ❏ $_FILES['file']['error']：错误信息代码。值为 0 表示没有错误发生，文件上传成功。值为 1 表示上传的文件超过了 php.ini 文件中 upload_max_filesize 选项限制的值；值为 2 表示上传文件的大小超过了 HTML 表单中规定的最大值；值为 3 表示文件只有部分被上传；值为 4 表示没有文件被上传；值为 5 表示上传文件大小为 0。

上传文件结束后，文件将被存储在临时目录中，这时必须将其从临时目录中删除或移动到其他地方。不管是否上传成功，脚本执行完后临时目录里的文件肯定会被删除。所以在删除之前要使用 PHP 的 move_uploaded_file()函数将它移动到网站管理员指定的位置，此时才算完成了上传文件。move_uploaded_file()函数的语法格式如下：

bool move_uploaded_file(string $filename, string $destination)

其功能是检查并确保$filename 文件是合法的上传文件，如果合法，则将其移动到$destination 指定的目录下，如果移动成功，则返回 true，如果$filename 不是合法的上传文件，则不会做任何操作，同时 move_uploaded_file()函数将返回 false。例如：

move_uploaded_file($_FILES['myfile']['tmp_name'], "upload/index.txt")

本句代码表示将由表单文件域控件 myfile 上传的文件移动到 upload 目录下并将文件命名为 index.txt。

判断是否是合法的上传文件，也就是判断是否是通过 HTTP POST 上传的，这时需要使用 is_uploaded_file()函数，语法格式如下：

bool is_uploaded_file(string filename)

如果 filename 文件是通过 HTTP POST 上传的，则返回 True，否则返回 False。这个函数可以用来确保恶意的用户无法欺骗脚本去访问本不能访问的文件。例如，下面这个程序：

```php
<form enctype="multipart/form-data" action="" method="post">
<input type="file" name="myFile">
<input type="submit" name="up" value="上传文件">
</form>
<?php
if(isset($_POST['up']))
{
    if($_FILES['myFile']['type']=="application/msword ")   //判断文件格式是否为 doc 或 docx
    {
        if($_FILES['myFile']['error']>0)                    //判断上传是否出错
            echo "错误：".$_FILES['myFile']['error'];         //输出错误信息
        else
        {
            $tmp_filename=$_FILES['myFile']['tmp_name'];    //临时文件名
            $filename=$_FILES['myFile']['name'];            //上传的文件名
            $dir="_notes/";                                 //上传后文件的位置
            if(is_uploaded_file($tmp_filename))             //判断是否通过 HTTP POST 上传
            {
                //上传并移动文件
                if(move_uploaded_file($tmp_filename, "$dir.$filename"))
                {
                    echo "文件上传成功！";
                    echo "文件大小为：". ($_FILES['myFile']['size']/1024)."KB";//输出文件大小
                }
                else
```

```
                echo "上传文件失败！";
            }
        }
    }
    else
    {
        echo "不好意思，你上传的文件不是word！";
    }
}
?>
```

其中，程序的第一行中有 enctype="multipart/form-data"，要实现文件的上传功能，必须在表单中指定 enctype="multipart/form-data"，否则服务器无法判断程序是如何运行的。程序运行后，单击"上传文件"按钮，出现如图 5-11 所示的选择上传文件的对话框，文件上传成功后显示的页面如图 5-12 所示。

图 5-11 单个文件的上传举例

图 5-12 单个文件上传成功

5.3.3 多个文件的上传

PHP 支持同时上传多个文件并将它们的信息自动以数组形式组织，要实现此功能，需要在 HTML 表单中动态地产生多个上传文件域，其文件域的名称应定义为形如 userfile[]的数组形式，要实现这种功能，需要借助于客户端的 JavaScript 来实现，如下面这段程序：

```
<html>
<head>
<title>同时上传多个文件</title>
</head>
<body>
<h2>上传文件实例</h2>
<script type="text/javascript">
```

```
function add()          //用 JavaScript 编写的函数，用来实现动态生成文件域
{
upload.innerHTML+="要上传文件：<input type=file name='userfile[]'><br>";
}
</script>
<form action="" method="post" enctype="multipart/form-data" name="form1">
  <input type="hidden" name="MAX_FILE_SIZE"   value="1048600" id="hiddenField" />
  <div id=upload>要上传文件: <input name='userfile[]' type="file" /> <br></div>
  <input type="button" onclick="add()" value="添加要上传的文件" />    //在按钮上添加 onclick 行为，并将此行为映射到 add()函数
  <input type="submit" value="上传文件" />
</form>
<?php
for($j=0;$j<sizeof($_FILES['userfile']['error']);$j++)
{
$ext=substr($_FILES['userfile']['name'][$j],strrpos($_FILES['userfile']['name'][$j],"."));
$upfile='_notes/'.'examfile_'.$_FILES['userfile']['name'][$j].time().$ext;
if(is_uploaded_file($_FILES['userfile']['tmp_name'][$j]))
 {
   if(!move_uploaded_file($_FILES['userfile']['tmp_name'][$j],$upfile))
     {
     echo $j.'问题在于:无法上传到指定路径';
     exit;
     }
 }
else
  {
    echo $j.'问题在于:上传的文件格式不符合要求';
    echo $_FILES['userfile']['name'][$j];
    exit;
  }
    echo '第'.$j.'个文件上传文件成功'."<br/>";
  }
?>
</body>
</html>
```

本程序运行结果如图 5-13 和图 5-14 所示。

图 5-13　多个文件的上传

图 5-14　多个文件上传成功

5.4 案例剖析：基于文件名的目录搜索

众所周知，计算机可以存储大量信息资源，这些信息资源往往是以文件形式存放到计算机存储器上，而计算机在存储和检索文件时，都是按名存取文件。所以，按文件名来搜索想要的文件是常用的一种搜索文件方法。

5.4.1 程序功能介绍

本程序要实现的功能是实现按文件名模糊查询，意思就是用户只需输入文件名的个别关键字词，然后程序就将在某文件夹内来查找所有包含该关键字的文件名，并将搜索结果显示出来。

5.4.2 程序代码分析

基于文件名的目录搜索功能的分析，编者编写了如下代码，其中用到了本章讲到的相关目录和文件操作函数。其中还用到了 eregi()函数，该函数用于对匹配字符串进行检测，其用法格式为 eregi(string pattern,string str)，如果在字符串 str 中有 pattern 字符串，则返回 true，否则返回 false，该函数在进行比较时要区分字符大小写，关于这个函数的详细知识，将在第 8 章中做详细讲述。

```
<html>
<head>
<title>基于文件名的目录搜索引擎</title>
</head>
<body>
<form action="" method="post" enctype="multipart/form-data">
  在目录中搜索：<input type="text" name="txttarget" id="textfield" />
  <input type="submit" value="搜索" />
</form>
<hr/>
<?php
$folder="_notes";
$handle=dir($folder);
$txttarget=$_POST['txttarget'];
global $i,$p;
$i=0;
while($files[]=$handle->read())
{
$i++;
}
if(!$txttarget)
{
```

```
for($i=2;$i<count($files);$i++)
{
  echo "<a herf=$folder/$files[$i]>".$files[$i]."</a><br/>";
}
$p=(count($files)-3);
}
else
{
for($i=2;$i<count($files);$i++)
  {
    if(eregi($txttarget,$files[$i]))
    {
      echo "<a herf=$folder/$files[$i]>".$files[$i]."</a><br/>";
      $p++;
    }
  }
}
$handle->close();
echo $folder."文件夹中符合条件的文件数量:".$p;
?>
</body>
</html>
```

程序运行结果如图 5-15 所示。

图 5-15　基于文件名的目录搜索

5.5　本　章　小　结

本章首先介绍了常用的目录和文件操作函数以及文件上传的实现。在叙述主要内容时，编者还举了很多实用的典型案例，力求读者能尽快掌握本章重要知识。通过学习，读者应该能利用 PHP 对文件和目录进行常见的操作、上传文件操作等。

5.6 练 习 题

1. 简述 PHP 中对文件打开方式有几种？有哪些文件操作权限，它们有何异同？
2. 怎样检测一个文件或目录是否存在。
3. 将数据写入文件有哪两种模式？
4. 如果要列出一个目录中的所有文件和目录，有哪几种方式？
5. 如果获取上传的文件？怎样将上传的文件移动到指定的位置？
6. PHP 中有哪些函数可以实现从文本文件中逐行读取数据？

5.7 上 机 实 战

要求读者根据本章所讲的知识，使用之前学过的数组知识及其他方法，编写一个计算投票数量的程序，其运行预期效果如图 5-16 所示。

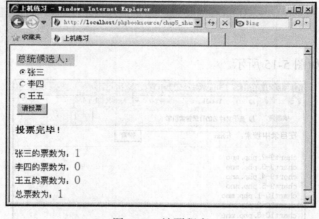

图 5-16 计票程序

第 6 章 MySQL 数据库的安装与使用

知识点

- ☑ MySQL 数据库系统简介
- ☑ MySQL 数据库系统的安装与设置
- ☑ MySQL 中的数据类型
- ☑ 结构化查询语言
- ☑ MySQL 数据库管理工具

本章导读

动态网站之所以称为"动态",很大原因是因为它自始至终离不开数据库。为了更好地组织和使用数据,往往需要将数据存储在服务器端的后台数据库中。数据库系统其实就是一个软件系统,通过该系统可以将大量数据进行存储和管理,目前在业界用得较多的有 Oracle、SQL Server 等大型网络数据库以及 Access、VFP 等小型桌面数据库。而对于网站开发来说,用一般的中小型数据库系统就足够了,其中,MySQL 是目前在 Web 应用领域(尤其是 PHP 网站开发中)使用最为广泛的一种数据库。

6.1 MySQL 数据库简介

MySQL 是 MySQL AB 公司开发的一种开源代码的关系数据库管理系统,它由一个多线程 SQL 服务器、多种客户端程序、管理工具以及编程接口组成。

6.1.1 Web 开发与数据库

利用 Web 进行数据处理是以现代信息技术、数字化的网络通信为基础的,通过计算机进行信息处理,从而实现商品销售、服务交易和企业信息处理的数字化以及实现日常事务的运作。随着 Web 技术的发展,已经可以把数据库技术引入到 Web 系统中,使 Web 技术与数据库技术完美地融合,集中二者的优点,形成了基于 Web 模式的数据库应用系统,称之为 Web 数据库系统,这样可以充分发挥数据库高效的数据存储和管理能力,为广大 Internet 用户提供使用简便、内容丰富的动态服务。

目前,Oracle、Sysbase、SQL Server 等数据库管理系统都能够为数据库的处理提供非常好的结构。从一般情况来看,使用 Web 数据库往往是要解决数据的归纳、索引和维护的问题。一般选择最流行的关系型数据库产品,如 Windows 2000 Server 下的 SQL Server、UNIX 下的 MySQL、Oracle 等,这些都是功能很强的 SQL 数据库,为数据管理提供了一个标准而坚实的接口,它们常被选择为 Web 网站的后台数据库。

6.1.2 MySQL 数据库概述

MySQL 是一个多线程 SQL 服务器，采用客户机/服务器体系结构，客户机通过网络连接到 MySQL 数据库服务器并提交数据操作请求，MySQL 服务器用于监听客户机的请求，并根据这些请求访问数据库并向客户机提供所需要的数据。MySQL 服务器启动后，客户机才能通过网络连接到该服务器。

在 Windows 平台上，安装 MySQL 时通常已将 MySQL 安装为 Windows 服务，当 Windows 启动或停止时，MySQL 也随之启动或停止，用户可以使用服务工具来启动和停止 MySQL 服务器，方法是：右击桌面上的"我的电脑"图标，在弹出的快捷菜单中选择"管理（G）"命令，然后在弹出的树形目录窗口中选择"服务和应用程序"下的"服务"选项，则在窗口右方列出了所有的 Windows 服务，在其中查找并选中 MySQL 选项，即可利用工具栏上的图标来启动或停止 MySQL 服务器，如图 6-1 所示。

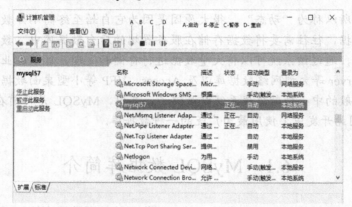

图 6-1　用服务工具启动和停止 MySQL 服务器

6.2　MySQL 数据库的安装、测试及性能特点

MySQL 在 Linux 和 Windows 平台上都可以稳定、良好地运行，下面主要介绍如何在 Windows 平台上安装 MySQL 数据库管理系统。

6.2.1　下载 MySQL 安装包

正如本书第 1 章所述，如果采用的是 PHP 开发环境集成软件安装包，则 MySQL 数据库在一开始安装 PHP 时就一起安装成功了，接下来只需测试是否正常运行和能否连接数据库。当然，开发者如果觉得有必要，也可单独下载 MySQL 安装包后单独安装及配置，在 MySQL 官方网站 www.mysql.com 上提供了 3 种可供下载的 MySQL 5.0 安装软件包，用户可以根据自己的实际情况来选择。

❑ 基本安装：该安装软件包的文件名类似于 mysql-essential-5.0.22-win32.mis，其中主要包含了 Windows 中安装 MySQL 所需要的最少文件，包括配置向导，此安装软件包不包括如嵌入式服务器和基准套件等可选组件。
- 完全安装：该安装软件包的文件名类似于 mysql-5.0.22-win32.zip，包括在 Windows 中安装 MySQL 所需要的全部文件，包括配置向导、嵌入式服务器和基准套件等可选组件。
- 非自动安装文件：该软件安装包的文件名类似于 mysql-noinstall-5.0.22-win32.zip，包含完整安装包中的全部文件，只是不包含配置向导，非自动安装软件包不含自动安装程序，必须手动安装和配置。

在本章，编者建议选择完全安装方式，在安装前，先到 MySQL 官方网站上下载 mysql-5.0.22-win32.zip 文件，然后双击该文件即可进行安装，安装的方法和第 1 章讲的集成软件安装过程中 MySQL 安装部分基本一致，这里就不再赘述。

6.2.2　测试 MySQL

在 PHP 开发环境集成安装包成功安装后，在 Windows 开始菜单处可查看到有关 MySQL 数据库的相关功能菜单，如图 6-2 所示。

由于在安装 MySQL 过程中通常已经将其安装为 Windows 服务，当 Windows 启动和停止时，MySQL 也随之自动启动和停止。用户可以通过以下简单步骤来测试 MySQL 数据库是否启动。

（1）选择"开始"菜单下的"运行"命令，在弹出的对话框中输入 cmd 指令并按 Enter 键，即可打开命令提示符窗口。

（2）在命令提示符的光标闪烁处输入"mysql –u root –p"命令并按 Enter 键，会出现"Enter password"字样的提示信息，即要求输入数据库超级管理员的密码，正确输入密码后按 Enter 键。

（3）如果 MySQL 数据库安装成功并已启动，将出现如图 6-13 所示的登录成功的欢迎信息。

图 6-2　AppServ 集成软件中的 MySQL 功能组件

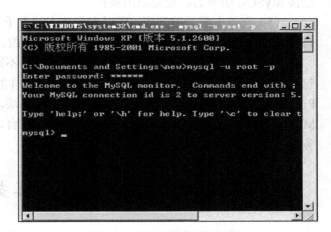

图 6-3　MySQL 数据库的登录

还可以通过 AppServ 集成软件中的 MySQL Command Line Client 组件测试数据库是否在运行及连接是否成功，如图 6-4 所示。

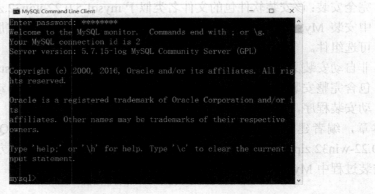

图 6-4　MySQL Command Line Client 数据库连接测试

6.2.3　MySQL 数据库性能特点

MySQL 数据库作为全世界 Web 应用开发人员青睐的一款开源数据库软件，主要有以下优点。

（1）体积小、速度快、总体拥有成本低。

（2）是开源数据库，支持多种操作系统，提供的接口支持多种语言连接操作。

（3）MySQL 的核心程序采用完全的多线程编程。

线程是轻量级的进程，它可以灵活地为用户提供服务，而不过多占用系统资源。用多线程和 C 语言实现的 MySQL 能很容易地充分利用 CPU。

（4）MySQL 有一个非常灵活而且安全的权限和口令系统。

当客户与 MySQL 服务器连接时，其间所有的口令传送被加密，而且 MySQL 支持主机认证；支持 ODBC for Windows，支持所有的 ODBC 2.5 函数和其他许多函数，可以用 Access 连接 MySQL 服务器，使得应用被扩展。

（5）支持大型的数据库，可以方便地支持上千万条记录的数据库。作为一个开放源代码的数据库，可以针对不同的应用进行相应的修改。

（6）MySQL 同时提供高度多样性，能够为不同类型用户提供很多不同的使用界面，包括命令行客户端操作、网页浏览器以及各式各样的程序语言界面，例如 C+、Perl、Java、PHP 以及 Python 用户可以使用事先包装好的客户端，或者干脆自己写一个合适的应用程序。MySQL 可用于 UNIX、Windows 以及 OS/2 等平台，因此它可以用在个人计算机或者是服务器上。

6.3　MySQL 数据库支持的数据类

MySQL 数据库系统可存入多种类型的数据，数据库中的数据类型是针对字段来说的，也称为"列类型"或"字段类型",一个字段一旦设置为某种类型,那么在这个字段中就只能存入该种类型的数据,一旦存入其他类型的数据将视为非法数据,下面就讲解一些 MySQL 数据库支持的数据类型。

6.3.1 数值类型

数值类型是常见的数据类型之一,如 87 或 103.4 这样的数据就称为数值型数据。MySQL 支持科学表示法,科学表示法由整数或浮点数后跟 e 或 E、一个符号("+"或"-")和一个整数指数来表示一个数值。例如,1.24E+12 和 23.47e-1 都是合法的科学表示法表示的数值。而由于指数前的符号未给出,1.24E12 则是非法的,数值型的数据可大致分为整型和浮点型两大类。

1. 整型数据类型

MySQL 有 5 种整型数据类型,即 TINYINT、SMALLINT、MEDIUMINT、INT 和 BIGINT。它们之间的区别是取值范围不同,存储空间也各不相同,可用 M(1~255)来表示最大的显示宽度。整型又可分为有符号型和无符号型,如要定义无符号型整数则应在整型数据列后加上 UNSIGNED 属性,此时该字段可以禁止输入负数。

声明整型字段时,程序员可以为其指定显示宽度,如 INT(M),当 M 为 5 时,说明指定显示宽度为 5 个字符,如果没有给它指定显示宽度,MySQL 会为它指定一个默认值。显示宽度定义的只是显示宽度,但不能限制取值范围和占用空间,如一个定义 INT(3)的字段在浏览数据时将显示 3 位数字,但仍然会占用系统为 INT 型数据定义的 4 个字节的存储空间,最大值也不会是 999,而是 INT 整型所允许的最大值。如表 6-1 所示归纳了各种整型数据的使用方法。

表 6-1 MySQL 中的整型数据

类 型	大 小	表示范围(有符号)	表示范围(无符号)	描 述
Tinyint	1 字节	−128~127	0~255	小整数值
Smallint	2 字节	−32768~32767	0~65535	大整数值
Mediumint	3 字节	−8388608~8388607	0~16777215	大整数值
Int	4 字节	−2147483648~2147483647	0~4294967295	大整数值
Bigint	8 字节	−9223372036854775808~9223372036854775807	0~18446744073709551615	极大整数值

2. 浮点数据类型

根据精度的不同,浮点数有 float 和 double 两种。它们的优势是表示小数的精确度非常高,float 可以表示的绝对值非常小,可以表示 1.17E-38,即 0.000…0117(小数点后面有 37 个 0)的小数,而 Double 精确度更高,可以表示绝对值小到约 2.22E-308,即 0.000…0222,(小数点后面可以有 307 个 0)的小数。Float 类型和 Double 类型占用存储空间分别是 4 字节和 8 字节。如表 6-2 所示归纳了各种浮点型数据的使用方法。

表 6-2 MySQL 中的浮点数

类型	大小	表示范围（有符号）	表示范围（无符号）
Float（单精度浮点数）	4 字节	-3.402823466E+38～1.175 494351E-38、0、1.175494351E-38～3.402823466E+38	0，1.175494351E-38～3.402823466E+38
Double（双精度浮点数）	8 字节	-1.7976931348623157E+308～2.2250738585072014E-308、0 和 2.2250738585072014E-308～1.797 6931348623157E+308	0，2.2250738585072014E-308～1.797 6931348623157E+308

📢 注意：在 MySQL 中还可以定义定点数，格式为 Decimal(M,D)，其中 M 表示显示的最大位数，小数点和符号不包含在 M 中，如果 D 是 0，则意味着该数值没有小数或分数部分。

6.3.2 日期和时间类型

日期和时间类型包括 DATE、TIME、DATETIME、TIMESTAMP 和 YEAR 等几种类型。每个时间类型有一个有效范围和一个"零"值，当在其中存入一个不合法的数据时，MySQL 将使用"零"值。如表 6-3 所示归纳了各种日期和时间类型数据的使用方法。

表 6-3 MySQL 中的日期和时间

类型	大小（字节）	表示范围	格式	描述
date	3 字节	1000-01-01～9999-12-31	YYYY-MM-DD	表示日期值
time	3 字节	-838:59:59～838:59:59	HH:MM:SS	表示时间值或持续时间
year	1 字节	1901～2155	YYYY	表示年份值
datetime	8 字节	1000-01-01 00:00:00～9999-12-31 23:59:59	YYYY-MM-DD HH:MM:SS	表示混合日期和时间值
timestamp	8 字节	1970-01-01 00:00:00～2037-12-31 23:59:59	YYYYMMDDHHMMSS	表示混合日期和时间值、时间戳

6.3.3 字符串类型

字符串可以用来表示任何一种值，所以它是最基本的类型之一。根据所存储的格式不同，可将其分为普通字符串类型、二进制字节字符串及 TEXT 和 BLOG 类型。如表 6-4 所示归纳了各种字符串类型数据的使用方法。

表 6-4 MySQL 中的字符串数据类型

类型	大小	描述
char	255 字节	定长字符串
vachar	255 字节	变长字符串
tinyblob	255 字节	不超过 255 个字符串的二进制字符串

续表

类型	大小	描述
tinytext	255 字节	短文本字符串
blob	65535 字节	二进制形式的长文本数据
text	65535 字节	长文本数据
mediumblob	16777215 字节	二进制形式的中等长度文本数据
mediumtext	16777215 字节	中等长度文本数据
longblob	429967295 字节	二进制形式的极大文本数据
longtext	4294967295 字节	极大文本数据

6.4 结构化查询语言（SQL）简介

SQL 是 Structured Query Language 的缩写，即结构化查询语言。SQL 是专为数据库而建立的操作命令集，是一种功能齐全的数据库语言。SQL 语言结构类似于自然语言，功能强大、简单易学、使用方便，已经成为了数据库操作的基础，并且现在几乎所有的数据库均支持 SQL。

6.4.1 结构化查询语言简介

SQL 是结构化查询语言，它是使用关系模型的数据库应用语言，1982 年 ANSI（美国国家标准局）确认 SQL 为数据库系统的工业标准，并在 1986 年颁布了 SQL-86 标准。该标准的出台使 SQL 作为标准的关系数据库语言的地位得到了加强。SQL 标准几经修改和完善，目前最新的 SQL 标准是 2003 年制定的 SQL-2003，它的全名是"International Standard ISO/IEC9075:2003，Database Language SQL"。

SQL 是一种介于关系代数与关系演算之间的结构化查询语言，SQL 语言是一种高度非过程性的关系数据库语言。采用的是集合的操作方式，操作的对象和结果都是元组的集合，用户只需知道"做什么"，无须知道"怎么做"，因此 SQL 语言接近英语自然语言，结构简洁、易学易用。同时 SQL 语言集数据查询、数据定义、数据操纵、数据控制为一体，功能强大，得到了越来越广泛的应用，几乎所有著名的关系数据库系统，如 SQL Server、DB2、Oracle、Access 等都支持 SQL 语言。

6.4.2 常用的 SQL 语句用法

常用 SQL 语句包含 4 个部分：数据查询语言（SELECT）、数据操纵语言（INSERT，UPDATE，DELETE）、数据定义语言（CREATE，ALTER，DROP）、数据控制语言（COMMIT WORK，ROLLBACK WORK）。在没有介绍可视化的 MySQL 数据库管理工具之前，所有的 SQL 语句只能先通过命令提示符号界面登录 MySQL 控制台，登录成功后，进入如图 6-4 所示的界面，在"mysql>"字符后面的光标处输入 SQL 语句，输入完毕后按 Enter 键即可对数据库进行相应操作，下面分别介绍一些常用的 SQL 语句。

1．数据库的创建

使用 CREATE DATABASE 语句可新建数据库，其语法如下：
CREATE {DATABASE | SCHEMA} [IF NOT EXISTS] db_name [create_specification [, create_specification] ...] create_specification: [DEFAULT] CHARACTER SET charset_name | [DEFAULT] COLLATE collation_name

其中，db_name 是数据库名称，如果已经有同名的数据库且没有指定 IF NOT EXISTS，则系统会返回错误信息，create_specification 选项用于指定数据库的特性，CHARACTER SET 子句用于指定默认的数据库字符集，COLLATE 子句用于指定默认的数据库整理次序。例如，有以下命令语句：

mysql> create DATABASE student;

该语句的功能是创建一个名为 student 的数据库，输入语句后按 Enter 键，将在屏幕上输出：

Query OK,1 row affected(0.11 sec)

说明语句执行成功，一个名为 student 的数据库已成功创建。

◀》注意：语句后面的分号（;）一定不要丢掉，它表示一个完整的命令语句的结束。

2．表的创建

使用 CREATE TABLE 语句可以在数据库中创建新表，其基本语法如下：
CREATE [TEMPORARY] TABLE [IF NOT EXISTS] tbl_name
(column_definition, ...)
[CHARACTER SET charset_name]
[COLLATE collation_name]
[COMMENT 'string']

CREATE TABLE 用于创建带有给定名称的表，由 tbl_name 来指定新建表的名称。默认的情况是，表被创建到当前的数据库中。如果没有当前数据库，或者数据库不存在，则会出现错误。为避免不必要的麻烦，可采用类似于 db_name.tbl_name 的表名，表示在特定的数据库中创建表，这样就可以不考虑当前数据库是哪一个数据库。在创建表格时，用户可以使用 TEMPORARY 关键词来创建临时表。如果表已存在，则使用关键词 IF NOT EXISTS 可以防止发生错误。COMMENT 子句给出列或表的注释，CHARACTER SET 子句用于指定默认的数据库字符集。如：

mysql> use student;
mysql> create table stu_person(name char(10),sex   char(2),age tinyint(2));

第一句的作用是选择当前数据库，即选择将新建的表存放到哪个数据库中，第二句的功能是新建名为 stu_person 的数据表，共有 3 个字段，分别是 name、sex 和 age 字段。

3. SHOW 查看信息语句

SHOW 有多种形式，可以查看数据库、表、列或服务器状态的信息。常用的有以下形式：
SHOW [FULL] COLUMNS FROM tbl_name [FROM db_name] [LIKE 'pattern']
SHOW DATABASES [LIKE 'pattern']
SHOW [FULL] TABLES [FROM db_name] [LIKE 'pattern']
SHOW TRIGGERS

其中，第一条语句的功能是显示一个给定表中的各列的详细信息；第二条语句则可以在 MySQL 服务器主机上列出所有数据库名及相关信息；第三条语句的功能是查看用户指定数据库中的非 TEMPORARY 表；第四条语句的功能是显示目前在 MySQL 服务器中已定义的触发器程序。

4. 表的修改

使用 ALTER TABLE 语句可以对数据库中现有的表进行修改，语法如下：
ALTER [IGNORE] TABLE tbl_name
alter_specification [, alter_specification] ...
alter_specification:
ADD [COLUMN] column_definition [FIRST | AFTER col_name]
| ADD [COLUMN] (column_definition, ...)
| ALTER [COLUMN] col_name {SET DEFAULT literal | DROP DEFAULT}
| CHANGE [COLUMN] old_col_name column_definition [FIRST|AFTER col_name]
| MODIFY [COLUMN] column_definition [FIRST | AFTER col_name]
| DROP [COLUMN] col_name
| DROP PRIMARY KEY | RENAME [TO] new_tbl_name

ALTER TABLE 命令可以修改表中列的属性，表的名称，还可以增加或删除列，创建或取消索引等。其中，tbl_name 是被修改表的名称，IGNORE 关键字是 MySQL 在标准 SQL 基础上做的功能扩展，如果指定了 IGNORE 关键字，则对于有重复关键字的行，只使用第一行，其他行将被屏蔽。如果在修改的过程中出现了错误值，系统进行修正以尽量接近正确值。alter_specification 子句用来指定如何对数据字段进行修改，内容非常丰富，编者在该子句下面已将大部分内容一一列出，读者可查看相关参考书和上网对其中各选项的内容进行详细了解。例如：

mysql> ALTER TABLE t2 DROP COLUMN c, DROP COLUMN d;

以上语句的功能是修改表 t2 的表结构，将字段 c 和 d 删除。

5. 表的删除

使用 DROP TABLE 语句可以删除当前数据库中的某个表，语法如下：
DROP [TEMPORARY] TABLE [IF EXISTS] tbl_name [, tbl_name] ...

该语句将删除一个或多个表，执行完毕后，所有的表数据和表定义都被删除，所以要慎用本语句。如果用户错误地去删除本不存在的表，可以用 IF EXISTS 语句来排除这种意外，另外，还可用 TEMPORARY 关键字来指定系统执行 DROP TABLE 语句时只删除临时表。

6．SELCET 查询语句

SELCET 查询语句的语法格式如下：
SELECT select_expr, ...
[INTO OUTFILE 'file_name' export_options | INTO DUMPFILE 'file_name']
[FROM table_references]
[WHERE where_definition]
[GROUP BY {col_name | expr | position} [ASC | DESC], ...]
[HAVING where_definition]
[ORDER BY {col_name | expr | position} [ASC | DESC], ...]
[LIMIT {[offset,] row_count | row_count OFFSET offset}]

整个 SELECT 语句的含义是，根据 WHERE 子句的条件表达式，从 FROM 子句指定的基本表中找出满足条件的数据记录，再按 SELECT 子句中的目标列表达式，选出数据记录中的属性值形成结果表。如果有 GROUP 子句，则将结果按 GROUP BY 子句提供的条件进行分组。如果 GROUP BY 子句带有 HAVING 短语，则只有满足指定条件的组才予输出。如果有 ORDER 子句，则结果表还要按 col_name 排序列的值的升序（ASC）或降序（DESC）排序。LIMIT 子句用于给定一个限值，限制可被查询到的记录数目。如果检索所有行和列，这种情况下，在 SELECT 子句使用星号（*）来表示所有列即可，并通过 FROM 子句指定要检索的表。如有以下语句：

```
SELECT * FROM student ORDER BY ST_ID DESC
```

以上语句的功能是在 student 表中查找所有记录，并且将查询结果按 ST_ID 降序排列显示。

7．删除记录

删除数据表中的记录应使用 delete 语句，该语句有两种语法格式。
- 单表语法
  DELETE [LOW_PRIORITY] [QUICK] [IGNORE] FROM tbl_name [WHERE where_definition] [ORDER BY ...] [LIMIT row_count]
- 多表语法
  DELETE [LOW_PRIORITY] [QUICK] [IGNORE] tbl_name[.*] [, tbl_name[.*] ...] FROM table_references [WHERE where_definition]或：
  DELETE [LOW_PRIORITY] [QUICK] [IGNORE]   FROM tbl_name[.*] [, tbl_name[.*] ...] USING table_references [WHERE where_definition]

该语句将从表 tbl_name 中删除那些满足由 where_definition 所定义条件的所有记录，并返回被删除的记录数目。

8．修改记录

修改数据表中的记录应使用 update 语句，该语句有两种语法格式。

- 单表语法

    UPDATE [LOW_PRIORITY] [IGNORE] tbl_name SET col_name1=expr1 [, col_name2=expr2 ...] [WHERE where_definition] [ORDER BY ...] [LIMIT row_count]

- 多表语法

    UPDATE [LOW_PRIORITY] [IGNORE] table_references SET col_name1=expr1 [, col_name2=expr2 ...] [WHERE where_definition]

其功能是修改指定表中满足 WHERE 子句条件的元组。其中 SET 子句给出 expr1、expr2、expr3 等值用于取代相应的属性列值。如果省略 WHERE 子句，则表示要修改表中的所有元组。如果给出了 ORDER BY 子句，则在更新记录时要按照被指定的顺序进行更新。LIMIT 子句用于指定一个整数，该整数表示要更新行的数目。如果用户使用 LOW_PRIORITY 关键词，则表示 MySQL 服务器将优先处理其他客户端读取本数据表的操作，待其他用户读取完后才执行 UPDATE 操作。如果用户使用了 IGNORE 关键词，则在执行更新过程中将忽略所有错误消息。如：

```
mysql> UPDATE persondata SET age=age+1;
mysql> UPDATE persondata SET age=age*2, age=age+1;
```

其中第一句的功能是把所有记录的 age（年龄）列的值加 1，第二句的功能是对 age（年龄）列加倍，然后再增加 1。

9. INSERT 插入语句

INSERT 用于向一个数据表中插入一行新的数据，它有两种语法格式：

INSERT [LOW_PRIORITY | DELAYED | HIGH_PRIORITY] [IGNORE] [INTO] tbl_name [(col_name,...)] VALUES ({expr | DEFAULT},...),(...),... [ON DUPLICATE KEY UPDATE col_name=expr, ...]

或

INSERT [LOW_PRIORITY | DELAYED | HIGH_PRIORITY] [IGNORE] [INTO] tbl_name   SET col_name={expr | DEFAULT}, ... [ON DUPLICATE KEY UPDATE col_name=expr, ...]

INSERT...VALUES 和 INSERT...SET 两种形式的语句都是将明确指定的值插入到数据表新行的相应字段位置上。如有以下语句：

`INSERT INTO STUDENT(NAME,ID) VALUES('李四', 12)`

该语句的执行结果是将 ID 号为 12、名叫李四的学生记录插入到 STUDENT 表中。

10. 在 MySQL 数据库中创建视图

数据库中的视图是一个虚拟表，是从数据库中一个或多个表的基础上按用户实际需求构成的查询表，同真实的表一样，视图包含一系列带有名称的行和列数据。此外，视图还可以在已经存在的视图的基础上选择若干行和列来自由定义新的视图，并且所包含的数据都是在引用视图的动态生成。

既然视图中的数据都是来源于数据库中具体的数据表，那为什么还要采用它来读取数据呢，这主要是基于视图具有以下优点。

- 简单性：视图可以简化用户对数据的理解，同时可简化他们的操作。
- 安全性：通过视图可以实现用户和物理数据表的分离，不同用户只能操作其权限范围内的数据，从而有效保证数据的安全性。
- 逻辑数据独立性：视图可以帮助用户消减由于真实数据表结构的变化而带来的消极影响。

与在数据库中创建数据表类似，创建视图要用 CREATE 语句，其完整形式为 CREATE VIEW，基本语法格式如下：

```
CREATE [OR REPLACE] [ALGORITHM = {UNDEFINED | MERGE | TEMPTABLE}]
    VIEW view_name [(column_list)]
    AS SELECT_statement
    [WITH [CASCADED | LOCAL] CHECK OPTION]
```

其中，CREATE 表示要创建视图，REPLACE 表示替换已经创建的视图；ALGORITHM 表示视图选择的算法（可选参数）；view_name 表示要创建的视图的名称；column_list 是属性清单，表示视图中的列名，默认与 SELECT 查询结果中的列名相同（可选参数）；SELECT_statement 表示 SELECT 语句；WITH [CASCADED | LOCAL] CHECK OPTION 参数表示视图在更新时要保证在该试图的权限范围之内（可选参数），其中，CASCADED 表示更新视图时要满足所有相关视图和表的条件；LOCAL 表示更新视图时，满足该视图本身定义的条件即可。

其中，ALGORITHM 算法参数的取值有 3 个，下面分别介绍。

- UNDEFINED：表示 MySQL 将自动选择所要使用的算法。
- MERGE：将视图的语句与视图定义合并起来，使得视图定义的某一部分取代语句的对应部分。
- TEMPTABLE：将视图的结果存入临时表，然后在该临时表中使用、执行 SQL 语句。

需要提醒读者的是，创建试图时最好加上 WITH CASCADED CHECK OPTION 参数，这种方式使得创建视图时，对相关条件的校验比较严格，从而可以有效保证数据的安全性。

下列代码演示了如何创建一个视图，然后利用该视图查询数据。

```
CREATE TABLE t (quantity INT, price INT);              /*创建基本表t*/
INSERT INTO t VALUES(3, 50);                           /*插入记录*/
CREATE VIEW view_t AS SELECT quantity, price, quantity *price FROM t;   /*创建视图*/
SELECT * FROM view_t;                                  /*查询视图中的数据*/
```

在大多数情况下，一个视图的数据可能要来源于多个表，这种情况就要在多表上建立视图，下列代码演示了如何在表 student 和表 stu_info 上创建视图 stu_class。

```
CREATE VIEW stu_class (id,name, class) AS SELECT student.s_id,student.name ,stu_info.class
FROM student,stu_info WHERE student.s_id=stu_info.s_id;
```

本视图只包含了 id、name 和 class 这 3 个字段，其中，id 字段对应 student 表中的 s_id

字段，name 字段对应 student 表的 name 字段，class 字段对应 stu_info 表的 class 字段。

6.5 常用的可视化 MySQL 数据库管理工具

如前所述，虽然 MySQL 相对其他数据库管理系统来说具有很多优点，但由于各种对数据库操作的语句必须在命令提示符下完成编写和执行，具有难度高、效率较低、容易出错等弊端，很多用户感觉 MySQL 不好管理，phpMyadmin 和 Navicat MySQL 的出现有效地缓解了这一矛盾。

6.5.1 phpMyAdmin 的安装与使用

如果开发者从开始就采用集成安装包来配置 PHP 项目开发环境，那本节所讲的操作就不必重复了，因为一开始集成软件已经给我们安装并配置好了 phpMyAdmin，直接在网页浏览器地址栏中输入 http://localhost/phpMyAdmin/index.php，按 Enter 键，即可弹出如图 6-5 所示的数据库系统登录界面，登录后即可操作数据库。

图 6-5　利用 phpMyAdmin 登录 MySQL 数据库

如果读者一开始不是采用集成软件来安装和配置 PHP 开发环境，则此时需要单独下载和安装 MySQL 数据库管理软件 phpMyadmin。phpMyAdmin 是用 PHP 开发的一套程序，它通过浏览器来管理 MySQL 数据库，在 phpMyAdmin 运行程序时需要 PHP 解析器的支持，所以必须在其宿主机上事先安装好 PHP 程序，phpMyAdmin 功能强大，界面较为友好。phpMyAdmin 压缩包可以从互联网上下载，也可直接在其官方网 http://www.phpmyAdmin.net 上下载一份较新版本的 phpMyAdmin，下载完毕后就可按照以下步骤安装 phpMyAdmin，在此以安装 2.8.0 版的 phpMyAdmin 程序为例来介绍安装过程。

（1）将 phpMyAdmin 压缩包解压，得到一个类似于 phpMyAdmin-xx-xx-xx 的文件夹，为了使用方便，建议重命名为 phpMyAdmin。

（2）将 phpMyAdmin 文件夹复制到 APACHE 主目录下，以方便直接在浏览器中输入 http://localhost/phpMyAdmin/index.php，按 Enter 键即可运行此程序。

（3）打开 phpMyAdmin/scripts 文件夹，在其中找到 config.default.php，将其重命名为 config.inc.php，并将其复制到 phpMyAdmin 根目录下，然后打开此文件找到"$cfg['Servers'][$i]['password']="项，将其值设为 MySQL 的超级管理员密码，如图 6-6 所示。

图 6-6　修改 phpMyAdmin 的配置文件

📢 **注意**：如果超级管理员的用户名不是 root，则还需将$cfg['Servers'][$i]['user']一项设置为实际的超级管理员对应的用户名。

（4）修改完之后，重新保存该文件，然后在浏览器中输入 http://localhost/phpMyAdmin/index.php，并按 Enter 键，将在浏览器窗口中弹出如图 6-7 所示的 phpMyAdmin 的 MySQL 数据库管理页面。

图 6-7　phpMyAdmin 的运行界面

在 phpMyAdmin 页面中，用户可以创建数据库、选择数据库、查看表信息以及编辑数据，下面介绍具体操作过程。

（1）创建数据库

在如图 6-7 所示的页面中，在其右边找到"创建一个新的数据库"文字，在其下方的文本框中输入数据库名称，单击"创建"按钮即可新建一个数据库。

（2）选择数据库

在如图 6-7 所示的页面中，单击其左侧的"数据库"下拉菜单，即可从弹出的菜单选项中选择数据库，在其右侧将列出所选中的数据库中表的信息，如图 6-8 所示。

图 6-8　数据库的选择

（3）选择并浏览表信息

单击左侧的表名，右侧将显示此表的详细字段信息，如图 6-9 所示。

图 6-9　在 phpMyAdmin 页面浏览数据表信息

（4）浏览及编辑数据

在页面上方的菜单栏中，单击 浏览 按钮之后，会打开该表的记录进行浏览。在此视图中可以对各条记录进行各种编辑操作，如图 6-10 所示。

虽然 phpMyAdmin 比单纯地依靠命令提示符来操作数据库要方便得多，但对于习惯用 Microsoft SQL Server 的企业管理器的用户来说，总感觉还是不够简单易用，下面就介绍一种类似于 Microsoft SQL Server 的企业管理器的 Navicat MySQL 桌面软件。

图 6-10　在 phpMyAdmin 页面中浏览和编辑表记录

6.5.2　Navicat MySQL 的安装与使用

　　Navicat MySQL 是一套强大的 MySQL 数据库服务器管理及开发工具。它可以支持 3.21 或以上任何版本的 MySQL，支持最新版 MySQL 的大部份功能，包括触发器、存储过程、函数、事件、视图、导入数据、导出数据、报表、数据备份与恢复以及用户权限管理等。它不仅适合熟练的专业开发人员使用，新手也很容易上手。通过图形用户接口（GUI）界面，Navicat MySQL 让用户像使用 Microsoft SQL Server 的企业管理器那样方便地管理 MySQL 数据库。用户可通过互联网搜索下载 Navicat MySQL 软件，有的需要付费，而有的是免费的，读者要注意选择。也可以从其官方网站 http://www.navicat.com 中下载。

　　Navicat MySQL 软件安装成功后，启动该软件，先要新建一个"连接"，以连接到目标服务器，方法是选择"文件"菜单下的"创建连接"命令，弹出如图 6-11 所示的对话框，在该窗口中要求用户为连接定义连接名，以及填写 MySQL 服务器的主机名或 IP 地址、端口号（MySQL 默认服务端口号是 3306）、用户名和密码，然后单击"连接测试"按钮，测试成功后再单击"确定"按钮。

图 6-11　在 Navicat MySQL 中新建连接

新建连接成功后,单击该软件主窗口左侧的连接名称图标,将展开如图 6-12 所示的树形目录,该目录显示了所连接的服务器上所有数据库以及数据库中所包含的全部数据表。

图 6-12 Navicat MySQL 的管理界面

通过 Navicat MySQL 软件同样可以对数据库进行各种操作,包括新建数据库、新建表、修改表、建立视图、新建存储过程等,其操作过程都是可视化的,与 Microsoft SQL Server 的企业管理器的使用方法非常类似,Navicat MySQL 有很多巧妙的使用方法,读者要逐步摸索,假以时日,一定有助于提高管理和使用 MySQL 数据库的效率,由于篇幅有限,这里就不再详述。

6.6 案例剖析:学生成绩数据库规划与实现

数据库是模拟现实世界中某些事物及联系的信息集合,数据库中所存储的数据,是对现实世界的信息流的数据化。信息流用来描述现实世界中一些事物某些方面的特征及事物间的相互联系。下面以学生成绩数据库在计算机中的实现来简单介绍在 MySQL 中实现数据库项目的过程。

6.6.1 程序功能介绍

学生成绩数据库(cjdatabase)主要存储每个学生每门课程的考试成绩,在设计数据库时,要考虑到在储存成绩数据过程中数据的完整性和一致性等数据库规范问题。下面简单谈一下具体的实施方案。

简单地说,为实现该数据功能,可在学生成绩数据库中设计 3 个数据库表:存储学生记录的 student 表、存储课程数据的 coursetb 表和存储成绩的 scores 表。考虑到该数据库的功能，可对上述 3 个表设计如表 6-5～表 6-7 所示结构。

表 6-5   student 表的结构

字　段　名	数　据　类　型	长　度	允许为空值（NULL）
学号（主键）	Char	12	否
姓名	Char	10	否
班级编号	Char	10	是
性别	Char	2	否
出生年月	date	8	否

表 6-6   coursetb 表的结构

字　段　名	数　据　类　型	长　度	允许为空值（NULL）
课程号（主键）	Char	8	否
课程名称	Varchar	30	否
学分	Tinyint	4	否
课时数	Tinyint	4	否

表 6-7   scores 表的结构

字　段　名	数　据　类　型	长　度	允许为空值（NULL）
学号	Char	12	否
课程号	Char	8	否
成绩	Tinyint	4	是
流水号（主键）	bigint	10	否
备注	Varchar	50	是

6.6.2　程序代码分析

基于上述对学生成绩库功能的分析和描述，编者编写了如下数据库以及表的 SQL 程序代码。

- 新建数据库 cjdatabase 代码

CREATE DATABASE cjdatabase DEFAULT CHARSET=gb2312;

- 新建表 student 的代码

CREATE TABLE student (
学号　char(2)NOT NULL default '',
姓名　char(10)default NULL,
班级编号　char(10)default NULL,
性别　char(2)default NULL,
出生年月　date default NULL,
PRIMARY KEY(学号)
) ENGINE=InnoDB DEFAULT CHARSET=gb2312;

❑ 新建表 coursetb 的代码

```
CREATE TABLE coursetb (
课程号  char(8)NOT NULL default '',
课程名称  varchar(30)default NULL,
学分  tinyint(4)default NULL,
课时数  tinyint(4)default NULL,
PRIMARY KEY(课程号)
) ENGINE=InnoDB DEFAULT CHARSET=gb2312;
```

❑ 新建表 scores 的代码

```
CREATE TABLE scores (
课程号  char(255)NOT NULL,
学号  char(255)NOT NULL,
成绩  int(11)default NULL,
流水号  bigint(10)NOT NULL auto_increment,
备注  varchar(50)default NULL,
PRIMARY KEY(流水号)
) ENGINE=InnoDB DEFAULT CHARSET=gb2312;
```

6.7 本章小结

本章着重介绍了 MySQL 数据库的安装与配置,同时在讲解如何操作 MySQL 的过程中,详细讲述了 SQL 语句在 MySQL 中的具体用法,最后着重介绍了目前两种比较流行的 MySQL 数据库管理工具:phpMyAdmin 和 Navicat MySQL。

6.8 练 习 题

1．简述 MySQL 可支持哪些数据类型?
2．MySQL 有哪些特点与优点?
3．如何列出当前 MySQL 服务器中的所有数据库?如何删除一个数据库?
4．使用 SELECT 查询语句查询数据记录时,如何设置要返回的记录数?

6.9 上 机 实 战

在 MySQL 中创建一个学生选课数据库(SeleCourseDB),其中包含 5 个表:教师表 Teacher、学生表 Student、课程表 Course、选课表 SeleCourse 和授课表 TeachCourse,各表的结构如表 6-8～表 6-12 所示,请根据下面各表描述的数据表结构,在学生选课数据库中创建相应各表。

表6-8 教师表Teacher

字段名	数据类型	长度	允许为空值（NULL）
教师号（主键）	Char	10	否
教师姓名	Char	8	否
性别	Char	2	否
年龄	Tinyint	3	否
职称	Char	10	否
工资	Tinyint	5	是
岗位津贴	Tinyint	5	是
系名	Char	10	否

表6-9 学生表Student

字段名	数据类型	长度	允许为空值（NULL）
学号（主键）	Char	10	否
学生姓名	Char	8	否
性别	Char	2	否
年龄	Tinyint	2	否
系名	Char	10	是

表6-10 课程表Course

字段名	数据类型	长度	允许为空值（NULL）
课程号（主键）	Char	8	否
课程名	Char	8	否
课时数	Tinyint		是

表6-11 选课表SeleCourse

字段名	数据类型	长度	允许为空值（NULL）
学号	Char	10	否
课程号	Char	8	否
成绩	Tinyint	2	是

表6-12 授课表TeachCourse

字段名	数据类型	长度	允许为空值（NULL）
教师号（主键）	Char	10	否
课程号	Char	8	否

第 7 章　PHP 与 MySQL 的珠联璧合

知识点

- ☑ 修改 PHP 配置文件以开启与 MySQL 相关的函数库
- ☑ 连接 MySQL 数据库
- ☑ 选择与操作 MySQL 中的数据库
- ☑ 如何获取 MySQL 中的数据集
- ☑ 常用的 MySQL 函数的使用方法

本章导读

　　PHP 是一种 Web 编程语言，MySQL 是一款网络数据库，从 PHP 诞生起，就一直将 MySQL 数据库作为其默认支持的数据库管理系统，目前这二者已成为业界公认的开发 Web 项目的黄金组合。为了让用户能方便地在 PHP 程序中使用 MySQL 数据库，PHP 提供了一组 MySQL 库函数，用于实现对 MySQL 数据库的访问，本章将对如何在 PHP 程序中操作 MySQL 数据库进行详细讲解。

7.1　运用 PHP 和 MySQL 联合开发 Web 的优势

　　PHP 能支持绝大多数主流的数据库产品，在这些数据库中，MySQL 数据库与 PHP 结合得最好，与其他开发 Web 应用的组合相比，用 PHP 与 MySQL 的搭配来处理用户的输入，会变得更安全，运行速度更快。MySQL 数据库是一个快速的、健壮的、多用户的 SQL 数据库服务器，它支持多线程、关键任务以及重负载生产系统的使用，也可以将它嵌入到一个大配置的软件中去。除此之外，二者都为免费、开源的资源且简单易用，安全效率比 ASP+MySQL 等组合要好。

　　和 PHP 一样，MySQL 的入门门槛也较低，绝大多数学了标准 SQL 语句的程序员都很容易转型为 MySQL 程序员，基于以上得天独厚的特点，使用以 PHP 为核心的 PHP + MySQL + Apache 经典组合来开发 Web 应用，将大大提高程序员的工作效率，且花费也较少。

7.2　连接 MySQL 数据库的前期准备工作

　　在 PHP 程序中操作 MySQL 数据库非常简单，但前提是要先修改有关文件中的相关参数配置，熟悉操作 MySQL 数据库的基本步骤。

7.2.1　修改 php.ini 文件中的有关配置选项

　　要使 PHP 程序能方便地管理 MySQL 数据库，必须要保证在 PHP 程序中正确连接上

MySQL 数据库，在此前提下才能对其中的数据库进行各种操作，而 PHP 对 MySQL 数据库的操作大部分是通过 MySQL 函数来进行的，所以首先要开启 MySQL 函数库。

用记事本打开 php.ini 文件，找到";extension=php_MySql.dll"，将此行前面的分号去掉，如图 7-1 所示，然后保存此文件并重新启动 Apache，为验证 MySQL 函数是否已被载入，可通过在 PHP 程序中调用 phpinfo()函数来查看，运行 PHP 程序后，如果在返回的页面中有 MySQL 的项目，这说明已经正确载入了 MySQL 数据库，如图 7-2 所示。

图 7-1 修改 PHP 配置文件

图 7-2 查看是否开启 MySQL 数据库

7.2.2 PHP 操作 MySQL 数据库的基本步骤

PHP 操作 MySQL 数据库一般可分为 5 个步骤，即连接 MySQL 数据库服务器；选择数据库；执行 SQL 语句；关闭结果集；断开与 MySQL 数据库服务器连接。

（1）用 mysql_connect()函数连接 MySQL 数据库服务器

用 mysql_connect()函数建立与服务器的连接，然后根据此函数的返回值定位不同的连接,本函数的详细使用细节将在 7.3.1 节中介绍。

(2)用 mysql_select_db()函数选择数据库

用 mysql_select_db()函数根据第一步返回的连接标识符来选择数据库服务器中具体的某个数据库。如 mysql_select_db($dbName,$connID),其中,$connID 是连接标识符,代表连接的服务器,$dbName 表示数据库名。

(3)执行 SQL 语句

在选择的数据库中使用 mysql_query()函数执行 SQL 语句,对数据的操作方式主要有 5 种。

- 查询数据(select):使用 select 语句实现数据查询。
- 显示数据(select):使用 select 语句显示数据查询的结果。
- 插入数据(insert):使用 insert into 语句向数据库中插入数据。
- 更新数据(update):使用 update 语句修改数据库中的记录。
- 删除数据(delete):使用 delete 语句删除数据库中的数据。

(4)关闭结果集

数据库操作完成之后,需要关闭结果集,释放资源,一般用函数 mysql_free_result ($result)。

(5)断开服务器连接

在 PHP 程序中,调用一次 mysql_connect()或 mysql_query()函数,都会占用一定的系统资源,为避免资源浪费,在对数据的操作告一段落后,应用 mysql_close()函数关闭与 MySQL 服务器的连接,以节省系统资源。对数据库的操作步骤,可归纳如图 7-3 所示。

图 7-3　PHP 程序中对 MySQL 数据库的基本操作步骤

7.3　PHP 操作 MySQL 数据库常用方法

PHP 提供了一组 MySQL 库函数,用于实现对 MySQL 数据库的访问,具体过程是:PHP 程序连通 MySQL 数据库后,通过在前台 PHP 页面中嵌入要执行的 SQL 语句,然后将 SQL 语句发送给 MySQL 数据库服务器,由 MySQL 数据库服务器执行这些指令,然后将结果返回到 PHP 程序中并转换为 HTML 形式传回给客户端用户。

7.3.1 连接数据库

连接数据库是操作 MySQL 数据库的第一步，也就是建立一条 PHP 程序到 MySQL 数据库之间的通道，PHP 向 MySQL 数据库服务器发送的各种 SQL 指令都是基于这条连接的通道。在 PHP 中，mysql_connect()函数就是用来建立和 MySQL 数据库的连接，其语法格式如下：

resource mysql_connect([string server [, string username [, string password [, bool new_link [, int client_flags]]]]])

mysql_connect()函数的功能是建立一个到 MySQL 服务器的连接，如果成功，则返回一个 MySQL 连接标识，失败则返回 False。其中，server 参数用于指定要连接的 MySQL 服务器，可以包括端口号，如'localhost:3306'；参数 username 和 password 分别用于指定用户账号和密码；new_link 指定是否要建立新的连接，如果不指定该参数，则用同样的参数第二次调用 mysql_connect()函数时将不会建立新的连接，而是返回已经打开的第一次建立连接的连接标识。

mysql_connect()函数共有 5 个参数，但通常情况下只需前 3 个参数即可，例如：

```
<?php
$host = "127.0.0.1";              //MySQL 服务器地址，也可写成 localhost
$userName = "root";               //用户名
$password = "ld771224";           //密码
if ($connID = mysql_connect($host, $userName, $password)){
    echo "<script language='javascript'>alert('数据库连接成功！');</script>";
}else{
    echo "<script language='javascript'>alert('数据库连接失败！');</script>";
}
?>
```

在实际应用中如果没有提供可选参数，则系统采用默认值 server = 'localhost:3306'，上述程序测试结果如图 7-4 所示。

7.3.2 选择数据库

通过 mysql_connect()函数连接到 MySQL 服务器后，可以使用 mysql_select_db()函数从 MySQL 中选择所要操作的数据库，其语法格式如下：

图 7-4　数据库连接测试

bool mysql_select_db(string database_name, int [link_identifier])

其中，参数 database_name 指定数据库名称，link_identifier 指定由 mysql_connect()函数返回的连接标识，如果没有指定该参数，则表示使用上一个打开的连接，当找不到一个打开的连接时，mysql_select_db()函数将无参数调用 mysql_connect()函数，以尝试打开一个连接，如果连接成功，则直接使用该连接。mysql_select_db()函数返回一个布尔型的值，如果执行成功返回 true，否则返回 false。例如：

```php
<?php
$host = "127.0.0.1";                                    //MySQL 服务器地址
$userName = "root";                                     //用户名
$password = "ld771224";                                 //密码
$dbName = "my_database";                                //数据库
$connID = mysql_connect($host, $userName, $password);   //建立与 MySQL 数据库服务器的连接
if(mysql_select_db($dbName, $connID)){                  //选择数据库
    echo "数据库选择成功！";
}else{
    echo "数据库选择失败！";
}
?>
```

7.3.3 对数据库进行操作

连接到数据库服务器，并选择了要操作的数据库后，下一步就是向服务器发送操作指令，也就是第 6 章中讲到的各种 SQL 语句，要使 SQL 指令能传送到 MySQL 服务器中，需使用 mysql_query()函数。其语法格式如下：

resource mysql_query(string $query [, resource $link_identifier])

mysql_query()向与指定的连接标识符 link_identifier 所关联服务器中的当前活动数据库发送一条内容为 query 的查询语句。如果没有指定 link_identifier 连接标识，则使用上一个打开的连接。如果没有打开的可使用的连接，本函数会尝试无参数调用 mysql_connect()函数来建立一个连接，然后使用该连接。该函数使用十分简单，只需将一条 SQL 语句作为参数传给服务器即可，然后由服务器执行该 SQL 语句，其查询结果将会被缓存。例如：

```php
<?php
$id = mysql_connect("localhost", "MySql_user", "MySql_password");
    $ok=MySql_select_db("cjdatabase", $id);
if($ok)
{
$result = mysql_query('SELECT *  from student');
if (!$result)
{
    Die('无效查询' . mysql_error());
}
else
 echo "成功执行 SQL 语句";
}
?>
```

正如前述，mysql_query()函数可以向服务器发送任何合法的 SQL 指令，例如：

```php
<?php
 $id=mysql_connect("localhost","root","ld1224");
```

165

```
mysql_select_db("bbs_data",$id);
mysql_query("SET CHARACTER SET gb2312");
for($i=1;$i<6;$i++){
 $pw="pw".$i;
 $xm="name".$i;
 $sql="INSERT INTO users(user_name,user_pw) VALUES('".$xm."','".$pw."')";
 $excu=mysql_query($sql,$id);
 if($excu){
   echo $sql;
   echo "第".$i."条数据插入成功！<br>";
 }else{
   echo "数据插入失败，错误信息：<br>";
   echo mysql_error();
 }
}
mysql_close($id);
?>
```

上述程序利用一个 for 循环向服务器发送了多条 insert 指令，向 bbs_data 数据库中的 users 表插入了多条记录，可以使用第 6 章讲到的可视化管理工具 Navicat MySQL 来查看刚刚插入的记录，如图 7-5 所示。也可以在命令提示符中登录数据库，登录成功后，先用 use 指令将 users 表所在的数据库打开，然后用"select * from users"命令来浏览表中的所有数据，如图 7-6 所示，最后在程序结束前用 mysql_close()函数来关闭数据库连接。

图 7-5 在 Navicat MySQL 中查看 users 记录

图 7-6 通过命令提示符查看表记录

7.3.4 其他常用的 MySQL 函数

前面编者讲述的只是操作数据库前期要用到的几个基础函数，除此之外，PHP 还提供了大量其他的 MySQL 函数，只有了解了这些函数，明确基本的操作步骤，程序员才能够熟练运用 PHP+MySQL 组合开发功能强大的 Web 应用。

PHP 中用来操作 MySQL 数据库的函数可用如表 7-1 所示内容来概括叙述。

表 7-1 PHP 中的 MySQL 函数

函 数 名	功 能 描 述
mysql_affected_rows()	取得上一次 MySQL 操作所影响的记录行数
mysql_change_user()	改变活动连接中登录的用户
mysql_client_encoding()	返回当前连接的字符集的名称
mysql_close()	关闭非持久的 MySQL 连接
mysql_connect()	打开非持久的 MySQL 连接
mysql_create_db()	新建 MySQL 数据库，其功能可使用 mysql_query()替代
mysql_data_seek()	移动记录指针
mysql_db_name()	从对 MySql_list_dbs()的调用返回数据库名称
mysql_db_query()	发送一条 MySQL 查询，其功能可使用 mysql_select_db()和 mysql_query()代替
mysql_drop_db()	丢弃（删除）一个 MySQL 数据库
mysql_errno()	返回上一个 MySQL 操作中的错误信息的数字编码
mysql_error()	返回上一个 MySQL 操作产生的文本错误信息
mysql_escape_string()	转义一个字符串用于 MySql_query
mysql_fetch_array()	从结果集中取得一行作为关联数组，或数字数组，或二者兼有
mysql_fetch_assoc()	从结果集中取得一行作为关联数组
mysql_fetch_field()	从结果集中取得列信息并作为对象返回
mysql_fetch_lengths()	取得结果集中每个字段内容的长度
mysql_fetch_object()	从结果集中取得一行作为对象
mysql_fetch_row()	从结果集中取得一行作为数字数组
mysql_field_flags()	从结果中取得和指定字段关联的标志
mysql_field_len()	返回指定字段的长度
mysql_field_name()	取得结果中指定字段的字段名
mysql_field_seek()	将结果集中的指针设定为指定的字段偏移量
mysql_field_table()	取得指定字段所在的表名
mysql_field_type()	取得结果集中指定字段的类型
mysql_free_result()	释放结果内存
mysql_get_client_info()	取得 MySQL 客户端信息

续表

函 数 名	功 能 描 述
mysql_get_host_info()	取得 MySQL 主机信息
mysql_get_proto_info()	取得 MySQL 协议信息
mysql_get_server_info()	取得 MySQL 服务器信息
mysql_info()	取得最近一条查询的信息
mysql_insert_id()	取得上一步 INSERT 操作产生的 ID
mysql_list_dbs()	列出 MySQL 服务器中所有的数据库
mysql_list_fields()	列出 MySQL 结果中的字段
mysql_list_processes()	列出 MySQL 进程
mysql_list_tables()	列出 MySQL 数据库中的表
mysql_num_fields()	取得结果集中字段的数目
mysql_num_rows()	取得结果集中行的数目
mysql_pconnect()	打开一个到 MySQL 服务器的持久连接
mysql_ping()	Ping 一个服务器连接，如果没有连接则重新连接
mysql_query()	发送一条 MySQL 查询
mysql_real_escape_string()	转义 SQL 语句中使用的字符串中的特殊字符
mysql_result()	取得结果数据
mysql_select_db()	选择 MySQL 数据库
mysql_stat()	取得当前系统状态信息
mysql_tablename()	取得表名，在后期版本中已被 mysql_query()代替
mysql_thread_id()	返回当前线程的 ID
mysql_unbuffered_query()	向 MySQL 发送一条 SQL 查询（不获取和缓存结果）

表 7-1 列出的函数中，最常用的有 mysql_connect()、mysql_select_db()、mysql_query()、mysql_fetch_array()、mysql_num_rows()、mysql_close()等，其中，前 3 个函数编者已做介绍，下面用一个例子来讲述一下其他函数的用法。

```
<?php
  $constr=MySql_connect("localhost","root","ld1224");
  mysql_select_db("yggl",$constr);
  mysql_query("SET CHARACTER SET gb2312");
  $query="SELECT * FROM employees";
  $result=mysql_query($query,$constr);
  echo "<table border=1 width=200 align=center><tr><td>姓名</td><td>文化程度</td></tr>";
  $datanum=mysql_num_rows($result);
  echo "表 employees 中共有".$datanum."条数据<br>";
  for($i=1;$i<=$datanum;$i++){
    $info=mysql_fetch_array($result,MYSQL_ASSOC);
    echo "<tr><td>".$info['Name']."</td>";
    echo "<td>".$info['Education']."</td></tr>";
```

```
  }
  echo "</table>";
  mysql_close($constr);
?>
```

将该程序保存到网站目录后,运行程序得到如图 7-7 所示的结果。

图 7-7 从表中读取数据

在上例中用 mysql_query()函数来发送一条 SQL 指令,服务器将返回所有满足条件的记录,其返回类型是一个资源类型,其中包含了若干条记录的记录集,但不能直接输出,其结果暂存于$result 中。接着用 mysql_num_rows()函数来统计记录集中记录的条数,并将统计结果存放到变量$datanum 中。最后用 mysql_fetch_array()函数将记录集中的内容输出到<table></table>标记对中,由于该函数比较常用,下面着重介绍一下。

mysql_fetch_array()函数的使用格式如下:

array mysql _fetch_array(resource result [,int result_type])

该函数的作用是,读取记录集中的当前记录,将记录的各个字段值存入到一个数组中,并返回这个数组,然后将记录集指针移动到下一条记录。如果记录集指针已经处于末尾,则返回 false。result_type 为可选项,此参数用来指定返回的数组采用什么形式的下标,其中有 3 种选择。

- MySql_ASSOC:返回的数组将以该记录的字段名称作为下标,如在本例中要输出文化程度一栏的信息,则用$info['Education']来获取。
- MySql_NUM:返回的数组以从 0 开始的数字为下标。在本例中,由于返回的每条记录只有两个字段,则可用$info[0]、$info[1]来分别表示两个不同的字段。
- MySql_BOTH:表示返回的数组既可用字段名作为下标,也可用数字作为下标。

下面再介绍一个例子,该例子将根据 MySql_num_rows()函数返回的记录个数来自动地分页输出数据集中所有记录,本程序数据源采用的是在第 6 章案例剖析中搭建的学生成绩数据库中的学生表 student，程序代码如下：

```php
<html>
<head>
<meta http-equiv="Content-Type" content="text/html; charset=gb2312" />
<title>无标题文档</title>
</head>
<body>
<?php
  $id=mysql_connect("localhost","root","ld1224");
  mysql_select_db("pxscj",$id);
  mysql_query("SET CHARACTER SET gb2312");
  $query="SELECT 学号,姓名 FROM student";
  $result=mysql_query($query,$id);
  $totalnum=mysql_num_rows($result);
  $pagesize=15;
  $page=$_GET["page"];
  if($page==""){
     $page=1;
  }
  $begin=($page-1) * $pagesize;
  $totalpage=ceil($totalnum/$pagesize);
  echo "<table border=1 width=50% align=center><tr><td>姓名</td><td>学号</td></tr>";
  $datanum=mysql_num_rows($result);
  echo "表中共有".$totalnum."条数据。";
  echo "每页显示".$pagesize."条，共".$totalpage."页<br>";
  for($j=1;$j<=$totalpage;$j++){
    echo "<a href=untitled.php?page=".$j.">[".$j."] </a>";
  }
  $query="select 学号,姓名 from student limit $begin,$pagesize";
  $result=mysql_query($query,$id);
  $datanum=mysql_num_rows($result);
  for($i=1;$i<=$datanum;$i++){
    $stuinfo=mysql_fetch_array($result,MYSQL_ASSOC);
    echo "<tr><td>".$stuinfo['姓名']."</td>";
    echo "<td>".$stuinfo['学号']."</td></tr>";
  }
  echo "</table>";
  mysql_close($id);
?>
</body>
</html>
```

在上述程序中，利用 ceil()函数来求显示的页数，该函数的功能是对参数进一取整。然后用带 limit 参数的 select 语句分别计算出每页显示的记录内容，其运行结果如图 7-8 所示。

第 7 章 PHP 与 MySQL 的珠联璧合

图 7-8 分页输出数据库表中的数据

7.3.5 从结果集中获取一行作为对象

在上述示例程序代码中，PHP 是应用 mysql_fetch_array()函数来获取结果集中的数据，除此之外，还可以使用 mysql_fetch_object()函数实现这一功能，mysql_fetch_object()函数的语法格式如下：

object mysql_fetch_object(resource result)

mysql_fetch_object()函数与 mysql_fetch_array()函数类似，只不过前者返回的是一个对象，后者返回的是数组，因此，如果用 mysql_fetch_object()函数来获取一行数据记录，则之后需通过访问字段名来访问数据行中具体的每一个数据，其格式如下：

$row->col_name;

其中，col_name 为字段名，$row 代表结果集。例如，如果从某数据表中检索 id 和 name 值，可以用$row->id 和$row->name 访问数据行中的元素值。

需提请读者注意的是，在访问结果集中的具体字段时，字段名是要区分大小写的。下面通过一个实例来体验一下这两种不同函数在使用上的区别。

```
<html xmlns="http://www.w3.org/1999/xhtml">
<head>
<meta http-equiv="Content-Type" content="text/html; charset=utf-8" />
<title></title>
<style type="text/css">
<!--
body {
    margin-left: 0px;
    margin-top: 0px;
```

```
        margin-right: 00px;
        margin-bottom: 0px;
}
.STYLE1 {
        font-size: 13px;
        font-weight: bold;
}
.STYLE2 {font-size: 12px}
-->
</style></head>

<body>
<table width="760" border="0" align="center" cellpadding="0" cellspacing="0">
<caption><font color="#FF0000">常用软件清单</font></caption>
  <tr>
    <td></td>
  </tr>
  <tr>
    <td align="center"><table width="700" border="0">
      <tr>
        <td width="78" align="right"><span class="STYLE1">ID</span></td>
        <td width="262" align="right"><span class="STYLE1">软件名称</span></td>
      </tr>
      <?php
        $conn = mysql_connect("localhost", "root", "ld771224") or die("连接数据库服务器失败！".mysql_error());          //连接 MySQL 服务器
mysql_select_db("db_xiaoyuan_EC",$conn);          //选择数据库 db_xiaoyuan_EC
mysql_query("set names utf8");
/*初始化数据库服务器连接结束*/
$result=mysql_query("select * from dw_software",$conn); //执行查询操作并返回结果集
        while($myrow=mysql_fetch_object($result)){    //循环输出数据
      ?>
      <tr>
        <td align="center"><span class="STYLE2"><?php echo $myrow->SoftId; ?></span></td>
        <td align="center"><span class="STYLE2"><?php echo $myrow->SoftName; ?></span></td>
      </tr>
      <?php
        }
      ?>
    </table></td>
  </tr>
</table>
</body>
</html>
```

本段程序代码运行效果如图 7-9 所示。

图 7-9　利用 mysql_fetch_object()函数输出表中的数据

7.4　案例剖析：网上学生成绩查询系统的实现

PHP 与 MySQL 结合可以开发功能强大的 Web 应用程序，且实现的项目可移植性强，能无障碍地跨平台运行，下面以某大学网上成绩查询系统为例来介绍如何利用 PHP+MySQL 开发应用程序，以起抛砖引玉的作用。

7.4.1　程序功能介绍

为讲述方便，本实例将以第 6 章所讲述的案例剖析中所搭建的学生成绩数据库（cjdatabase）作为后台数据库，由于学生在成绩查询过程中，不仅涉及班级、学号、姓名等信息，还涉及课程名称、每门课程的学分、课时数、考试分数等。鉴于以上要求，可在学生成绩数据库中以 student、coursetb、scores 作为基本建立视图，视图名称命名为"成绩视图"，其 SQL 代码如下：

```
SELECTcoursetb.课程号,coursetb.课程名,coursetb.开课学期,coursetb.学时,coursetb.学分,
scores.学号,scores.课程号,scores.成绩,student.姓名,student.专业  FROM   coursetb,
scores, student WHERE coursetb.课程号=scores.课程号 AND scores.学号=student.学号
```

另外，为了将客户端用户查询的条件传递给远端服务器，需在查询页面中设置表单，以方便用户设置查询条件，其代码如下：

```
<form id="form1" name="form1" method="post" action="case7.php">请输入班级编号
    <input type="text" name="classid" id="classid" />
    <input name="submit1" type="submit" id="submit1" value="提交" />
    <input type="reset" name="btnreset" id="btnreset" value="重置" />
</form>
```

其中，表单的名称（name）为 form1，处理表单数据的方式（method）是 post，表示用提交的方式将客户端的查询指令传递给服务器。处理表单数据的服务器端脚本程序是 case7.php，在本例中就是程序本身，即处理表单的程序代码就来自当前文件中，此处也可以写成 action=""，表示处理表单数据的脚本程序就包含在当前程序中。

用户在文本框中输入班级编号,然后单击"提交"按钮,即可将查询的结果返回到页面中,程序运行效果如图 7-10 所示。

图 7-10 学生网上成绩查询系统

7.4.2 程序代码分析

基于上述对网上学生成绩查询系统的功能分析和描述,编者编写了如下程序代码:

```
<html>
<head>
<meta http-equiv="Content-Type" content="text/html; charset=gb2312" />
<title>成绩查询系统</title>
</head>
<body>
<p align="center" class="STYLE2">×××××××大学网络成绩查询系统
<form id="form1" name="form1" method="post" action="case7.php">请输入班级编号
    <input type="text" name="classid" id="classid" />
    <input name="submit1" type="submit" id="submit1" value="提交" />
    <input type="reset" name="btnreset" id="btnreset" value="重置" />
</form></p>
<?php
if(isset($_POST["submit1"]))
{
    if(empty($_POST["classid"]))
    {
        echo "<p align=center>班级编号不能为空!</p>";
        die();
    }
    else
    {
```

```
            $id=mysql_connect("localhost","root","ld1224");
            mysql_select_db("cjdatabase",$id);
            mysql_query("SET CHARACTER SET gb2312");
            $zy=(string)$_POST['classid'];
            $query="SELECT 学号,姓名,课程名,成绩,班级编号,开课学期,学时,学分,课程号 FROM 成绩视图 where 班级编号 like '$zy%'";
            $result=mysql_query($query,$id);
            $totalnum=mysql_num_rows($result);
            echo "<table border=1 width=85% align=center  border=1 cellspacing=0 bordercolorlight=#000080 bordercolordark=#FFFFFF><tr><td >学号</td><td width=10%>姓名</td><td width=20%>课程名</td><td>成绩</td><td width=20%>班级编号</td><td width=30%>开课学期</td><td>学时</td><td>学分</td><td>课程号</td></tr>";
            for $i=1;$i<=$totalnum;$i++)
            {
                $info=mysql_fetch_array($result,MYSQL_ASSOC);
                echo "<tr><td>".$info["学号"]."</td>";
                echo "<td>".$info["姓名"]."</td>";
                echo "<td>".$info["课程名"]."</td>";
                echo "<td>".$info["成绩"]."</td>";
                echo "<td>".$info["班级编号"]."</td>";
                echo "<td>".$info["开课学期"]."</td>";
                echo "<td>".$info["学时"]."</td>";
                echo "<td>".$info["学分"]."</td>";
                echo "<td>".$info["课程号"]."</td></tr>";
            }
            echo "</table>";
            mysql_close($id);
        }
} ?>
</body>
</html>
```

7.5 本章小结

本章着重介绍了 PHP+MySQL 编程的具体方法和步骤，其中重点叙述了常用的操作 MySQL 数据库的函数功能及用法。在本章中，编者尽量详尽地罗列出了所有案例的程序代码，使读者尽快掌握在 PHP 中操作 MySQL 数据库的方法。

7.6 练习题

1. 简述在 PHP 中怎样连接 MySQL 服务器？
2. 在 PHP 中怎样选择 MySQL 数据库？
3. 请详细叙述 mysql_query()函数的功能和具体用法。

4. 请分别叙述 mysql_fetch_array()、mysql_num_rows()函数的含义和具体用法。

7.7 上机实战

添加及完善 7.4 节中的学生网上成绩查询系统部分功能，要求为该系统增加一个用户登录页面，合法用户登录成功后，系统自动转到成绩查询页面实现成绩查询，请在原数据库中添加用户表（t_users），其结构如表 7-2 所示，然后设计登录页面及程序，以实现上述系统功能。

表 7-2 用户表（t_users）结构

字 段 名	数 据 类 型	字 段 说 明	键 引 用
userid	varchar	学员编号	主键
username	varchar	姓名	
password	varchar	登录密码	

第 8 章　PHP 中的正则表达式及式样匹配

知识点

- ☑ 正则表达式概念
- ☑ 正则表达式的语法规则
- ☑ 模式匹配的使用
- ☑ 正则表达式的编写
- ☑ 正则表达式搜索和替换
- ☑ 利用正则表达式分割字符串

本章导读

在日常的 Web 应用中，为了系统安全和数据规范，经常要对用户输入的各种信息进行校验，确保数据规范、有效和安全，程序员可以在程序设计时利用正则表达式来对用户的输入数据进行有效的过滤。正则表达式为 PHP 提供了功能强大、灵活而又高效的方法来处理文本，它可以让用户通过使用一系列的特殊字符构建匹配模式，然后把匹配模式与数据文件、程序输入以及来自客户端网页中的表单输入数据等目标对象进行比较，根据比较对象中是否包含匹配模式，来执行字符串的提取、编辑、替换或删除等操作。

8.1　正则表达式简介

PHP 同时使用两套正则表达式规则，一套是由电气和电子工程师协会（IEEE）制定的 POSIX 兼容正则表达式规则，另一套来自 PCRE（Perl Compatible Regular Expression）提供的 PERL 兼容正则表达式规则。

8.1.1　正则表达式的概念

正则表达式（Regular Expression），又称正规表达式，简单地说就是若干字符组成的单个字符串，它可以描述或者匹配一系列符合某个句法规则的字符串。在很多文本编辑器或其他工具中，正则表达式通常被用来检索或替换那些符合某个模式的文本内容。正则表达式由一些普通字符和一些元字符组成，其中，不同的元字符分别代表不同的特殊含义，它们是实现模式的编码，普通字符包括大小写字母、数字，大多数数字字符在模式中表示它们自身并匹配目标中相应的字符。例如，判断一个身份证号码是否合法的正则表达式可以写成如下形式：

```
ereg("/(^([d]{15}|[d]{18}|[d]{17}x)$)/")
```

其中，"15""18""17"为普通字符，而"^""[]""$""{""}"等为元字符。元字符并不代表其自身，它们用一些特殊的方式来解析。

元字符分为两种，一种是模式中除了方括号内的都能被识别。另一种是在方括号内被识别的，模式中方括号内的部分称为字符类，要正确编写正则表达式，就必须首先掌握有关元字符的知识。下面介绍一些元字符的功能和使用方法，如表 8-1 所示，其中列出了各元字符的功能及其用法的简单举例，为了尽快初步掌握在 PHP 中如何运用正则表达式，建议读者仔细阅读本表，并对所列出的相应例子仔细阅读和理解。

表 8-1 正则表达式中元字符列表

元 字 符	在方括号内/外	功能描述及举例
.（圆点）	外	匹配任何单个字符。例如，正则表达式 c.t 匹配字符串：cat、cut、c t（中间是一个空格），但是不匹配 cost
$	外	匹配字符串的结尾（或在多行模式下行的结尾，即紧随在换行符之前）。例如，正则表达式 weasel$能够匹配字符串"He's a weasel"的末尾，但是不能匹配字符串"They are a bunch of weasels."
^	外	匹配字符串的开始（或在多行模式下行的开头，即紧随在换行符之后）。例如，正则表达式^When in 能够匹配字符串"When in the course of human events"的开始，但是不能匹配"What and When in the"
\	外	有数种用途的通用转义符，用来将这里列出的这些元字符当作普通的字符来进行匹配。例如，正则表达式"\$"被用来匹配美元符号，而不是行尾
[ ]	外	匹配括号中的任何一个字符。例如，正则表达式 r[aou]t 匹配 rat、rot 和 rut，但是不匹配 ret。可以在括号中使用连字符"-"来指定字符的区间。例如，正则表达式[0-9]可以匹配任何数字字符；还可以制定多个区间，例如，正则表达式[A-Za-z]可以匹配任何大小写字母。另一个重要的用法是"排除"，要想匹配除了指定区间之外的字符，则在左边的括号和第一个字符之间使用^字符，例如，正则表达式[^269A-Z]将匹配除了 2、6、9 和所有大写字母之外的任何字符
\<\>	外	匹配词（word）的开始（\<）和结束（\>）。例如，正则表达式\<the\>能够匹配字符串"for the wise"中的 the，但是不能匹配字符串"otherwise"中的 the
( )	外	用来定义子模式，其中在括号内的称为一个子模式。如在"([0-9]{4})-([0-9]{1,2})-([0-9]{1,2})"中定义了 3 个子模式
|	外	开始一个多选一的分支。将两个匹配条件进行逻辑"或"运算。例如，正则表达式（him|her）匹配"it belongs to him"和"it belongs to her"，但是不能匹配"it belongs to them."
+	外	匹配 1 或多个的数量限定符。例如，正则表达式 9+匹配 9、99、999 等
?	外	匹配 0 或 1 个正好在它之前的任意字符。例如，正则表达式 a?，可以匹配 a、ab、ac，但不能匹配 abc

续表

元字符	在方括号内/外	功能描述及举例
*	外	匹配0或多个的数量限定符。例如，正则表达式.*，意味着能够匹配任意数量的任何字符
{} {,}	外	匹配指定数目的字符，这些字符是在它之前的表达式定义的。例如，正则表达式A[0-9]{3}能够匹配字符"A"后面跟着正好3个数字字符串，例如，A123、A348等，但是不匹配 A1234。而正则表达式[0-9]{4,6}匹配连续的至少4个、最多6个数字字符
\	内	通用转义字符。\\匹配反斜线"\"
^	内	排除字符类（逻辑非），但仅当其作为第一个字符时有效。如[^a-zA-Z]，表示匹配一个非字母的字符串
-	内	指定字符范围。如[0-9]，可以匹配0～9的任意数字

在表 8-1 中介绍的几种元字符中，反斜线是一类特殊的字符，其用途大致可分为 4 类。

- 第 1 类用途就是用它后面跟上的非字母或数字的特殊符号来代替这些特殊符号本身，此时它相当于 C 语言的转义字符，在方括号内外都适用，如表达式 "*" 将被转义成 "*" 本身，而 "\\" 表示 "\" 本身。
- 第 2 类用途是提供一种在模式中以可见方式编码不可打印字符的方法，如 "\n" 匹配一个换行符，"\t" 匹配一个制表符。
- 第 3 类用途是指定通用字符类型，如 "\d" 表示任一十进制数字，"\D" 表示任一非十进制数的字符。
- 第 4 类用途是用来标识某些简单的断言，所谓断言，是指在一个匹配中的特定位置必须符合某种特定的条件，常见的反斜线断言有："\A" 表示字符串开头；"\Z" 表示字符串结尾或行尾；"\z" 表示字符串结尾等。

如表 8-2 所示总结了以上 4 类作用的反斜线转义功能。

表 8-2 反斜线通常用到的转义序列所表示的字符列表

字 符	描 述
\b	匹配一个单词边界，也就是指单词和空格间的位置。例如, 'er\b'可以匹配"never"中的 'er'，但不能匹配"verb"中的'er'
\B	匹配非单词边界。'er\B'能匹配"verb"中的'er'，但不能匹配"never"中的'er'
\cx	匹配由x指明的控制字符。例如, '\cM'匹配一个Control-M或回车符。x 的值必须为 A～Z 或 a～z 之一。否则，将'c'视为一个原义的'c'字符
\d	匹配一个数字字符。等价于'[0-9]'
\D	匹配一个非数字字符。等价于'[^0-9]'
\f	匹配一个换页符。等价于'\x0c'和'\cL'
\n	匹配一个换行符。等价于'\x0a'和'\cJ'
\r	匹配一个回车符。等价于'\x0d'和'\cM'
\s	匹配任何空白字符，包括空格、制表符、换页符等。等价于' [\f\n\r\t\v] '
\S	匹配任何非空白字符。等价于' [^ \f\n\r\t\v] '

续表

字符	描述
\t	匹配一个制表符。等价于'\x09'和'\cI'
\v	匹配一个垂直制表符。等价于'\x0b'和'\cK'
\w	匹配包括下划线的任何单词字符。等价于'[A-Za-z0-9_]'
\W	匹配任何非单词字符，等价于'[^A-Za-z0-9_]'
\xn	匹配n，其中n为十六进制转义值。十六进制转义值必须为确定的两个数字长。例如，'\x41'匹配"A"。'\x041'则等价于'\x04' & "1"。正则表达式中可以使用ASCII编码
\num	匹配num，其中num是一个正整数。对所获取的匹配的引用。例如，'(.)\1'匹配两个连续的相同字符
\n	标志一个八进制转义值或一个后向引用。如果\n之前至少有n个获取的子表达式，则n为后向引用。否则，如果n为八进制数字（0~7），则n为一个八进制转义值
\nm	标志一个八进制转义值或一个后向引用。如果\nm之前至少有nm个获取的子表达式，则nm为后向引用。如果\nm之前至少有n个获取，则n为一个后跟文字m的后向引用。如果前面的条件都不满足，若n和m均为八进制数字（0~7），则\nm将匹配八进制转义值nm
\nml	如果n为八进制数字（0~3），且m和l均为八进制数字（0~7），则匹配八进制转义值nml
\un	匹配n，其中n是用4个十六进制数字表示的Unicode字符。例如，'\u00A9'匹配版权符号（©）
\xhh	十六进制代码为hh的字符
\ddd	八进制代码为ddd的字符

根据笔者经验，在此有必要将上述部分常用的元字符单独讲解一下，并通过具体实例，力求使读者能理解和掌握它们的使用方法及功能。

❑ 行定位符（"^"与"$"）

行定位符就是用来描述字符串的边界。"^"表示行的开始，"$"表示行的结尾。如^USA 正则表达式，表示匹配以字符串 USA 开头的字符串，如 USA equal united states America，但是 united states America equal USA 就不能匹配该正则表达式了，因为它出现在字符串的末尾。如果要对字符串末尾的子串进行匹配，则应在拟配对的字符后加"$"，如在上例中用 USA$正则表达式，那么它就可以匹配下述字符串：

united states America equal USA

如果要匹配的子串位于字符串的任意位置，则应直接以 USA 的格式来定义正则表达式，这样上述的两条字符串都能成功匹配。

❑ 单词定界符（\b 和\B）

形如 USA 的表达式可以对字符串中任意位置出现的子串 USA 进行匹配，如 NUSAT、USAs 和 aUSA 中的 USA 都会被查找出来。但如果将 USA 作为一个单词，作为一个整体进行匹配，而不是仅匹配一部分，这时可以用单词分界符\b，它表示要查找的字符串是一个整体，其定义格式如下：

\bUSA\b

该表达式匹配的是字符串中 USA 的整个完整的单词，而不是某个单词的一部分。与定界符\b 相反，\B 匹配的字符串不是一个完整的单词，而是单词或字符串的一部分，如\BUSA\B，它能成功匹配"NUSA is a Organization"，但不能匹配"USA is a country"。

- 字符类（[ ]）

字符类实际上是对通配符概念的补充和改进，如正则表达式要区分字母的大小写，但有些情况下是不用区分大小写的，此时怎么办呢？这时用方括号表达式"[ ]"把大小写字母罗列在方括号内即可，如[uU][sS][aA]，可以成功匹配 USA、uSa、UsA 和 usa 等。

- 连字符（[-]）

我们知道，变量的命名规则是只能以字母和下划线开头。那么如何将这一规则用正则表达式体现出来呢？是不是要将所有大小写字母都罗列出来，形如[a,b,c,d,…,A,B,C,D,…]这样吗？此时用上连接符就能容易地解决这一问题，其正则表达式如下所示：

[a-zA-Z0-9]

它表示的是以不区分大小写的字母打头，并后跟数字的字符串组合。

- 排除字符（[^]）

在前述的所有例子中都是匹配符合命名规则的情况。那么有没有相反的情况，匹配不符合某种规则的情况呢？答案是肯定的。在正则表达式中提供了排除字符"^"，这个字符在本节一开始就提到过，它表示一行的开始，但是当把它放入方括号后，就变成了排除字符。如有下列表达式：

[^a-zA-Z]

此表达式实际上匹配的是不以字母开头的变量名。

- 限定符（[^]）

一般情况下，正则表达式中的元字符一次只能匹配一个位置或一个字符，如果要匹配一个、零个或多个字符，就需要使用限定符，通过限定符可以允许就零个或多个特定的字符或字符集合自身重复出现的次数进行定义。具体的限定符在此就不一一罗列，读者可以查阅表 8-1 中的第 7~9 行，在此举一实例进行说明，如下面的表达式：

(PHP){2,3}

它表示要匹配 PHP 字符串至少两次，最多三次。

8.1.2 常用的正则表达式及举例

平时在设计 Web 程序时经常要用正则表达式，下面列出其中比较实用的，以供读者今后在设计网站项目时参考，如表 8-3 所示。

表 8-3 常见实用的正则表达式

要匹配的内容	正则表达式
网址 URL	^[a-zA-z]+://(\w+(-\w+)*)(\.(\w+(-\w+)*))*(\?\S*)?$
年-月-日	/^\d{4}-(0?\d|1?[012])-(0?\d|[12]\d|3[01])$/

续表

要匹配的内容	正则表达式
IP 地址	^(d{1,2}|1dd|2[0-4]d|25[0-5]).(d{1,2}|1dd|2[0-4]d|25[0-5]).(d{1,2}|1dd|2[0-4]d|25[0-5]).(d{1,2}|1dd|2[0-4]d|25[0-5])$
中文字符	[\u4e00-\u9fa5]
空行	\n[\s|]*\r
HTML 标记	/<(.*)>.*<\/\1>|<(.*) \/>/
首尾空格	(^\s*)|(\s*$)
Email 地址	"^([\w-.]+)@((([0-9]{1,3}.[0-9]{1,3}.[0-9]{1,3}.)|(([\w-]+.)+))([a-zA-Z]{2,4}|[0-9]{1,3})(]?)$"
腾讯 QQ 号	^[1-9]*[1-9][0-9]*$
邮政编码	^[1-9]\d{5}$
电话号码	^((\(\d{2,3}\))|(\d{3}\-))?((0\d{2,3}\)|0\d{2,3}-)?[1-9]\d{6,7}(\-\d{1,4})?$
手机号码	^((\(\d{2,3}\))|(\d{3}\-))?13\d{9}$
SQL 语句	^(select|drop|delete|create|update|insert).*$
以字母开头，允许 5~16 字节，允许字母、数字、下划线的账号	^[a-zA-Z][a-zA-Z0-9_]{4,15}$
中文、英文、数字及下划线	^[\u4e00-\u9fa5_a-zA-Z0-9]+$

下面举一个常见的电话号码验证程序来简单阐述表 8-3 中部分正则表达式，该例中要求用户设置合法的电话号码，本程序中将用到内置函数 preg_match()，在本章 8.2.1 节将做详细介绍，这里只简单叙述一下。该函数用来执行正则表达式的搜索，其语法格式如下：

int preg_match(string pattern, string subject [, array matches [, int flags]])

其功能是在 subject 字符串中搜索与 pattern 给出的正则表达式相匹配的内容。preg_match()函数返回 pattern 所匹配的次数。一般返回值只有两个：0（没有匹配）和 1（匹配），因为 preg_match()函数在第一次匹配之后将停止搜索，程序代码如下：

```
<html>
<head>
<title>电话号码验证程序</title>
</head>
<body>
<form name="frm1" method="post" action="">
<div align="center"><font size="4" color="green">电话号码验证程序</font></div>
<table border="1" width=480 align="center">
<tr><td width=80>电话号码：</td>
<td><input type="text" name="TELPHID">
<td class="STYLE1">* 请输入中国大陆地区的电话号码</td></tr>
<tr><td colspan="3" align="center">
<input type="submit" name="smt" value="提交">   
<input type="reset" name="NO" value="取消"></td></tr>
</table>
</form>
</body>
```

```
</html>
<?php
if(isset($_POST['smt']))
{
    $id=$_POST['TELPHID'];
    //检查电话号码
    $checktelphno=preg_match('/^((\(\d{2,3}\))|(\d{3}\-))?(\(0\d{2,3}\)|0\d{2,3}-)?[1-9]\d{6,7}(\-\d{1,4})?$/',$id);
    if(!$checktelphno)
        echo "<script>alert('电话号码格式不对！')</script>";
    else
        echo "<script>alert('此数字为电话号码！')</script>";
}
?>
```

本程序运行后的效果如图 8-1 和图 8-2 所示。

图 8-1　新用户注册页面　　　　图 8-2　当输入不符合规范的电话号码时弹出的对话框

8.2　模式匹配函数

在 8.1 节中，介绍了由普通字符和元字符一起组成的匹配模式，但仅有模式是不能做任何事情的，它必须与函数相配合才能起作用，正如刚刚列举的新用户注册程序例子中用到了 preg_match()一样，在该函数中，用由正则表达式组成的匹配模式作为参数，然后 preg_match()就按这个模式来搜索目标字符。下面就来详细介绍常见的模式匹配函数。

8.2.1　匹配字符串

完成正则表达式的编写后就可以使用模式匹配函数来处理指定字符串，其中，字符串的匹配是正则表达式的主要应用之一。在 PHP 中，和 preg_match()函数功能类似的还有两个函数，它们也是用于匹配正则表达式的：ereg()和 eregi()函数。其中，preg_match()函数是 Perl 兼容的正则表达式函数，而 ereg()和 eregi()函数是 POSIX 扩展正则表达式函数。

❑　preg_match()函数

在 Perl 兼容的正则表达式中使用 preg_match()函数进行字符串的查找，其语法格式如下：

int preg_match(string pattern, string subject [, array matches [, int flags]])

其中，该函数的功能是：在 subject 字符串中搜索与 pattern 给出的正则表达式相匹配的内容，如果搜索到，则 preg_match()函数将返回 pattern 所匹配的次数，而由于 preg_match()函数在第一次匹配成功之后将停止搜索，因此 preg_match()函数最后返回的整数要么是 0(没有匹配)，要么是 1。如果带有可选的第三参数 matches，则可以把匹配的部分存在一个数组中，可选参数 flags 表示数组 matches 的长度，如果为 0，即为数组 matches[0]时，则数组将包含与整个模式匹配的文本，如果为 1，即为数组 matches[1]时，数组将包含与第一个捕获的括号中的子模式所匹配的文本，以此类推。例如，下列程序代码：

```php
<?php
$string="http://www.cdtu.edu.cn/index.html";
preg_match('/^(http:\?/?\?/)?([^\?/]+)/i', $string, $matchesf);   //从 URL 中取得主机名
echo $matchesf[0];                                                //输出 http://www.cdtu.edu.cn
$host = $matchesf[2];
echo $host;                                                       //输出/ http://www.cdtu.edu.cn
preg_match('/[^\.\?/]+\.[^\.\?/]+$/', $host, $matchess);          //从主机名中取得后面两段
echo "域名为：$matchess[0]";                                      //输出域名为 cdtu.edu.cn
?>
```

❑ ereg()函数与 eregi()函数

使用 ereg()函数可以查找字符串与子字符串匹配的情况，并返回匹配字符串的长度，还可以借助参数返回匹配字符的数组。语法格式如下：

bool ereg(string (pattern), string string [, array regs])

该函数对字符串 string 进行查找，如果找到与给定正则表达式 pattern 相匹配的子字符串，则返回 true，否则返回 false。pattern 中可以使用圆括号"()"将一些子模式括起并获取这一匹配。如果找到与 pattern 圆括号内的子模式相匹配的子串，并且函数调用给出了第三个参数 regs，则匹配项将被存入 regs 数组中。regs[0]包含整个匹配的字符串，regs[1]包含第一个左圆括号开始的子串，regs[2]包含第二个子串，以此类推。如果在 string 中找到 pattern 模式的匹配，则返回所匹配字符串的长度，如果没有找到匹配或出错则返回 False。如果没有传入可选参数 regs 或者所匹配的字符串长度为 0，则返回 1。例如：

```php
<?php
$today="2008-08-08";
$len=ereg ('([0-9]{4})-([0-9]{1,2})-([0-9]{1,2})', $today, $regs);   //日期格式为年-月-日
if ($len)
{
    echo "$regs[3].$regs[2].$regs[1]". "<br>";                       //输出"08.08.2008"
    echo $regs[0] ."<br>";                                            //输出"2008-08-08"
    echo $len;                                                        //输出 10
}
else
{
    echo "错误的日期格式：$today ";
}
?>
```

运行结果如图 8-3 所示。

图 8-3　ereg()函数的应用

eregi()函数与ereg()类似，只不过前者在进行匹配时将忽略字符的大小写，这里就不再赘述。

8.2.2　替换字符串

用于替换字符串的函数主要有两个，一个是preg_replace()函数，它是Perl兼容正则表达式函数；一个是ereg_replace()函数，它是POSIX扩展正则表达式函数。

❑　preg_replace()函数

该函数执行正则表达式的搜索和替换，其语法格式如下：

mixed preg_replace(mixed pattern, mixed replacement, mixed subject [, int limit])

其中，replacement 中可以包含形如"\\n"或"$n"的逆向引用，$n 取值为1～99，优先使用后者。这里先说明什么是逆向引用：它是通过反斜线转义的数字，该数字指出当前表达式应该再次匹配它已经查找到的这个序列。此时，逆向引用的数目 n 指定当前正则表达式中从左往右数，第 n 个圆括号括起来的子模式应当替换它在字符串中所匹配的文本。解释完了逆向引用，再回到正题，替换模式在一个逆向引用后面紧接着一个数字时（即紧接在一个匹配的模式后面的数字），最好不要使用"\\n"来表示逆向引用。例如，"\\11"，将会使 preg_replace()函数无法分清是一个"\\1"的逆向引用后面跟着一个数字 1，还是一个表示"\\11"的逆向引用。解决方法是使用"\${1}1"。这会形成一个隔离的"$1"逆向引用，而另一个"1"只是单纯的字符。

例如：

```
<?php
$str="<h1>I love china</h1>";
echo preg_replace('/<(.*?)>/', "($1)",$str);        //输出'(h1) I love china (/h1)'
?>
```

❑　ereg_replace()函数

ereg_replace()是 POSIX 风格的正则表达式函数，它与第 4 章中讲到的 str_replace()函数一样，可以将查找到的字符串替换为指定字符串，与 str_replace()不同的是，ereg_replace()函数能实现更为复杂的字符串操作。ereg_replace()函数的语法格式如下：

string ereg_replace(string $pattern, string $replacement, string $string)

其中，参数$replacement 表示替换字符串时要用到的字符，其功能是：使用字符串$replacement 替换字符串$string 中与$pattern 匹配的部分并返回替换后的字符串。如果没有可供替换的匹配项则返回原字符串。例如，下面的程序：

```php
<?php
$stra="hello world";
echo ereg_replace('[lro]', 'y',$stra). "<br>";
$resrc='<a href=\"world.php\">hello</a>';
echo ereg_replace('hello', $resrc,$stra);        //用一个超链接替换'hello'字符
?>
```

该程序运行结果如图 8-4 所示。

图 8-4 ereg_replace()函数的应用

8.2.3 用正则表达式分割字符串

PHP 程序支持两种用于对字符串进行分割的正则表达式函数，一种是 Perl 兼容正则表达式函数 preg_split()函数，一种是 POSIX 扩展正则表达式函数 split()函数。

❑ preg_split()函数

该函数的功能是用正则表达式来分割指定的字符串，语法如下：

array preg_split(string $pattern, string $subject [, int $limit [, int $flags]])

本函数区分大小写，返回一个数组，其中包含$subject 中沿着与$pattern 匹配的边界所分割的子串。如果指定了可选参数$limit，则最多返回$limit 个子串，如果省略或为-1，则没有限制。可选参数$flags 的值可以是以下 3 种：

➢ PREG_SPLIT_NO_EMPTY。如果设定本标记，则函数只返回非空的字符串。
➢ PREG_SPLIT_DELIM_CAPTURE。如果设定本标记，定界符模式中的括号表达式的匹配项也会被捕获并返回。
➢ PREG_SPLIT_OFFSET_CAPTURE。如果设定本标记，对每个出现的匹配结果也同时返回其附属的字符串偏移量。

例如，以下程序：

```php
<?php
$str="one world, one dream";
$priecewords = preg_split ("/[\s,]+/", $str);        //以空白符或逗号作为定界符
print_r($priecewords);
?>
```

本程序运行结果如图 8-5 所示。

❑ split()函数

其功能与 preg_split()函数类似，实现用正则表达式对字符串进行分割，语法格式如下：

array split(string $pattern, string $string [, int $limit])

本函数返回经使用$pattern 作为边界对字符串$string 进行分割后得到的字符串数组，如果设定了$limit，则返回的数组最多包含$limit 个元素，而其中最后一个元素包含了字符串$string 中剩余的所有部分，如果出错，则返回 false。例如，以下程序：

```
<?php
$string="One .world|one.dream_?";
$array=split('[ |._]', $string);
print_r($array);
?>
```

以上程序运行结果如图 8-6 所示。

图 8-5 preg_split()函数的应用　　　　　图 8-6 split()函数的应用

8.2.4 转义正则表达式字符

preg_quote()函数可以使正则表达式中的特殊字符变成普通字符，其语法格式如下：

string preg_quote(string str[,string delimiter])

其中，参数 str 表示需转化的字符串，函数处理结果是将字符串 str 中每个属于正则表达式语法的字符前面加上一个反斜线。如果需要以动态生成的字符串作为模式去匹配，则可以用此函数转义其中可能包含的特殊字符。如果提供了可选参数 delimiter，则该字符也将被转义。下面举一个实例来说明如何利用 preg_quote ()函数来转义正则表达式中的字符：

```
<?php
$pattern="$60 for a A3/400";        //获取当前网页在服务器中的地址
$transeout=preg_quote($pattern,"/");
echo "此时 pattern 的内容为：<br/>";
echo $pattern."<br/>";
echo "经过 preg_quote 函数处理过的结果为：".$transeout;
?>
```

本程序运行结果如图 8-7 所示。

图 8-7 preg_quote()函数的应用

8.3 案例剖析：新用户注册程序

新用户网上注册是比较常见的 Web 应用，如申请电子邮箱、申请网络论坛用户账号等，都需要用户事先提交 Web 页面上的注册表单，要求提供符合规范的用户数据信息，如用户出生日期、用户的电子邮件、电话号码、邮政编码等，这些应用利用正则表达式来实现是非常容易的。

8.3.1 程序功能介绍

本程序首先在客户端页面上生成一个用户注册的表单，要求客户端用户输入自己的出生日期、设置自己的用户号及密码、用户的电子邮箱地址等。在输入以上信息时，如果用户提供的数据格式不正确，则程序会弹出相关的提示框。

8.3.2 程序代码分析

该例中要求用户设置合法的用户名、密码，并要求输入出生日期、有效的邮件地址等，本程序中将用到内置函数 preg_match()，程序代码如下：

```
<html><head>
<title>新用户注册页面</title>
</head>
<body>
<form name="frm1" method="post" action="">
<div align="center"><font size="4" color="green">新用户注册信息</font></div>
<table border="1" width=480 align="center">
<tr><td width=80>用户号：</td>
<td><input type="text" name="userID"></td>
<td class="STYLE1">* 6～10 个字符(数字,字母和下划线)</td></tr>
<tr><td>密码：</td>
<td><input type="password" name="pw" size="18"></td>
<td class="STYLE1">* 6～17 个数字</td></tr>
<tr><td>出生日期：</td>
<td><input type="text" name="shengri"></td>
<td>* 有效的日期</td></tr>
<tr><td>邮箱：</td>
<td><input type="text" name="EMAIL"></td>
<td >* 有效的邮件地址</td></tr>
<tr><td colspan="3" align="center">
<input type="submit" name="smt" value="提交">   
<input type="reset" name="NO" value="取消"></td></tr>
</table>
</form>
<?php
if(isset($_POST['smt']))
{
```

```
$id=$_POST['userID'];
$pwd=$_POST['pw'];
$birthday=$_POST['shengri'];
$Email=$_POST['EMAIL'];
$checkid=preg_match('/^\w{6,10}$/',$id);          //检查是否为 6～10 个字符
$checkpwd=preg_match('/^\d{6,17}$/',$pwd);        //检查是否为 6～17 个数字
//检查是否是有效的日期
$checkbirthday=preg_match('/^\d{4}-(0?\d|1?[012])-(0?\d|[12]\d|3[01])$/',$birthday);
//检查 Email 地址的合法性
$checkEmail=preg_match('/^[a-zA-Z0-9_\-]+@[a-zA-Z0-9\-]+\.[a-zA-Z0-9\-\.]+$/',$Email);
if(!$checkid)
      echo "<script>alert('用户号格式不符合规范！')</script>";
elseif(!$checkpwd)
      echo "<script>alert('密码格式不符合规范！')</script>";
elseif(!$checkbirthday)
      echo "<script>alert('出生日期格式不符合规范！')</script>";
elseif(!$checkEmail)
      echo "<script>alert(邮箱格式不符合规范！')</script>";
else
      echo "注册成功！";
}
?>
</body></html>
```

本程序运行后的效果如图 8-8 和图 8-9 所示。

图 8-8　新用户注册页面

图 8-9　当输入不符合规范的日期时弹出的对话框

8.4 本章小结

本章为读者介绍了 PHP 中正则表达式，首先让读者了解什么是正则表达式、正则表达式的构成、正则表达式的语法等基础知识，然后着重介绍了几种常用的正则表达式函数的功能和使用方法，最后通过典型案例来进一步深入讲述正则表达式的使用方法。在讲述本章过程中介绍了很多实证例子，希望读者能很快熟悉正则表达式的应用。

8.5 练习题

1. 简述什么是正则表达式？它由哪两种类型的字符组成？
2. Perl 兼容正则表达式与 POSIX 扩展正则表达式有什么区别？
3. 如果要验证中国大陆地区居民身份证号码是否符合格式规定，应该怎样来编写正则表达式？

8.6 上机实战

1. 创建一个动态网页，要求把日期格式"2011-4-24"转换为"2011 年 4 月 24 日"。
2. 在网页代码设计视图模式下输入下列 PHP 代码，实现通过正则表达式来验证用户输入的整数是否有效。

```php
<?php
    $checkin="/^-?\d+$/";                              //定义正则表达式
    $in=$_POST['in'];                                  //将输入的值赋给变量$in
    if(isset($_POST['in']) && $_POST['in']!="")
    {                                                  //判断文本框中是否有值
    if(preg_match($checkin,$in))
    {                                                  //用正则表达式进行判断
        echo "输入的是整数<br>";
    }else
    {
        echo "输入的不是整数<br>";
    }
    }
?>
```

第 9 章 PHP 中的对象

知识点

- ☑ 类与对象的概念
- ☑ 类的定义与实例化
- ☑ 类的成员与作用域
- ☑ 类的继承
- ☑ 类的重用

本章导读

　　PHP 是面向对象的编程语言，面向对象是最近三十多年发展起来的一种编程思想。在面向对象编程出现之前，程序员往往采用的是面向过程的编程方法，这种方法要求用户必须全面完整地描述其业务需求，然后程序员根据这些需求决定需要哪些过程，确定实现任务需求的最佳算法，其设计的重点在于处理过程和执行运算的算法，这种编程方法最大的缺点是编程效率不高，可扩展性差，程序代码的重用率低。为克服面向过程编程方法的缺点，面向对象编程技术应运而生了。

9.1　类 与 对 象

　　在本书的第 3 章中讲述了 PHP 支持的数据类型，其中有一种数据类型称为对象数据类型，此种数据类型就涉及到了类和对象的概念。类和对象是面向对象编程技术中的两个重要概念，对于初学者来说可能有一点抽象，理解起来比较困难。下面通过与现实生活中的实例类比的方法来讲解这两个概念，以方便读者尽快理解这种编程思想。

9.1.1　类的概念

　　类描述了一组有相同特性（属性）和相同行为（方法）的事物。世界是怎么构成的？对于这个问题，不同的人可能有不同的答案，如化学家可能回答"这个世界是由分子、原子、离子等化学物质组成的"；画家可能会回答"这个世界是由不同的颜色所组成的"；但如果让一个分类学家来回答此类问题，分类学家会说"这个世界是由不同类型的物与事所构成的"，而作为程序员来说，在实际编程过程中就应该站在分类学家的角度去考虑问题。这个世界是由动物、植物等组成的。动物又分为单细胞动物、多细胞动物、哺乳动物等，哺乳动物又分为人、大象、老虎……就这样分下去。面向过程的编程语言与面向对象的编程语言的区别就在于：面向过程的语言不允许程序员自己定义数据类型，只能使用程序中内置的数据类型；而面向对象编程提供了类的概念，可以自由地定义所需要的数据类型，即类。通过类，程序员可以将某软件项目模拟成真实世界，从而便于设计出更加科学、合理的解决方案来。

例如要用 PHP 设计一个学生管理系统，如果要用面向对象编程方法来实现，则应该在 PHP 程序中至少要创建一个学生类 student，然后要为这个类定义共有属性，如学生姓名、性别、年龄、籍贯、家庭住址等，然后还要定义所具有的行为（在程序设计中称为方法），如学生选课、上课、考试等。student 类定义好后，就可以在接下来的代码编写中使用这个类，而要让这个学生类像现实生活中真实的学生一样动起来，必须要将这个类实例化，即创建一个属于该类的对象，这样就可以让这个对象根据定义的行为（方法）内容动起来。

9.1.2 对象

前面讲了有关类的概念，创建类完毕，只是完成了对一些具有相同属性和行为的事物的定义。要想让所定义的类具有实际意义，必须创建一个属于该类的具体对象。如果把类比作模板，对象就是基于该模板的一个实例，例如学生是一个类，其中有个男学生，叫张三，则张三是学生类的一个具体的、实实在在存在的人，是学生类的一个对象。又比如全世界的雇员可以归结为一个类，而其中名叫李四的人受雇于北京某软件公司，则李四就是雇员类的一个对象。

综上所述，可以归纳一下类和对象的关系：类是包含属性（变量）和函数（方法，也可称为类的行为）的集合。就像一张建筑工程的蓝图一样，类本身不能做任何事情，它只是定义了一个对象所具有的属性和方法，属性用于描述对象，而方法用于定义对象的行为，即对象能做什么或被做什么。如图 9-1 所示描述的是汽车类，它定义了汽车的所有者（$owner）和颜色（$color）两个属性，以及显示汽车外观的方法（showcar()）。如果将变量$owner 和$color 分别赋予具体的数据，就得到相应的一个汽车对象。

图 9-1 汽车类示意图

9.1.3 面向对象编程思想的特点

面向对象编程的 3 个重要特点是封装、继承和多态,正因为如此,利用面向对象编程思想编写的程序具有代码重用性、灵活性和可扩展性,直接奠定了面向对象在当今编程中的垄断地位。

（1）封装性

将客观事物抽象成一个类的过程称为封装,这一过程的最终目标是将一个类的使用和实现分开,只留部分接口（方法）与外部联系。在一个对象内部,某些代码或某些数据可以是私有的,不能被外界访问。通过这种方式,对对象内部数据提供了不同级别的保护,同时可以让程序员更好地把更多精力集中起来专注于系统的整体开发与实现上来。

（2）继承性

所谓继承,是指一个类（派生类）可以使用现有类（父类）的所有功能,并在无须重新编写原来类的情况下对这些功能进行扩展。通过继承创建的新类叫作"子类"或"派生类",被继承的类叫作"基类""父类""超类"。继承的过程,就是从一般到特殊的过程,增加了代码的可重用性,从而简化了对象和类的创建过程。

（3）多态性

所谓多态,就是指同一个类的不同对象,使用同一个方法可以获得不同的结果。多态机制使具有不同内部结构的对象可以共享相同的外部接口。这意味着,虽然针对不同对象的具体操作不同,但通过一个公共的类,不同具体对象的操作可以通过相同的方式予以调用。

9.1.4 面向对象编程的几条原则

同传统面向过程的编程方法相比,面向对象编程方法更加符合人类的思维习惯,代码利用率高,扩展性强。在利用面向对象方法编程时,要遵循以下原则。

❑ 单一职责原则

单一职责原则,是指一个类的功能要相对单一,不能包罗万象。就像一个人一样,分配的工作太多,一天到晚虽然忙忙碌碌,却总是什么都干不好。

❑ 开放封闭原则

一个模块在扩展性方面应该是开放的,而具体的功能代码的更改方面应该是封闭的。例如,一个网络模块,原来只有服务端功能,而现在要加入客户端功能,那么应当在不用修改现有的服务端功能代码前提下,就能够增加客户端功能的实现代码。面向对象编程思想要求在系统设计之初,就应当将整个系统按功能尽量抽象成一个个具体的、相对独立的单元（类）,而将公共部分单独抽象出来（公共类）。

❑ 替换原则

子类应当能使用父类所定义的方法,例如,学校搞年度晚会,所有教师可以参加抽奖,那么不管是老教师还是新教师,也不管是校领导还是基层教职工,都应当可以参加抽奖。

❑ 依赖原则

具体依赖抽象，上层依赖下层。假设 B 是较 A 低的模块，但 B 需要使用到 A 的功能，这个时候，B 不应当直接使用 A 中的具体类，而应当由 B 定义抽象接口，并由 A 来实现这个抽象接口，B 只管使用这个抽象接口。

❑ 接口分离原则

模块间要通过抽象接口隔离开，而不是通过具体的类强耦合起来。

9.2 使用类

正如前文所述，类是模板，是用于定义类的属性和方法的。下面介绍如何在 PHP 程序中定义一个类以及如何实例化一个类，同时还要讲述类成员、类的继承等相关知识。

9.2.1 定义类和类的实例化

类是面向对象程序设计的核心，它是一种数据类型。类由变量和函数组成，在类里面，变量称为属性或成员变量，函数称为方法。创建类时，要用到关键字 class，在后面跟类的名称，然后用一对大括号将类的具体定义内容括起来，其定义的语法格式如下：

```
class classname                          //定义类名
{
    [var $property[= value];…]           //定义类的属性
    [function functionname($args)]       //定义类的方法
    {
        方法的实现程序代码
    }
}
```

在类中，使用关键字 var 来声明变量，即类的属性。使用关键字 function 来定义函数，即类的方法。例如，以下程序定义一个简单的类 a：

```
class a
{
    var $a;
    function fun($b)
    {
        echo "hello world";
    }
}
```

在声明一个类后，类只存在于文件中，程序不能直接调用。需要创建一个对象后程序才能使用。就像一张刚设计好的桥梁图纸，桥的外观和相关工程参数只是显示在图纸上，但还不是真实的桥梁，将桥的蓝图交给负责施工的工程队，就可以建造一座甚至多座真实的桥梁，工程队施工建造桥梁的过程就相当于下面即将讲述的类的实例化过程。

在 PHP 中要利用保留关键字 new 来对一个对象实例化，即创建一个对象，在 new 关键字后面需要指定实例化的类名，而用特殊变量$this 来引用这个新建的对象，基于同一个类创建的不同对象都有相同的属性和方法，但每个属性具体的赋值是不同的，如汽车类 car，如果有一辆实际的汽车，其颜色（color）属性是红色，而其他不同的汽车颜色（color）属性可以是白色、蓝色、黑色等。例如，下列程序定义一个 Ctest 类，经实例化后得到了对象$objt。

```
<?php
class Ctest                              //定义一个类 Ctest
{
    var $stunumber;                      //声明一个属性
    function add ($number)               //声明一个方法
    {
        $this->stunumber=$ number;       //使用$this 引用内部的属性
        echo $this->stunumber;
    }
}
$objt=new Ctest;                         //创建 Ctest 类的一个对象$objt
$objt-> add('12')                        //调用类中定义的方法
?>
```

9.2.2 显示对象的信息

可以利用 print_r()函数来显示对象的详细信息，在显示对象信息时，将以数组的形式输出。例如，下面这个程序，首先是定义一个类，然后创建基于该类的两个实例，最后用 print_r()函数分别输出这两个类的信息。

```
<?php
class empoloyee
{
var $number;
var $name;
var $sex;
var $age;
function show()
{
echo $this->number;
echo $this->name;
echo $this->sex;
echo $this->age;
}
}
$zhangsan=new empoloyee();               //实例化第一个对象
$zhangsan->number='081101';
$zhangsan->name='张三';
$zhangsan->sex='男';
```

```
$zhangsan->age=21;
$lisi=new empolyee();                    //实例化第二个对象
$lisi->number='081102';
$lisi->name='李四';
$lisi->sex='女';
$lisi->age=20;
echo "第一个对象的信息：";
print_r($zhangsan);                      //输出第一个对象的信息
echo "<br/>"."第二个对象的信息：";
print_r($lisi);                          //输出第二个对象的信息
?>
```

本程序运行后，其结果如图 9-2 所示。

图 9-2　对象信息的显示

9.2.3　类成员和作用域

这里说的类成员指的就是类的属性，在 PHP 4 中，类的属性必须使用关键字 var 来声明，而在 PHP 5 中，引入了访问修饰符 public、private 和 protected。它们可以控制属性和方法的作用域，通常放置在属性和方法的声明之前。

- public：声明为公用的属性和方法。若一个属性或方法被声明为 public 后，则可以在类的外部或内部访问它们。public 是默认选项，如果没有为一个属性或方法指定修饰符，那么它将是 public。
- private：声明为私有的属性和方法。若一个属性或方法被声明为 private 后，则只可以在类的内部进行访问。私有的属性和方法将不会被继承。
- protected：声明为被保护的属性和方法。若一个属性或方法被声明为 protected 后，只可以在类的内部和子类的内部进行访问。

例如：

```
<?php
class student                            //声明一个类
{
    public $num;
    protected $name;
    private $telphone;
    public function Stuinfo()
```

```
            echo "how are you";
        }
}
$object=new student;              //创建一个对象$object
$object->num="07121014";
echo $object->num;                //输出 07121014
$object->Stuinfo();               //输出 how are you
$object->telphone="84565";        //出错,访问权限不够,telphone 只能在 student 类内部被访问
?>
```

9.2.4 构造函数与析构函数

构造函数是类中的一个特殊函数,当用 new 来创建类的对象时被自动执行该函数。在声明一个类时同时声明了构造函数,则每次创建该类的一个对象时会自动调用此函数,因此非常适合在使用对象之前完成一些初始化工作。

在 PHP 4 中,在类的内部与类同名的函数都被认为是构造函数。而在 PHP 5 中,构造函数的名称为__construct(注意:在 construct 前面是两条连着的下划线)。如果一个类同时拥有__construct 构造函数和与类名相同的函数,PHP 5 将把__construct 看作是构造函数,构造函数可以带参数,也可以不带参数。例如,下面这个程序实现的是九九乘法表,其程序代码如下:

```
<?php
class table
{
        public $x;                //乘法表的维数
        function __construct()    //构造函数初始化乘法表的维数
        {
              $this->x=9;
        }
        function print_table()
        {
              for ($i=1;$i<=$this->x;$i++)
              {
                    for ($j=1;$j<=$i;$j++)
                    {
                          echo $j."*".$i." ";
                    }
                    echo "<br>";
              }
        }
}
$table1=new table;                //在此处创建一个对象,同时执行构造函数
$table1->print_table();           //打印九九乘法表
?>
```

类的析构函数的名称是__destruct，如果在类中声明了__destruct函数，PHP将在对象被销毁前调用析构函数将对象从内存中销毁，例如在销毁某对象时要处理好的某些数据一并写进数据库，这时可以考虑使用析构函数来完成，在析构完成前，这些对象属性仍然存在，并且仅用于内部访问，因此，析构函数可以做与对象有关的善后工作。总之，析构函数并不仅仅是为了把对象自身的内存释放掉，而且当用户需要额外释放某些内存时，由它告诉PHP需要释放的内存在哪里，并进而释放掉这些内存，以节省服务器资源。例如，下面的程序实现了在销毁对象之前关闭已经打开的文件：

```
class rd_file
{
    public $file;
    function __construct()
    {
        $this->file = fopen('path', 'a');        //打开文件
    }
    function __destruct()
    {
        fclose($this->file);                     //关闭文件
    }
}
```

9.2.5 继承

现实生活中，子女可以继承父母的财产。在PHP程序中，类也可以从其父类中继承有关属性和方法的定义。在面向对象程序设计中，可借助于"继承"这一重要机制扩充某个类的定义，一个新类可以通过对已有的类进行修改或扩充来满足新类的需求。新类通过继承来共享已有类的行为，而自己还可以修改或额外添加行为。因此，可以说继承的本质特征是行为共享。

继承要求至少有一个现存的类，它将作为父类被继承。新建的子类用关键字extends声明，新创建的类被称为已有类的子类，已有类称为父类，又叫基类。PHP不支持多继承，所以一个子类只能继承一个父类。继承是单方向的，即子类可以从父类中继承特性，但父类却无法从子类中继承特性。例如，有以下两个类的定义：

```
<?php
class class_A                               //定义父类class_A
{
    public $str1;
    private $str2="this is string2";
    protected $str3=" this is string3";
    public function a_fun()
    {
        $this->a_str1=" this is string1";
    }
}
```

```
class class_B extends class_A    //定义子类 class_B，继承于父类 class_A
{
    public $b_str;               //子类中定义的属性，相当于是在父类基础之上增加一个额外属性
    public function b_fun()
    {
        parent::a_fun();         //子类访问父类的方法
        echo $this->str1;        //子类中访问父类的 public 属性
        $this->str3="str3";      //子类中访问父类的 protected 属性
    }
}
$b=new class_B;                  //创建对象$b
$b->a_fun();                     //调用 class_A 类的 a_fun()方法
echo $b->str1;                   //输出" this is string1"
$b->b_fun();                     //访问 class_B 类的方法
?>
```

创建新的子类时，如果没有自己的构造函数，那么子类在实例化时会自动调用其父类的构造函数。如果子类中有自己的构造函数，则执行自己的构造函数。在子类中调用父类的方法，除了使用"$this->"外，还可以使用 parent 关键字加范围解析符，如"parent::functionname()"。为了能明确是在调用时，调用的是子类中的方法还是父类方法，建议使用后一种写法。而对于父类的属性，在子类中只能使用"$this->"来访问，因为在 PHP 中，属性是不区分是父类还是子类的。

另外，继承可以是多重的，也就是说，类 B 继承了类 A，类 C 又继承了类 B，那么类 C 也就继承了类 B 和类 A 的所有属性和方法。

9.3 PHP 的对象特性

PHP 5 为面向对象编程提供了一些特性。下面介绍其中非常有用的几种，至于其他特性及其内容，读者可以参阅有关参考书籍。

9.3.1 final 类和方法

PHP 5 引入了 final 关键字，在声明类时使用这个关键字，将使这个类不能被继承，被声明为 final 的方法可以在子类里使用，但不能被覆盖，例如，定义一个类 A：

```
final classfirst
{
    //...
}
```

如果类 classsecond 尝试继承类 A，将会提示以下错误：Fatal error: Class B may not inherit from final class (A)。再例如，设计一个 Math 类，该类主要完成一些数学运算，这些计算方法一般来说是没必要修改，也没必要被继承的，因此可将该类设置成 final 类，具体程序代

码如下:

```
<?
final class Math                        //声明一个 final 类 Math
{
    public static $pi = 3.14;
    public function __toString()
    {
        return "this is Math class。";
    }
}
$math = new Math();
echo $math;
class SuperMath extends Math //声明一个子类 SuperMath,执行时会出错,final 类不能被继承
{
}
?>
```

9.3.2 静态成员

静态成员是 PHP 5 新增的特性,指不需要对象实例就能够使用的属性或方法。静态成员是一种类变量,可以把它看成属于整个类而不是类的某个实例。静态成员只保留一个变量值,而这个变量值对所有的实例是有效的,即所有的实例都共享这个成员。访问静态属性和方法时需要使用到范围解析符"::",书写格式如下。

❑ 访问静态属性

classname::$attribute;

❑ 访问静态方法

classname::Cfunction([$args,…]);

例如,下面这个程序:

```
<?php
class Cteacher
{
    public $num="jery";
    public static $name="";
    public static function setname($name)
    {
        Cteacher::$name=$name;
    }
    public static function getname()
    {
        echo Cteacher::$name;
    }
}
```

```
Cteacher::setname("smartbean");            //访问 setname()方法
Cteacher::getname();                       //输出 smartbean
echo Cteacher::$name;                      //输出 smartbean
?>
```

9.3.3 复制对象

PHP 使用 clone 关键字建立一个与原对象拥有相同属性和方法的对象，这种方法适用于在一个类的基础上实例化两个类似对象的情况。复制对象的语法格式如下：

$new_obj=clone $old_obj;

$new_obj 是新的对象名，$old_obj 是要复制的对象名。

复制后的对象拥有被复制对象的全部属性，如果需要改变这些属性，可以使用 PHP 提供的方法 __clone。这个方法在复制一个对象时将被自动调用，类似于 __construct 和 __destruct 方法，例如，以下程序：

```
<?php
class classparent
{
    public $number=2;
    public function __clone()
    {
        $this->number=$this->number +1;
    }
}
$cls1=new classparent;
$cls2=clone $cls1;
echo $cls1->number."<br/>";                //输出 2
echo $cls2->number;                        //输出 3
?>
```

程序运行结果如图 9-3 所示。

图 9-3 复制对象

9.3.4 接口类和抽象类

接口类和抽象类都是不能被实例化的特殊类，它们都是为配合面向对象的多态性而提出的一种编程方式。

（1）接口类

其实接口类的作用很简单，通常在一个项目组中往往有多人参与，所以经常会出现一个项目成员可能会去调用其他成员写的一些类，那他怎么知道别人的某个功能的实现方法是怎么命名的呢？这个时候 PHP 接口类就起到作用了，当定义了一个接口类时，该类里面的具体方法是它所有的子类必须实现的，例如：

```
interface Wares
{
    public function buy($gid);
    public function sell($gid);
    public function view($gid);
}
```

在上例中用关键字 interface 声明一个 shop 接口类，定义了 3 个方法：买（buy）、卖（sell）和看（view），那么继承此类的所有子类都必须实现这 3 个方法，缺少一个都不行，这样就解决了项目的统一命名问题。如果其他类要继承接口类，需要使用关键字 implements，例如：

```
class BaseWares implements Wares
{
public function buy($gid)
{
echo('你购买了 ID 为 :'.$gid.'的商品');
}
public function sell($gid)
{
echo('你卖了 ID 为 :'.$gid.'的商品');
}
public function view($gid)
{
echo('你查看了 ID 为 :'.$gid.'的商品');
}
}
```

（2）抽象类

抽象类是一种不能被实例化的类，只能作为其他类的父类来使用，抽象类使用 abstract 关键字来声明。语法格式如下：

```
abstract class  抽象类名称
{
abstract function  成员方法 1(参数);
abstract function  成员方法 2(参数);
abstract function  成员方法 3(参数);
abstract function  成员方法 4(参数);
…
}
```

抽象类和普通类相似，包含成员变量和成员方法。但也有区别，抽象类应至少包含一个抽象方法，抽象方法没有具体的实现代码，其功能的实现只能在子类中完成。抽象方法也是用 abstract 关键字来修饰。

抽象类和抽象方法主要用来表示复杂的隶属关系，这种关系要求每个处于从属地位的子类包含并重写某些特定的方法。例如，不管制造哪类家具，它们的制造过程不外乎设计图纸、选材、加工、喷漆等过程，但是具体到生产每一种家具时，它们的方法又各异，比如制造桌子、椅子、床、沙发及茶几等都各不相同，这种情况下可以将家具抽象为一个大类 furniture，而桌子、椅子、床、沙发等都是它的子类，而设计图纸、选材、加工、涂漆都是每个类中都有的方法，但这些方法在每个子类中的实现是不相同的，无法在父类中统一定义，这时采用抽象类的方式就能很好地解决上述问题，代码如下所示：

```php
<?php
    abstract class furniture{                       //定义抽象类
        abstract function design($a,$b);            //定义抽象方法设计
        abstract function select($a,$b);            //定义抽象方法选材质
        abstract function make($a,$b);              //定义抽象方法制作
        abstract function paint($a,$b);             //定义抽象方法喷漆
    }
    class desk_furniture    extends furniture {     //定义桌子子类并继承家具父类
        public function design ($a,$b){             //定义桌子设计方法
            echo "设计的家具是：".$a."<br>";
            echo "价格是：".$b."<br>";
        }
        public function select ($a,$cz){            //定义桌子材质
            echo "生产的家具是：".$a."<br>";
            echo "选取的材质：".$cz."<br>";
        }
        public function make($a,$maker){            //定义桌子制造者
            echo "制造的家具是：".$a."<br>";
            echo "制作人是：".$maker."<br>";
        }
        public function paint ($a, $color){         //定义桌子颜色
            echo "正在美化的家具是：".$a."<br>";
            echo "颜色是：".$color."<br>";
        }
    }
    class chair_furniture    extends furniture {    //定义椅子子类并继承家具父类
        public function design ($a,$b){             //定义椅子设计方法
            echo "设计的家具是：".$a."<br>";
            echo "价格是：".$b."<br>";
        }
        public function select($a,$cz){             //定义椅子的材质
            echo "生产的家具是：".$a."<br>";
            echo "选取的材质：".$cz."<br>";
        }
        public function make($a,$maker){            //定义椅子制造者
```

```php
            echo "制造的家具是：".$a."<br>";
            echo "制作人是：".$maker."<br>";
        }
        public function paint ($a, $color){              //定义椅子喷的颜色
            echo "正在美化的家具是：".$a."<br>";
            echo "颜色是：".$color."<br>";
        }
    }
    class bed_furniture extends furniture {              //定义床子类并继承家具父类
        public function design ($a,$b){
            echo "设计的家具是：".$a."<br>";
            echo "价格是：".$b."<br>";
        }
        public function select ($a,$cz){
            echo "生产的家具是：".$a."<br>";
            echo "选取的材质：".$cz."<br>";
        }
        public function make ($a,$maker){
            echo "制造的家具是：".$a."<br>";
            echo "制作人是：".$maker."<br>";
        }
        public function paint ($a, $color){
            echo "正在美化的家具是：".$a."<br>";
            echo "颜色是：".$color."<br>";
        }
    }
    $jl=new desk_furniture ();                           //示例化桌子类
    $jl->select ("办公桌","梨花木材质");
?>
```

以上代码运行效果如图 9-4 所示。

图 9-4　抽象类的实现

抽象类的实现过程类似于服务提供商（一个类）拥有众多服务，不一定都用到，当需要时直接用即可，如果觉得提供的服务不接地气，你就自己来做。

9.3.5　方法重载

方法重载是类多态性的一种实现，指一个标识符被用作多个函数名且能够通过函数

的参数个数或参数类型将这些同名的函数区分开来，调用不会发生混淆。这样做的主要好处就是，不用为了对不同的参数类型或参数个数而写多个函数。多个函数用同一个名字，但参数的个数和数据类型可以不同，调用时，虽然方法名字相同，但根据参数表可以自动调用对应的函数，PHP 5 中有一个方法__call()，该方法可以用于实现方法的重载。__call()方法必须有两个参数。第一个参数包含被调用的方法名称，第二个参数包含传递给该方法的参数数组。当类中相应的方法被访问时，__call()方法才被调用。例如，下列程序代码：

```php
<?php
class C_call
{
    function getarray($a)
    {
        print_r($a);
    }
    function getstr($str)
    {
        echo $str;
    }
    function __call($method, $array)
    {
        if($method=='show')
        {
            if(is_array($array[0]))
                $this->getarray($array[0]);
            else
                $this->getstr($array[0]);
        }
    }
}
$obj=new C_call;                    //类的实例化
$obj->show(array(1,2,3));           //输出:Array ([0] => 1 [1] => 2 [2] => 3)
$obj->show('string');               //输出:'string'
?>
```

程序运行结果如图 9-5 所示。

图 9-5　方法重载

9.4 案例剖析：一个课程管理类及其对象的实现

在高等学校中，由于专业众多，导致开设的课程也非常多，对大量课程的有效管理是每所高校不可回避的问题，由于不同课程一般来说都有很多共性，因此可以将课程定义为一个类，以此来进行面向对象编程，实现对课程的信息化管理，下面举一个简单例子，但愿对读者有抛砖引玉之效。

9.4.1 程序功能介绍

首先应对所有课程的共性进行抽象，以便在编程时用程序代码实现类的定义。例如，所有课程都应具有课程编号、课程名称、课程类别、任课教师、课时数等公共的属性，然后还要定义一个该类的行为，即方法，用来显示某课程对象的具体内容。用 PHP 来定义该类程序的代码如下：

```php
class student
{
    private $number;
    private $name;
    private $type;
    private $teacher;
    private $ksshu;
    function show($KH,$KM,$LB,$teacperson,$kss)    //定义方法，用于显示对象内容
    {
        $this->number=$KH;
        $this->name=$KM;
        $this->type=$LB;
        $this->teacher=$teacperson;
        $this->ksshu=$kss;
        echo "课程编号：".$this->number."<br>";
        echo "课程名称：".$this->name."<br>";
        echo "课程类别：".$this->type."<br>";
        echo "教师姓名：".$this->teacher."<br>";
        echo "讲课时数：".$this->ksshu."<br>";
    }
}
```

本程序要求客户端用户通过 Web 页面表单来实例化课程类，然后提交，程序将在服务器端产生某门课程的一个具体课程对象。

9.4.2 程序代码分析

基于上述对课程类的属性和方法的抽象以及程序功能的描述，编者编写了如下程序代码：

```
<html>
<head>
```

```html
<title>课程管理类</title>
</head>
<body>
<form method="post">
<h5>初始化课程类的属性:<h5>
课程编号： <input type="text" name="number"><br>
课程名称： <input type="text" name="name"><br>
任课教师： <input type="text" name="tcname"><br>
课 时 数： <input type="text" name="kscount"><br>
课程类别： <input type="radio" name="type" value="公共基础" checked="checked">公共基础
<input type="radio" name="type" value="专业基础">专业基础<br>
<input type="radio" name="type" value="专业选修">专业选修<br>
<input type="submit" name="ok" value="显示实例化后的对象">
</form>
```
```php
<?php
class student
{
    private $number;
    private $name;
    private $type;
    private $teacher;
    private $ksshu;
     function show($KH,$KM,$LB,$teacperson,$kss)
     {
         $this->number=$KH;
         $this->name=$KM;
         $this->type=$LB;
         $this->teacher=$teacperson;
         $this->ksshu=$kss;
         echo "课程编号：".$this->number."<br>";
         echo "课程名称：".$this->name."<br>";
         echo "课程类别：".$this->type."<br>";
         echo "教师姓名：".$this->teacher."<br>";
         echo "讲课时数：".$this->ksshu."<br>";
     }
}
if(isset($_POST['ok']))
 {
    $KH=$_POST['number'];
    $KM=$_POST['name'];
    $LB=$_POST['type'];
    $teacperson=$_POST['tcname'];
    $kss=$_POST['kscount'];
    $stu=new student;
    echo "实例化课程类后得到的一个对象为."."<br/>";
    $stu->show($KH,$KM,$LB,$teacperson,$kss);
}
?>
</body>
</html>
```

程序运行结果如图 9-6 所示。

图 9-6　课程管理类及对象的实现

9.5　本章小结

本章介绍了如何在 PHP 中实现面向对象编程。通过学习，读者应熟悉面向对象编程中常用术语和一些基本编程技巧。面向对象编程技术一个最大的优势是它会尽量模拟真实的环境，以便更直观、更科学、更合理地实现用户想要的应用。面向对象编程相对于传统的编程思想，它大大解放了程序员，使程序员的工作效率大大提高。同时，利用面向对象编程技术研制出来的软件具有很强的灵活性和可扩展性等优点。

9.6　练 习 题

1. 在 PHP 中如何定义类以及类的成员？
2. 如何创建基于类的一个对象？
3. 怎么定义私有、公共和受保护的属性？怎样实现类的继承？
4. 利用类和对象的知识抽象并设计一个数据库连接类和操作类。

9.7　上 机 实 战

请用面向对象编程技术，在 PHP 程序中创建一个学生类，在类中要求定义的属性有：学号，姓名，性别，班级编号，专业，选修课程课号，课程名称，考试成绩。然后编写两个方法：selectcourse()，用来实现学生选课操作；showsocre()，用来显示所选课程的考试成绩。

第 10 章 Smarty 模板技术

知识点

- ☑ 了解什么是 MVC，什么是 Smarty
- ☑ 理解 Smarty 的特点
- ☑ 掌握 Smarty 模板的安装与配置
- ☑ 掌握 Smarty 模板的设计方法
- ☑ 掌握 Smarty 模板的应用

本章导读

目前，众多 PHP 爱好者为 PHP 网站开发提供了很多模板，大大减轻了 PHP 程序员的劳动强度，提高了项目开发效率。作为最早的 MVC 模板之一，Smarty 在功能和速度上处于绝对的领先地位。本章将介绍 Smarty 的特点，以及怎样利用 Smarty 实现用户界面与程序功能代码的分离。

10.1 Smarty 技术简介

Smarty 技术很好地实现了 MVC 软件开发思想，由于易用、运行效率高、程序结构简单等优点而越来越受到广大 PHP 程序员的欢迎。

10.1.1 MVC 软件开发框架

MVC 诞生于在 20 世纪 80 年代，是一种软件设计模式，最初用于开发桌面程序。MVC（Model-View-Controller），即模型-视图-控制器，它把应用程序划分成了 3 部分：模型、视图和控制。

- ❑ 模型：对来自外部的信息进行处理，并将处理结果回传给视图。例如，如果用户输入信息正确，则给视图一个命令，允许用户进入主页面，反之则拒绝用户的操作。
- ❑ 视图：即给用户的界面。视图只提供信息的收集及显示，不涉及处理。如用户登录界面，也就是视图，只提供用户登录的用户名输入框和密码输入框、验证码等，对用户名和密码的对与错的比对操作不在此处进行，而是直接传给后面的控制部分。
- ❑ 控制：主要负责处理视图和模型的对应关系，并将视图采集的数据传递给对应的模型。例如，当用户输入账号和密码后提交，这时，控制部分接收用户提交的信息，并判断这是一个登录操作，随后将提交信息转发给登录模块部分，也就是模型。

10.1.2 Smarty 模板

网站模板，准确地说是指网站页面模板。即每个页面仅是一个版式，它的主要功能是将板式中的原有内容替换成从服务器端数据库中获取的动态内容，目的是保持页面风格一致。Smarty 是一种基于 MVC 软件开发模式的、用 PHP 编写的模板引擎，它将 UI（用户界面）和 PHP Code（PHP 代码）分离。这样，程序员在修改程序时不会影响到页面设计，而美工在重新设计或修改页面时也不会影响程序逻辑实现。Smarty 模板引擎将 PHP 程序直接生成模板文件，然后将此文件返回给浏览器。Smarty 能够判断模板文件的状态，如果模板已经改变，则仅对修改过的模板文件进行重新编译，否则将直接执行原模板文件。Smarty 模板引擎的运行流程如图 10-1 所示。

图 10-1 Smarty 工作原理

与其他支持 PHP 的网站模板引擎相比，Smarty 具有如下优势。
- 速度：相对于其他模板，可以获得最大速度提高。
- 编译型：一次编译，后续调用速度更快。
- 缓存技术：能将用户最终看到的页面缓存成一个静态 HTML 文件。
- 插件技术：可以自定义一些功能插件。
- 强大的表现逻辑：PHP 负责后台，Smarty 负责前台。语法简单，容易理解。
- 模板继承：保存模板作为独立页而不用加载其他页面，可以操作内容块继承它们，使得模板更直接，更有效和易管理。

10.2 Smarty 的安装配置

要想利用 Smarty 模板引擎进行程序应用开发，掌握其正确的安装和配置方法是前提。

10.2.1 Smarty 下载和安装

PHP 没有内置 Smarty 模板类，需要单独下载和安装配置，并且 Smarty 要求服务器上的 PHP 版本最低为 4.0.6，Smarty 的官网上下载网址是 http://www.smarty.net/download.php。

本章使用的版本是 smarty-3.1.30。解开 Smarty-3.1.30 压缩文件后，会看到很多文件及文件夹，其中有一个名为 libs 文件夹，在其中包含 Smarty.class.php 和 SmartyBC.class.php 两个 PHP 文件和一个 debug.tpl 文件，此外，在 libs 中还包含了两个子文件夹，即 plugins 和 sysplugins，前者用来存放自定义插件，后者用来存放系统插件。然后直接将 libs 文件夹复制到网站根目录下，再更名为 Smarty 即可。

10.2.2 Smarty 配置

Smarty 下载并安装成功之后，下一步就是根据当前计算机系统环境和用户的需要对 Smarty 模板引擎进行配置，在此以 Windows 操作系统环境为例介绍 Smarty 的配置步骤。

（1）确定 Smarty 目录的位置。由于 Smarty 类库是通用的，每一个网页都可能用到它，因此将 Smarty 置于网站根目录下。

（2）进入自定义配置，在 Smarty 根目录新建以下文件夹：
- cache：缓存目录。
- configs：配置目录。
- templates：模板目录，用于存放项目的模板。
- templates_c：模板编译后的目录。

（3）创建配置文件。如果要应用 Smarty 模板，就一定要包含 Smarty 类库和相关信息。将配置信息写入一个文件中，用的时候只要包含配置文件即可。需要注意的是，配置文件中要使用绝对路径，因为服务器不会知道文件在第几层目录中被调用。写完配置文件后，将其保存到网站根目录下，并命名为 config.php，其代码如下。

```php
<?php
/*定义服务器的绝对路径*/
define('BASE_PATH','E:\AppServ\www\\');
/*定义 Smarty 目录的绝对路径*/
define('SMARTY_PATH','Smarty\\');
/*加载 Smarty 类库文件*/
require BASE_PATH.SMARTY_PATH.'Smarty.class.php';
/*实例化一个 Smarty 对象*/
$smarty = new Smarty;
/*定义各个目录的路径*/
$smarty->template_dir = BASE_PATH.SMARTY_PATH.'templates/';
$smarty->compile_dir = BASE_PATH.SMARTY_PATH.'templates_c/';
$smarty->config_dir = BASE_PATH.SMARTY_PATH.'configs/';
$smarty->cache_dir = BASE_PATH.SMARTY_PATH.'cache/';
/*定义定界符*/
$smarty->left_delimiter = '<{';
```

```
    $smarty->right_delimiter = '}>';
?>
```

以上代码的详细说明如下：
- BASE_PATH：指定项目的根路径。
- SMARTY_PATH：指定 Smarty 目录的绝对路径。
- require：加载 Smarty 类文件。
- $smarty->template_dir：设置模板文件存放的目录。
- $smarty->compile_dir：设置编译过的模板文件存放的目录。
- $smarty->cache_dir：设置缓存文件存放的目录。
- $smarty->config_dir：设置模板配置文件存放目录。
- $smarty->left_delimiter：设置模板语言中的左结束符。
- $smarty->right_delimiter：设置模板语言中的右结束符。

注意：有关定界符的使用，开发者可以指定任意的格式，也可以不指定，使用 Smarty 默认的定界符"{"和"}"，但是这个符号容易和 JavaScript 中的定界符相冲突，所以建议读者更换成其他符号，如"<{"、">}"、"#{"和"#}"等。

10.2.3 第一个 Smarty 程序

按照前面讲述的方法安装和配置完毕后，怎样检验是否安装和配置成功呢？答案很简单，编一个 Smarty 程序验证一下即可。下面的例子就是在之前配置的基础上设计的一个程序。

【案例 10.1】本案例通过 Smarty 模板引擎完成在浏览器中输出一段字符的功能。

步骤如下：

（1）在服务器根目录下创建 teachmaterial 子目录，在其中新建 chapter10 文件夹，然后在其中再为本案例创建一个专用文件夹 chapter10.1。

（2）复制 Smarty 到目录 chapter10.1 下。在 Smarty 目录下新建 4 个目录，分别是 cache、configs、templates 和 templates_c，此时 chapter10.1 的目录结构如图 10-2 所示。

图 10-2 Smarty 包的目录结构

（3）新建一个 index.html 静态网页文件并保存到 Smarty 包的 templates 目录下，index.html 代码如下，其中加粗的斜体字部分就是 Smarty 标签，"<{}>"为定界符，还在其中声明了 $title 与 $content 两个变量。

```
<html>
    <head>
        <meta http-equiv="Content-Type" content="text/html; charset=gb2312" />
        <title><html>
    <head>
        <meta http-equiv="Content-Type" content="text/html; charset=gb2312" />
        <title>{$title}</title>
    </head>
    <body>
        {$content}
    </body>
</html><{$title}></title>
    </head>
    <body>
        <{$content}>
    </body>
</html>
```

（4）在 chapter10.1 文件夹下新建一个 index.php 文件，使用 Smarty 变量和方法对文件进行操作，其代码如下。

```
<?php
    /*定义服务器的绝对路径*/
    define('BASE_PATH',$_SERVER['DOCUMENT_ROOT']);
    /*定义 Smarty 目录的绝对路径*/
    define('SMARTY_PATH','\teachmaterial\chapter10\chapter10.1\Smarty\\');
    /*加载 Smarty 类库文件*/
    require BASE_PATH.SMARTY_PATH.'Smarty.class.php';
    /*实例化一个 Smarty 对象*/
    $smarty = new Smarty;
    /*定义各个目录的路径*/
    $smarty->template_dir = BASE_PATH.SMARTY_PATH.'templates/';
    $smarty->compile_dir = BASE_PATH.SMARTY_PATH.'templates_c/';
    $smarty->config_dir = BASE_PATH.SMARTY_PATH.'configs/';
    $smarty->cache_dir = BASE_PATH.SMARTY_PATH.'cache/';
    $smarty->left_delimiter = '<{';
    $smarty->right_delimiter = '}>';
    /*使用 Smarty 赋值方法将一对儿名称/方法发送到模板中*/
    $smarty->assign('title','the   first Smarty program');
    $smarty->assign('content','Hello,Welcome to study \'Smarty\'!');
    /*显示模板*/
    $smarty->display('index.html');
?>
```

上述代码是 Smarty 运行的最关键步骤，主要进行了两项设置和两步操作：加载 Smarty.class.php 文件，使用的是绝对地址。为了避免重复输入服务器主目录、Smarty 包绝对路径，这里将这两个信息定义为了两个常量，二者连接起来就是 Smarty 类库的所在路径，且在保存 cache、configs、templates、templates_c 目录的绝对路径到对应变量时，也用到了这两个常量的连接操作，这 4 个目录各有各的用途，如果没有配置目录的地址，那么服务器默认的路径就是当前执行文件所在的路径，除此之外，还可以改变其他 Smarty 参数值，如开启/关闭缓存（$smarty->caching=true/false）、改变默认的定界符等。

最后，调用 assign()函数为指定的模板中的变量赋值，并用 display()方法将赋值后的模板文件输出到浏览器中，也就是最后看到的页面。实际上，用户真正看到的页面是 templates 模板目录下的 index.html 模板文件；而 index.php 文件只是完成了数据处理结果的传递和将模板展示到网页浏览器中，运行首页 index.php 文件后的效果如图 10-3 所示。

图 10-3 第一个 Smarty 程序运行结果

10.3 Smarty 模板设计

Smarty 是一个 PHP 模板引擎，它将应用程序功能的实现从用户界面中剥离出来，即分开了逻辑程序设计和外在表现的设计，提供了一种易于管理的方法。基于上述原因，Smarty 类库也自然被分成两部分来使用：Smarty 模板设计和 Smarty 程序设计。两部分内容既相互独立，又相互联系，本节将学习 Smarty 模板设计。

10.3.1 Smarty 模板文件

Smarty 模板文件是一个由页面中所有的静态元素，加上定界符组成的。模板文件统一存放的位置是 templates 目录下，当然 Smarty 允许开发人员根据个人习惯来定义该目录的实际位置。模板中不允许出现 PHP 代码段。Smarty 模板中的所有注释、变量、函数等都要包含在定界符内。

10.3.2 Smarty 中的注释

Smarty 中的注释和 PHP 类似，都不会被执行，注释包含在两个星号"*"中间，其基本语法如下：

{*Smarty 注释内容*}

10.3.3 Smarty 中的变量

Smarty 模板中的变量主要有以下 4 个部分。

（1）从 PHP 文件中分配的变量，也就是在 PHP 中利用 Smarty 对象的 assign()方法传过来的变量。

使用方法和在 PHP 中是相同的，也需要使用"$"符号，但对数组的读取稍有不同。Smarty 中读取数组有两种方法，一种是通过索引获取，与 PHP 中相似，可以是一维，也可以是多维；另一种是通过键值获取数组元素，这种方法的格式与以前接触过的有点不同，使用符号"."作为连接符，例如，数组"$appliances=array{'object'=>', 'appliances', 'type'=>'TV', 'unit'=>'台'}"，如果想得到 type 的值，其访问方式为$appliances.type。这类变量一般用于从数据库中读取动态数据，然后分配到模板的指定位置。

【案例 10.2】分别使用上述两种方法访问数组元素值。

模板文件（index.html）代码如下：

```
<!DOCTYPEhtml PUBLIC "-//W3C//DTDXhtml1.0 Transitional//EN""http://www.w3.org/TR/xhtml1/DTD/xhtml1-transitional.dtd">
    <html xmlns="http://www.w3.org/1999/xhtml">
    <head>
    <title>{$title}</title>
    </head>
    <body>
    <center>购书信息如下：</center><br>
图书类别：{$arr[0]}<br />
图书名称：{$arr.name}<br />
图书单价：{$arr.unit_price.price}/{$arr.unit_price.unit}
    </body>
    </html>
```

PHP 文件（index.php）代码如下：

```
<?php
include_once("../config.php");   //调用 Smarty 类库文件
$arr = array('computerbook','name' => 'PHP Web 开发实用教程（第二版）','unit_price' => array('price' => '￥45.00','unit' => '本'));
$smarty->assign('title','使用 Smarty 读取数组元素');
$smarty->assign('arr',$arr);
$smarty->display('2/index.html');
?>
```

运行结果如图 10-4 所示。

图 10-4　使用 Smarty 读取 PHP 中的数组元素值

（2）从配置文件中读取的变量。

Smarty 模板也可以通过配置文件来赋值，调用配置文件中的变量有两种方法，第一种是通过用两个"#"号，将变量置于两个"#"号之间；第二种是利用 Smarty 的保留变量 $smarty.config 来调用，第二种方法语法在变量作为属性值并被引号括住时非常有用，例如 {include file="#includefile#"}，此时#includefile#将被当作字符处理，而不再是配置文件变量，此时就要用到第二种方法，即 {includefile="'$smarty.config.includefile'"}（不要忘了加'）。

【案例 10.3】用两种方法调用配置文件 exam3.conf 的内容。

配置文件（exam3.conf）的代码如下：

```
title = "这里是配置文件，可调阅此信息"
bgcolor = "#f0e0f0"
border = "2"
type = "计算机图书"
name = "PHP web 开发巨著"
```

模板文件（index.html）的代码如下：

```
{config_load file="conf/exam3.conf"}
<html>
<head>
<title>{#title#}</title>
</head>
<body bgcolor="{#bgcolor#}">
<table border="{#border#}">
<tr>
 <td>{$smarty.config.type}</td>
 <td>{$smarty.config.name}</td>
</tr>
</table>
</body>
</html>
```

PHP 文件（index.php）的代码如下：

```
<?php
 include_once '../config.php';
 $smarty->display('tpl3/index.html');
?>
```

执行 index.php 文件，在浏览器中查看运行效果，如图 10-5 所示。

图 10-5　使用 Smarty 将配置文件数据读取到模板中

（3）保留变量，相当于 PHP 中的预定义变量。

在 Smarty 模板中，保留变量不需要从 PHP 脚本中分配，而是直接调用变量名即可，通常被用于访问一些特殊的模板变量。例如，直接在模板中访问页面请求变量、获取访问模板时的时间戳、直接访问 PHP 中的常量、从配置文件中读取变量等。Smarty 中常用的保留变量如表 10-1 所示。

表 10-1　Smarty 中常用的保留变量

保留变量名	说　　明
$smarty.get.page	相当于 PHP 中的 $_GET['page']
$smarty.post.page	相当于 $_POST['page']
$smarty.cookies.username	等价于 $_COOKIE['username']
$smarty.server.SERVER_NAME	等价于 $_SERVER['SERVER_NAME']
$smarty.env.Path	等价于 $_ENV['Path']
$smarty.session.id	等价于 $_SESSION['id']
$smarty.request.username	等价于 $_REQUEST['username']
{$smarty.now}	返回系统时间的时间戳
{$smarty.const}	返回系统中的常量信息
{$smarty.capture}	输出 capture 标签所捕获的内容
{$smarty.config}	获取配置文件中的信息
{$smarty.section}	读取 section 循环信息
{$smarty.template}	读取当前正在操作的模板信息
{$smarty.current_dir}	读取当前目录
{$smarty.version}	读取当前 Smarty 版本号
{$smarty.ldelim}	读取左分界符
{$smarty.rdelim}	读取右分界符

【案例 10.4】通过模板文件查看保留变量的值。

模板文件（index.html）代码如下：

```
<!DOCTYPE html PUBLIC "-//W3C//DTD Xhtml 1.0 Transitional//EN""http://www.w3.org/TR/xhtml1/DTD/xhtml1-transitional.dtd">
<html xmlns="http://www.w3.org/1999/xhtml">
<head>
<title>{$title}</title>
</head>
<body>
{*使用 get 变量获取 url 中的变量值(ex: http://localhost/teachmaterial/chapter10/chapter10.3/index.php?type=computer)*}
变量 type 的值是：{$smarty.get.type}<br />
当前路径为：{$smarty.server.PHP_SELF}<br />
当前模板为：{$smarty.template}</body>
</html>
```

PHP 文件（index.php）代码如下：

```
<?php
include '../config.php';
$smarty->assign('title','Smarty 的保留变量');
$smarty->display('tpl4/index.html');
?>
```

执行 index.php 文件，在浏览器中查看运行效果，如图 10-6 所示。

图 10-6　使用 Smarty 在模板中显示保留变量的值

（4）在模板文件中创建的变量。

Smarty 模板支持用户自定义变量，其基本语法如下。

方式一：

{assign var='变量名称' value='变量的值'}

方式二：

{$变量名称='变量的值'}

调用形式如下：

{$变量名称}

10.3.4　修饰变量

程序员通过各种途径在 Smarty 中调用变量后，在某些情况下，还需要对变量进行处理，该过程称之为修饰变量。修饰变量的语法格式如下：

{variable_name|modifier_name:parameter1: ...}

其中，variable_name 为变量名称。modifier_name 表示修饰器名称，使用修饰器时，需要在变量名称的后面加上"|"（竖线）以与变量名称隔开。parameter1 表示参数值，如果有多个参数，可用":"分开。

不同变量修饰器可相互嵌套使用，Smarty 模板中提供了很多常用的变量修饰方法，其名称和功能如表 10-2 所示。

表 10-2　修饰变量的常用方法和说明

成员方法名	描　　述
capitalize	将变量中的所有单词首字母大写，参数值 boolean 型决定带数字的单词是否首字母大写，默认不大写
count_characters	计算变量值中的字符个数，参数值 boolean 型决定是否计算空格数，默认不计算空格

续表

成员方法名	描 述
cat	将 cat 中的参数值连接到给定的变量后面，默认为空
count_paragraphs	计算变量中的段落数量
count_sentences	计算变量中句子的数量
count_words	计算变量中的词数
date_format	日期格式化，第一个参数控制日期格式，如果传给 date_format 的数据是空的，将使用第二个参数作为默认时间
default	为空变量设置一个默认值，当变量为空或者未分配时，由给定的默认值替代输出
escape	用于 html 转码、url 转码，在没有转码的变量上转换单引号、十六进制转码、十六进制美化，或者 JavaScript 转码。默认是 html 转码
indent	在每行缩进字符串，第 1 个参数指定缩进多少个字符，默认是 4 个字符；第 2 个参数指定缩进用什么字符代替
lower	将变量字符串小写
nl2br	所有的换行符将被替换成 。功能同 PHP 中的 nl2br()函数一样
regex_replace	寻找和替换正则表达式，必须有两个参数，参数 1 是替换正则表达式，参数 2 使用什么文本字串来替换
replace	简单的搜索和替换字符串，必须有两个参数，参数 1 是将被替换的字符串，参数 2 是用来替换的文本
spacify	在字符串的每个字符之间插入空格或者其他的字符串，参数表示将在两个字符之间插入的字符串，默认为一个空格
string_format	是一种格式化浮点数的方法，例如十进制数，使用 sprintf 语法格式化。参数是必须的，规定使用的格式化方式。%d 表示显示整数，%.2f 表示截取两个浮点数
strip	替换所有重复的空格，换行和 tab 为单个或者指定的字符串。如果有参数则是指定的字符串
strip_tags	去除所有 html 标签
truncate	从字符串开始处截取某长度的字符，默认是 80 个
upper	将变量改为大写

【案例 10.5】通过变量修饰器对变量进行修饰。

模板文件（index.html）代码如下：

```
<html>
<head>
<title>{$title}</title>
</head>
<body>
原文：{$str}
<p>
变量中的字符数（包括空格）：{$str|count_characters:true}
<br />
使用变量修饰方法后：{$str|nl2br|upper}
```

```
</body>
</html>
```

PHP 文件（index.php）代码如下：

```
<?php
 include_once "../config.php";
 $str1 = 'Smarty 修饰变量实例，请注意前后差别。';
 $str2 = "\n 图书->计算机类->php\n 书名：《php Web 开发实用教程》";
 $str3 = "\n 价格：￥45/本。";
 $smarty->assign('title','变量修饰方法的使用');
 $smarty->assign('str',$str1.$str2.$str3.$str4);
 $smarty->display('tpl5/index.html');
?>
```

运行 index.php 文件后，浏览器查看的网页效果如图 10-7 所示。

图 10-7 使用变量修饰器后的效果

10.3.5 流程控制

从 MVC 的角度看，在模板中进行流程控制似乎不合理，但是，有时不同的场景下，模板的差异非常小时，就比较适合在模板中加逻辑流程控制，可以减少模板的数量。Smarty 模板中的流程控制语句主要有 if 条件控制语句和 foreach、section 循环控制语句。

1．if 语句，有以下 3 种形式

（1）if 控制结构
{if 表达式} 语句 {/if}
（2）if-else 控制结构
{if 表达式} 语句 1{else} 语句 2{/if}
（3）if-else-if 控制结构
{if 表达式} 语句 1{else if 表达式}语句 2{/if}
上述条件语句中，除了可以使用 PHP 中的<、>、=、!=等常见的比较运算符外，还可以使用 eq（相等）、ne（不相等）、neq（不相等）、gt（大于）、lt（小于）、lte（小于等于）、le（小于等于）、gte（大于等于）、ge（大于等于）、is [not] even（是否为偶数）、is [not] odd（是否为奇数）、not（非）、mod（求模）、div by（整除）等修饰符修饰。

【案例 10.6】通过 Smarty 模板中的 if-else 语句来控制网页的文字输出。

模板文件（index.html）代码如下：

```
<html>
<head>
<meta http-equiv="Content-Type" content="text/html; charset=gb2312" />
<title>{$title}</title>
</head>
<body>
<p>
{if $username == 'teachmaterial'}
welcome,{$username}
{else}
wo,I'm sorry，you are refused by admin.
{/if}
</p>
</body>
</html>
```

PHP 文件（index.php）代码如下：

```
<?php
include_once "../config.php";
$smarty->assign("title","if 条件判断语句");
$smarty->assign("username","teachmaterial");
$smarty->display("tpl6/index.html");
?>
```

运行 index.php 文件后，浏览器查看的网页效果如图 10-8 所示。

图 10-8　if-else 流程控制效果

2. foreach 循环语句

Smarty 中的 foreach 控制结构主要用来对数组各元素值的输出，一般用于对简单数组的处理，其语法格式如下：

{foreach name=foreach_name key=key item=item from=arr_name}
...
{/foreach}

其中，name 为循环名称，key 为当前元素的键值，item 为当前元素的变量名，from 为该循环的数组。需要注意的是，item 和 from 为必需参数，不可省略。

【案例 10.7】通过 Smarty 模板中的 foreach 循环语句来控制网页的文字输出。

模板文件（index.html）代码如下：

```
<html>
<head>
<meta http-equiv="Content-Type" content="text/html; charset=gb2312" />
<title>{$title}</title>
</head>
<body>
<p>使用 foreach 语句循环输出数组。</p>
{foreach key=key item=item from=$fruits}
{$key} => {$item}<br />
{/foreach}
</body>
</html>
```

PHP 文件（index.php）代码如下：

```
<?php
include_once '../config.php';
$fruits = array ('fruit1'=> '凤梨','fruit2'=> '香蕉','fruit3'=> '芭乐','fruit4'=>'西瓜','fruit5'=>'芒果','fruit6'=> '释迦');
$smarty->assign('fruits', $fruits);
$smarty->display('tpl7/index.html');
?>
```

运行 index.php 文件后，浏览器查看的网页效果如图 10-9 所示。

图 10-9 foreach 循环控制效果

3. section 循环

Smarty 中 section 循环的作用和 foreach 循环相似，都是用来执行数组循环的。不过在解释成 PHP 程序后，section 会利用 PHP 的 for 语句来完成循环动作。其基本语法如下：

{section name="sec_name" loop=$arr_name start=num step=num max=num show=TRUE/FLASE}

...

{/section}

其中，start、step、max 及 show 属性都是可选属性。section 在使用上一定要指定 name 属性及 loop 属性，name 属性为设定 section 的名称；而 loop 属性则是指定 section 循环计数器的终值，如果指定给 loop 属性的是一个模板数组，那么循环计数器的终值就是该数组的元素个数；start 属性则为循环计数器的初始值，如为负数时，循环会从数组的尾端开始往前取值；step 则为循环计数器的步进值，如为负整数，循环计数器便会递减计算；而 max 即为执行循环次数的最大值，当循环执行超过 max 次时就会停止。

【案例 10.8】通过 Smarty 模板中的 section 循环语句来控制网页的文字输出。

模板文件（index.html）代码如下：

```
<html>
<head>
<meta http-equiv="Content-Type" content="text/html; charset=gb2312" />
<title>$title</title>
<link rel="stylesheet" href="../css/style.css" />
</head>
<body>
<table width="100" border="0" align="left" cellpadding="0" cellspacing="0">
{section name=sec1 loop=$obj}
<tr>
<td colspan="2">{$obj[sec1].firstclass}</td>
</tr>
    {section name=sec2 loop=$obj[sec1].secondclass}
<tr>
<td width="25"> </td>
<td width="75">{$obj[sec1].secondclass[sec2].s_type}</td>
</tr>
    {/section}
{/section}
</table>
</body>
</html>
```

PHP 文件（index.php）代码如下：

```
<?php
    include("../config.php");
    $obj = array(array("id" => 1, "firstclass" =>"亚洲","secondclass" => array(array("s_id" => 1, "s_type" =>"中国"))),array("id" => 2, "firstclass" =>"北美洲","secondclass" => array(array("s_id" => 2,
```

"s_type" =>"美国"), array("s_id" => 3, "s_type" =>"加拿大"))),array("id" => 3, "firstclass" =>"欧洲", "secondclass" => array(array("s_id" => 4, "s_type" =>"英国"),array("s_id" => 5, "s_type" =>"法国"))));
　　$smarty->assign('title','section 循环控制');
　　$smarty->assign("obj", $obj);
　　$smarty->display("tpl8/index.html");?>

运行 index.php 文件后，浏览器查看的网页效果如图 10-10 所示。

图 10-10　使用 section 循环控制网页输出

10.3.6　内建函数

所谓内建函数，是指 Smarty 自带一些函数，作为模板语言的一部分，用户不能修改这些函数，也不能创建名称和内建函数一样的自定义函数。下面介绍几种常用的内建函数。

1．config_load()函数

该函数的功能是引用配置文件中的变量。配置文件一般包含多个部分，因此，可以使用附加属性 section 指定从哪一部分取得变量，语法格式如下：

{config_load file="file_name" section="add_attribute"}

其中，file 是必须的，用来说明要包含进来的配置文件名称，section 用来说明要加载的附加属性的名称，当配置文件中包含多个部分，用它来指定具体从哪一部分取得变量。

2．include 标签

include 标签用来在当前模板中引用其他的模板，当前模板中的变量在被包含的模板中可用，必须指定 file 属性，该属性指明模板资源的位置。include 标签使用格式如下：

｛include file="file_name" assign="" var=""｝

其中，file 为必需项，用来指定包含模板文件的名称，assign 表示 include 文件将要分配的输出变量，var 表示传递给待包含模板的本地参数，只在待包含模板中有效。

3．include_php 标签

include_php 是解决模板部件化的好方法，它能更好地实现 PHP 代码与模板文件的分离。例如，假设有一个从数据库中动态取出的数据，该数据用于显示站点导航的模板，可以将用于获取这些数据的 PHP 逻辑部分分离出来保存到一个单独的文件夹下，并在模板开始的位置包含该 PHP 脚本，那么就可以在任何地方包含此模板而不用担心之前数据库信息

是否已被程序取出。

10.4 Smarty 程序设计

到目前为止，已经对 Smarty 的模板设计部分做了较为详细的阐述，本节主要介绍在 Smarty 程序设计时常用到的几种方法，以及如何为 Smarty 配置变量，要想熟练地进行 Smarty 程序设计，这些都是必不可少的前提条件。

10.4.1 Smarty 中的常用方法

Smarty 模板引擎之所以能方便地实现 MVC 框架式编程，主要得益于众多的方法和函数，正是它们的不同组合，网站开发者才能个性化地设计各类网站。

1. assign()方法

assign()方法用于在模板被执行时为模板变量赋值。其语法格式如下：

void assign(string varname,mixed var)

参数 varname 是被赋值的变量名，参数 var 是赋给变量的值。

2. display()方法

display()方法用于显示模板。其语法格式如下：

void display(string template [, string cache_id [, string compile_id]])

该方法首先需要指定一个合法的模板资源的类型和路径。还可以通过第二个可选参数指定一个缓存号，相关的信息可以查看缓存。

通过第三个可选参数，可以指定一个编译号。这适用于想把一个模板编译成不同版本，比如针对不同的语言编译模板。编译号的另外一个作用是，如果有多个$template_dir 模板目录，但只有一个$compile_dir 编译后存档目录，这时可以为每一个$template_dir 模板目录指定一个编译号，以避免相同的模板文件在编译后会互相覆盖。相对于在每一次调用 display()时都指定编译号，也可以通过设置$compile_id 编译号属性来一次性设定。

除了 assign()和 display()方法可以方便实现 PHP 与 Smarty 模板交互之外，还有一些常用的方法可以实现类似功能，具体情况如表 10-3 所示。

表 10-3 Smarty 程序设计中常用的方法及说明

方法格式	说明
void append(string varname, mixed var, bool merge)	添加指定的元素到数组中
void clear_assign(string var)	清除指定模板变量的值。可以指定单独的一个变量名称，或者是一个数组
void clear_all_assign()	清除所有已赋值到模板中的值
void config_load(string file [,string section])	加载配置文件，并将其中的数据传送到模板中，它的功能和 config_load()函数是一样的

续表

方 法 格 式	说　明
array get_template_vars([string varname])	返回一个指定的已赋值的模板变量的值。如果不指定参数，则返回一个包含所有已赋值模板变量的值的数组
void clear_cache(string template [, string cache id [, string compile id [, int expire time]]])	清除指定模板的缓存。如果这个模板有多个缓存，可以用第二个参数指定要清除缓存的缓存号，还可以通过第三个参数指定编译号
bool template_exists(string template)	检查指定的模板是否存在，参数 template 既可以是模板的文件路径，也可以是指定的资源字符串

10.4.2　Smarty 的配置变量

Smarty 中只有一个常量 SMARTY_DIR，用来保存 Smarty 类库的完整路径，其他的配置信息保存到相应的变量中。这里对本章前面接触过的 template_dir 等变量的作用及设置进行简单介绍。

将 Smarty 文件夹复制到需要的项目文件夹下，在 Smarty 目录下再新建 4 个文件夹，分别是 template（模板目录）、templates_c（编译目录）、configs（config 文件目录）和 cache（模板缓存目录），再创建一个 PHP 文件，将配置代码写到这里面，下面介绍几个变量，这些变量主要用来存放各种目录的路径信息。

❑ $template_dir：模板目录变量。模板目录用来存放 Smarty 模板，比如在此前的实例中，所有的 HTML 文件都是模板，都保存在此目录下。模板文件的扩展名没有统一规定，一般设置为 html 或 tpl。

❑ $compile_dir：编译目录变量。用来保存模板文件和 PHP 程序经编译后生成的文件，默认路径为当前执行文件所在的目录下的 templates_c 目录。打开编译目录后，可以发现许多%%index.html.php 格式的文件。任意打开一个类似文件可以发现，Smarty 将 PHP 程序代码重新嵌入到了模板文件中，成为了普通的页面文件。

❑ $cache_dir：缓存文件夹变量。用来存放缓存的文件。同样，在 cache 目录下可以看到生成的 HTML 文件，如果 caching 变量开启，则 Smarty 将直接从这里读取文件。

❑ $config_dir：配置目录变量，该变量用来保存配置文件存放的目录设置信息。

❑ $debugging：调试变量。该变量可以打开调试控制台。只要在配置文件（config.php）中将$smarty-> debugging 设置为 true 即可使用。

❑ $caching：缓存变量。该变量可以设置是否开启缓存。只要当前模板文件和配置文件未被改动，Smarty 就直接从缓存目录中读取文件，而不重新编译模板。

10.5　案例剖析：利用 Smarty 制作登录页面模板

网站用户登录页面是使用比较频繁的一种网页，由于各类网站的登录页面在形式上大同小异，因此可以利用 Smarty 模板技术将其制作成一个较为稳定的模板，以便用户调用。

10.5.1 程序功能介绍

在登录页面中加入验证码控件，可以提高网站安全性，本案例中主要介绍如何利用 Smarty 模板技术来实现验证码的功能，其最终的运行效果如图 10-11 所示。

图 10-11 登录页面模板效果

10.5.2 程序代码分析

模板程序（index.html）代码如下：

```
<!DOCTYPE html PUBLIC "-//W3C//DTD XHTML 1.0 Transitional//EN""http://www.w3.org/TR/xhtml1/DTD/xhtml1-transitional.dtd">
<html xmlns="http://www.w3.org/1999/xhtml">
<head>
<meta http-equiv="Content-Type" content="text/html; charset=utf-8" />
<title>{$title}</title>
</head>

<body>
<table id="__01" width="708" height="470" border="0" cellpadding="0" cellspacing="0">
<tr>
    <td colspan="3">
        <img src="../multiple_prog/images/Blog_01.png" width="708" height="319" alt=""></td>
</tr>
<tr>
    <td> </td>
<td width="586" height="79">
<form id="form1" name="form1" method="post" action="../multiple_prog/index_ok.php">
<table width="582" border="0" cellspacing="0" cellpadding="0">
```

```html
<tr>
    <td width="100"> </td>
<td height="35" align="right">用户名：</td>
<td align="left"><input name="user" type="text" id="user" size="10" /></td>

<td align="right">验证码：
<input type="hidden" name="checks" value="{foreach key=key item=item from=$content}{$item}{/foreach}" /></td>
<td align="left"><input name="check" type="text" size="8" /></td>
<td align="left">
    {foreach key=key item=item from=$content}
  {$item}
{/foreach}
    </td>
    <td width="100"> </td>
</tr>
<tr>
    <td width="100"> </td>
<td height="35" align="right">密码：</td>
<td align="left"><input name="pass" type="password" id="pass" size="10" /></td>
<td colspan="3" align="center"><input type="image" name="imageField" src="../multiple_prog/images/Blog_03_03.jpg" />
<input type="image" name="imageField2" onclick="form.reset();return false;" src="../multiple_prog/images/Blog_03_06.jpg" /></td>
    <td> </td>
</tr>
</table>
</form>
 </td>
    <td> </td>
</tr>
<tr>
    <td colspan="3">
        <img src="../multiple_prog/images/Blog_05.jpg" width="708" height="72" alt=""></td>
 </tr>
</table>
</body>
</html>
```

PHP 程序文件（index.php）代码如下：

```php
<?php
require_once("system/system.inc.php");            //包含配置文件
$array= explode(' ', mt_rand(1000,9999));         //生成随机验证码
$smarty->assign('title','登录页面的模板设计');      //将指定数据赋给模板变量
$smarty->assign('content',$array);                //将数组赋给模板变量
$smarty->display('index.html');                   //指定模板页
?>
```

10.6 本章小结

通过本章的学习，读者了解了什么是 MVC，什么是 Smarty 模板引擎，理解了 Smarty 的特点，初步掌握了 Smarty 模板的安装与配置，同时，还通过具体实例详细介绍了 Smarty 模板设计方法，让读者初步掌握 Smarty 模板的应用。

10.7 练 习 题

1．从 Smarty 官网中下载 Smarty-3.1.15，并在本地服务器网站根目录下对其进行配置，要求设置好缓存目录、配置文件目录、模板目录、模板编译目录，并将 Smarty 的定界符设置成其他符号。

2．简述 Smarty 模板引擎的优点，至少列举出 Smarty 类中 5 种常用的方法，并分别简要说明。

10.8 上 机 实 战

"互联网+"时代已经来临，越来越多的人习惯于网上购物。请利用 Smarty 模板技术，简单设计一个电子商务网站，要求给该网站制作统一的用户登录框模板、购物车模板、商品目录模板，并编写 PHP 文件。

第 11 章　Dreamweaver CS6 中的 PHP 程序设计

知识点

- ☑ Dreamweaver CS6 简介
- ☑ 利用 Dreamweaver CS6 建立 PHP 网站 Dreamweaver CS6 站点
- ☑ Dreamweaver CS6 中怎样连接 MySQL 数据库
- ☑ 创建记录集与记录集导航条
- ☑ 常见的 MySQL 数据库操作在 Dreamweaver CS6 中的实现

本章导读

　　PHP 动态网页是一种无格式的纯文本文件，利用 Windows 记事本等一般的文本编辑器即可编写 PHP 动态网页程序，只不过如果以这种方式来创建和维护大型且复杂的 PHP 动态网站就显得力不从心了，应用 Dreamweaver CS6 可以弥补普通文本编辑器工作效率低下的缺点，它提供了一组与 MySQL 数据库访问有关的服务器行为，如创建记录集、创建记录集导航条、插入记录、删除记录以及更新记录等，可以快速生成 PHP 数据库程序。

11.1　Dreamweaver CS6 概述

　　Dreamweaver 是集网页设计和网站管理于一身的可视化网页开发软件，其最新版本是 Dreamweaver CS6。Dreamweaver CS6 采用多种先进技术，提供了强大的可视化工具、应用开发功能和代码编辑支持，使开发人员能快速高效地设计、开发和维护跨越平台限制及跨越浏览器限制的网站和应用程序。Dreamweaver CS6 的界面几乎是做了一次脱胎换骨的改进，利用它，不仅可以轻松地创建跨平台（PC 机、智能手机、平板）和跨浏览器的页面，也可以直接创建具有动态效果的网页而不用自己编写源代码。Dreamweaver CS6 最主要的优势在于能够进行多任务工作，并且操作方法更加简便、界面风格更加人性化。根据所开发的应用程序类型的不同，用户可以重新个性化排列面板和面板组，自定义工作区。Dreamweaver CS6（为叙述方便，以下简称 Dreamweaver 或 DW）应用程序的操作环境包括以下几个部分：功能菜单、插入栏、文档工具栏、文档窗口、状态栏、属性面板、功能面板等，如图 11-1 所示。与之前的 Dreamweaver CS4 相比，Dreamweaver CS6 新增了以下功能。

- ❏ 可响应的自适应网格版面。
- ❏ 改善的 FTP 性能。
- ❏ Adobe Business Catalyst 集成。

第 11 章　Dreamweaver CS6 中的 PHP 程序设计

- 增强型 jQuery 移动支持。
- 更新的 PhoneGap 支持。
- CSS 转换、CSS 布局、管理 CSS、CSS 增强功能。
- 增加了实时视图、多屏幕预览面板。
- 浏览器兼容性检查。
- Adobe CSS Advisor。
- Adobe Device Central。

图 11-1　Dreamweaver CS6 界面

11.2　利用 Dreamweaver 建立 PHP 动态网站站点

创建站点的目的在于将本地文件与 Dreamweaver 之间建立联系，使设计人员可以通过 Dreamweaver 管理站点文件。

11.2.1　站点的建立

与静态网站相比，PHP 动态网站的建立步骤基本相同，只不过后者要使用一种被称为

PHP MySQL 的服务器技术。下面介绍在 Dreamweaver 中如何创建一个基于 PHP+MySQL 服务器模型的动态站点，其操作步骤如下。

（1）启动 Dreamweaver，选择"站点"→"新建站点"命令，弹出如图 11-2 所示的站点定义对话框。

图 11-2　站点定义对话框

（2）在站点定义对话框中，在左边面板中选择"站点"选项卡，为新站点输入一个名称，在此输入的是 phpstudy，同时通过单击"本地站点文件夹"文本框右侧的 按钮来设置站点文件夹，然后选择"服务器"选项卡，弹出如图 11-3 所示的选择服务器技术的面板。

图 11-3　服务器面板

（3）在如图 11-3 所示的对话框中，单击"+"按钮，弹出如图 11-4 所示的对话框，在"基本"选项面板中设置服务器名称、连接方法、服务器文件夹和 Web URL，再单击"高级"选项按钮，对测试服务器的服务器模型进行设置，在此设置为 PHP MySQL，如图 11-5 所示。

图 11-4　服务器基本设置　　　　　　　图 11-5　测试服务器的服务器模型设置

（4）在图 11-5 所示的窗口中，单击"保存"按钮，回到服务器面板，在此窗口的数据窗格内可查看到刚才所创建的测试服务器信息，如图 11-6 所示。

（5）单击图 11-6 中的"保存"按钮，完成整个站点设置工作，此时在文件及资源面板中可以查看到如图 11-7 所示的站点文件夹信息。

图 11-6　服务器信息面板　　　　　　　图 11-7　站点文件夹面板

（6）右击图 11-7 所示窗口中站点根目录文件夹，在弹出的快捷菜单中选择"新建文件"命令，如图 11-8 所示，然后在文件夹下出现了新建的文件，此时的文件名还处于高亮色状态，提示用户可重新命名该文件，如图 11-9 所示。

图 11-8　"新建文件"命令　　　　图 11-9　为新建文件命名

11.2.2　在 Dreamweaver 中创建 MySQL 连接

正如第 7 章所述，PHP 提供了一组 MySQL 库函数，其中包括实现与 MySQL 数据库连接的函数 mysql_connect()函数。在 Dreamweaver 中可以使用"数据库"面板来创建 MySQL 数据连接，操作方法如下。

（1）在 Dreamweaver 中打开一个 PHP 网页，选择"窗口"→"数据库"命令或者按组合键 Shift+Ctrl+F10，打开如图 11-10 所示的"数据库"面板。

（2）在"数据库"面板中，单击 + 按钮，选择"MySQL 连接"命令，如图 11-11 所示。

图 11-10　"数据库"面板　　　　图 11-11　"MySQL 连接"命令

（3）在设置数据库连接之前，应保证已启动了 MySQL 服务器。在"MySQL 连接"对话框中，通过设置如图 11-12 所示的各个选项，为当前 PHP 动态网站创建数据库连接，需要设置的内容如下。

① 输入新连接的名称，如 constu。需提醒读者的是，不要在该名称中使用任何空格或特殊字符。

② 在"MySQL 服务器"文本框中，指定承载 MySQL 的计算机，可以输入 IP 地址或

服务器名称。若 MySQL 与 PHP 运行在同一台计算机上，则可输入 localhost。

③ 输入 MySQL 用户名和密码。

④ 在"数据库"文本框中输入要连接的数据库名称，也可以单击"选取"按钮并从 MySQL 数据库列表中选择要连接的数据库，如图 11-13 所示，这里选择的是 student 数据库，然后单击"确定"按钮返回到"MySQL 连接"对话框。

图 11-12 "MySQL 连接"对话框

图 11-13 选择数据库

（4）单击"MySQL 连接"对话框中的"测试"按钮，如果 Dreamweaver 连接数据库成功，则会显示"成功创建连接脚本"的提示信息框，如图 11-14 所示。如果连接失败，用户需检查服务器名称、用户名、密码等信息是否设置正确。然后单击"MySQL 连接"对话框中的"确定"按钮，新连接的数据库将出现在"数据库"面板中，如图 11-15 所示，这个数据库连接可以在当前站点的所有 PHP 页面中使用。

图 11-14 连接成功提示框

图 11-15 "数据库"面板中的数据库

（5）数据库连接创建成功后，打开 Dreamweaver 的"文件"面板，将在站点根目录下查看到一个名为 Connections 的文件夹，并在该文件夹内生成了一个与新建连接同名的 PHP 文件，如图 11-16 所示，该 PHP 文件就是数据库连接文件，它首先通过 4 个变量保存数据库连接参数，包括 MySQL 服务器名称、要连接的数据库名称、用户名和密码，然后通过调用 mysql_pconnect()函数建立一个永久连接，其中，参数 trigger_error(mysql_error(), E_USER_ERROR)用来生成一个用户级别的错误、警告信息，此参数本身也是一个函数，如图 11-17 所示。

为了避免访问 MySQL 数据库时出现乱码现象，可以在上述新建的数据库连接文件的 PHP 程序代码末尾添加如下语句，其功能是将数据库的字符集设为简体中文。

```
mysql_query("SET NAMES gb2312");
```

图 11-16　Connections 文件夹　　　　　图 11-17　用于数据库连接的 PHP 程序

另外，还应将 PHP 网页的字符集也设为简体中文，方法是通过设置位于文件首部的 <meta>标记来实现，其修改后的代码如下：

<meta http-equiv="Content-Type" content="text/html; charset=gb2312" />

如果要把新建的网页的字符集自动设置为 gb2312，则要在 Dreamweaver 的首选参数中对默认编码进行设置，步骤为：选择"编辑"→"首选参数"命令，在弹出的"首选参数"对话框中，从"分类"列表框中选择"新建文档"选项，然后在"默认编码"下拉列表框中选择"简体中文（GB2312）"选项，如图 11-18 所示。

图 11-18　Dreamweaver 首选参数设置对话框

11.2.3　数据库连接的管理与应用

在 Dreamweaver 中创建数据库连接后，如果要在 PHP 页中引用已创建的数据库连接标识符和其他连接参数，可以在"数据库"面板上右击该连接，并从弹出的快捷菜单中选择

"插入代码"命令,如图11-19所示,命令执行完毕后将在网页文件中生成PHP代码。

`<?php require_once('Connections/constu.php'); ?>`

图11-19 向网页中插入数据库连接标识符

利用"数据库"面板可以对数据库连接进行管理,主要包括以下操作。

- 编辑连接:右击一个连接名称并从弹出的快捷菜单中选择"编辑连接"命令,然后在连接对话框中修改除连接名称以外的其他参数。
- 重制连接:右击一个连接并从弹出的快捷菜单中选择"重制连接"命令,然后在连接对话框中修改连接参数,包括连接名称。
- 删除连接:右击一个连接并从弹出的快捷菜单中选择"删除连接"命令,即可删除该数据库连接,或者选中连接名称后再单击"数据库"面板上的减号 按钮也可删除连接。
- 测试连接:右击一个连接并从弹出的快捷菜单中选择"测试连接"命令。如果连接成功,则会看到"成功创建连接脚本"的信息,否则将提示连接失败信息。

11.3 数据集的创建与应用

在第7章介绍了运用mysql_query()、mysql_fetch_array()、mysql_num_rows()等函数来实现在网页中输出MySQL数据库的数据集合,即记录集,在Dreamweaver中同样可以容易地实现该功能。

11.3.1 利用Dreamweaver创建记录集

在Dreamweaver中,可使用简单记录集对话框或高级记录集对话框来定义记录集,而不需要编写任何PHP代码。在简单记录集对话框中不需编辑SQL语句,在高级记录集对话框中可以通过编写SQL语句来创建比较个性化、复杂的记录集。

1. 创建简单的记录集

如果用户进行简单的查询操作,可以使用Dreamweaver所提供的简单记录集定义对话框来定义记录集,其步骤如下。

(1)在"绑定"面板中单击 按钮,如图11-20所示,选择"记录集(查询)"命令后就可对记录集进行相关设置。

（2）打开"记录集"对话框，在"名称"文本框中输入用户定义的记录集名称，在"连接"下拉列表框中选择数据库连接名称，如 constu，在"表格"下拉列表框中选择数据库连接名称所对应的数据库中的数据表，这里选择的是 stu_person。在"列"选项组中，选中"全部"单选按钮，如果有筛选和排序要求，还可以在"筛选"及"排序"选项中进行设置，如图 11-21 所示。

图 11-20　"记录集（查询）"命令　　　　　图 11-21　设置记录集内容

（3）为了确认其设置的正确性，单击"测试"按钮即可，如图 11-22 所示是测试成功后返回的记录集数据，然后单击"确定"按钮，完成记录集的设置，完成后，在"绑定"面板的列表框中显示建立的记录集列表，如图 11-23 所示。

图 11-22　记录集测试窗口

至此，简单记录集创建完成，但此时用户看不到直观的详细记录集内容，下面谈谈在 Dreamweaver 中如何实现将简单记录集显示到网页上，其步骤如下。

第 11 章　Dreamweaver CS6 中的 PHP 程序设计

（1）在站点中新建一个 PHP 网页，用于显示记录集。

（2）由于新建的数据库连接在整个站点的所有网页都有效，因此，在新建的网页中仍然可用此连接，此时可直接利用简单记录集创建对话框定义一个记录集，方法如 11.3.1 节中的"创建简单的记录集"部分所述。

（3）选择"插入"→"数据对象"→"动态数据"→"动态表格"命令，打开"动态表格"对话框，然后对以下选项进行设置，如图 11-24 所示。

图 11-23　"绑定"面板中的记录集　　　　图 11-24　动态表格设置对话框

① 从"记录集"下拉列表框中选择之前所定义好的记录集。

② 显示记录集的方式，可从"显示"单选按钮组中设置，主要有两种：若要分页显示记录集，可单击第一个单选按钮并在文本框中设置每页显示的记录数目；如果在一个页面上显示所有记录，则应选中"所有记录"单选按钮。

③ 根据实际需要，对动态表格的边框、单元格边距和单元格间距进行设置。

完成以上设置后，单击"确定"按钮，此时，一个动态表格就插入到当前网页文档中，如图 11-25 所示。

重复	name	sex	age	st_id	class_id
	{Recordset1.name}	{Recordset1.sex}	{Recordset1.age}	{Recordset1.st_id}	{Recordset1.class_id}

图 11-25　插入到网页文档中的动态表

（4）利用 Dreamweaver 表格设计工具对表格属性进行设置，以美化网页外观。

（5）上述过程基本上无须用户编写 PHP 代码，所有代码都由系统自动生成，用户可切换到代码视图来查看生成的 PHP 代码，然后在浏览器中查看网页运行效果，如图 11-26 所示。

2．创建高级记录集

简单记录集只能从一个表中检索数据，而且在筛选条件和排序准则中都只能包含一个字段，如果要实现多表查询、创建功能更为强大的记录集，则应当使用高级记录集对话框来完成，使用高级记录集对话框创建数据集时，可以手动编写 SQL 语句，也可以使用可视化的"数据库项"树工具来协助创建 SQL 语句，两种方式都能创建功能更强、比较复杂的数据库查询。创建高级记录集的步骤如下。

（1）在"绑定"面板中单击 + 按钮后，弹出如图 11-27 所示的"记录集"对话框，在该对话框中单击"高级"按钮。

图11-26 简单记录集在网页中的运行效果　　　　图11-27 "记录集"对话框

（2）单击"高级"按钮后，将弹出如图11-28所示的高级记录集对话框，在此进行相关设置。

图11-28 高级记录集对话框

（3）在"名称"文本框中定义数据集名称，在"连接"下拉列表框中选择用于定义记录集的数据库连接，在此选择刚刚创建的字符串连接 constu，如果还未定义数据库连接，可单击右侧的"定义"按钮进行定义。

（4）根据实际需要，在 SQL 列表框中输入所需的 SQL 查询语句。编者在此文本框中输入以下语句以在两个数据表中实现相关信息的查询。

SELECT Name, NoteContent, personHomepage, users.Name, Password, users. Password FROM notecontent, users　WHERE notecontent.id=users.id

（5）单击"测试"按钮，测试所定义的 SQL 语句是否正确。

（6）在高级记录集对话框的下方有"数据库项"列表框，其中以树状结构显示所选择的数控连接中的数据表、视图及存储过程；在右侧有 3 个按钮，即 SELECT、WHERE 和 ORDER BY，分别对应简单记录集定义中的字段选择、记录过滤和记录排序功能。使用方法是：先选中某一字段，然后再单击其中的一个按钮。

（7）如果要在 SQL 语句中使用变量参数，可以在"变量"列表框中对查询变量进行定义：单击 + 按钮，随即弹出如图 11-29 所示的对话框。

图 11-29 "添加变量"对话框

其中，在"名称"文本框中定义变量的名称，在"类型"下拉列表框中选择变量的数据类型，在"运行时值"文本框中指定查询变量的值，通常是 URL 参数或表单变量，这些参数通过$_POST 或$_GET 数组求出，如$_POST["username"]。在"默认值"文本框中定义默认条件下的默认变量值，设置完毕后，单击"确定"按钮即可，并返回到记录集定义主窗口，然后将刚刚定义的变量根据需要添加到先前输入的 SQL 语句的合适位置处。

（8）单击数据集定义窗口中的"测试"按钮，测试其 SQL 语句的正确性。测试通过后，单击"确定"按钮，将该记录集添加到"绑定"面板的可用内容资源列表中。

（9）将数据集输出到页面中，其方法与简单记录集在网页中输出的处理方式相同，这里就不再赘述。

11.3.2 分页显示查询结果

Dreamweaver 提供了一些服务器行为，用于快速实现各种标准的数据库操作。要实现记录集分页显示，主要用到以下几种服务器行为。

- 使用"重复区域"服务器行为或"动态表格"服务器行为创建一个动态表格，用于显示记录集内的多条记录。
- 使用"记录集导航条"服务器行为创建文本或图像形式的导航链接，以便在不同记录组之间切换。
- 使用"记录集导航状态"服务器行为创建记录集计数器，以显示总记录数目和当前页显示的记录号范围。

下面介绍在 Dreamweaver 中如何实现数据分页，其步骤如下。

（1）打开 PHP 站点，并在站点文件夹内新建一个 PHP 动态网页。

（2）利用简单记录集对话框创建一个记录集，如图 11-30 所示，在这里编者为记录集命名为 studentrs，从表 stu_person 中检索数据，并选中"列"选项组中的"全部"单选按钮，以显示所有数据列。

（3）在此页面中添加一个动态表格，用于显示记录集内容，如图 11-31 所示，在该对话框中，编者设置每页显示 5 条记录，单击"确定"按钮即可在网页中成功添加动态表格，并利用表格工具对动态表格的属性进行设置。

图 11-30 记录集定义对话框　　　　　　图 11-31 动态表格定义对话框

（4）把网页中的插入点移动到动态表格的左边，选择"插入"→"数据对象"→"显示记录计数"→"记录集导航状态"命令，然后在"记录集导航状态"对话框中选择记录集 studentrs，并单击"确定"按钮，如图 11-32 所示。

（5）把网页中的插入点移动到动态表格的右边，选择"插入"→"数据对象"→"记录集分页"→"记录集导航条"命令，然后在"记录集导航条"对话框中选择记录集 studentrs，并单击"确定"按钮，如图 11-33 所示，其中，在"显示方式"选项组中有两个选项：文本和图像，在这里选择第一项。

图 11-32 记录集导航状态定义　　　　　图 11-33 记录集导航条定义

（6）以上步骤完成后，动态网页页面将变成如图 11-34 所示的外观，在其上部将显示每页列出记录的起止记录号以及总的记录数，下面是导航条按钮，用户可以通过单击它浏览各页。

图 11-34 动态表格

用户设计完成后，可以将网页设计视图切换到代码视图，阅读自动生成的 PHP 代码，然后在浏览器中对导航条进行测试，其运行效果如图 11-35 所示。

图 11-35　分页显示数据记录的网页运行效果

11.3.3　搜索/结果页的创建

为了给动态网站添加搜索功能，通常需要创建一个搜索页和结果页，在搜索页中，访问者通过 HTML 表单输入搜索参数并将参数传递给服务器上的结果页，由结果页获取搜索参数，连接到数据库并根据数据库进行查询，创建记录集并显示其内容。

在 Dreamweaver 中创建显示搜索结果的 PHP 动态网页时，需要获取搜索参数的值并根据其值来构建。

❑ 若只传递了一个搜索参数，则可以用简单记录对话框来创建带有筛选条件的记录集。
❑ 若传递了两个或更多搜索参数，则必须使用高级记录集来创建记录集，而且还需要设置一些变量，变量的数目与搜索参数的数目相等。

下面举一个实例来介绍搜索/结果页的创建步骤，本实例要求按班级名称查询学生记录，当从下拉列表框中选择一个班级名称并单击"提交"按钮后，系统将以表格形式列出该班级的学生信息，其步骤如下。

（1）在 Dreamweaver 中打开 PHP 站点，新建一个网页，在该页中插入一个表单，method 属性设置为 post，然后在表单中插入一个列表框并命名为 class_id，在列表框后插入一个"提交"按钮，如图 11-36 所示。

图 11-36　网页中的表单及其表单元素

（2）在 Dreamweaver 中打开 PHP 站点，新建一个网页，仍然将前面创建好的数据库连接 constu 加入到本网页中，并在该网页中设置一个简单记录集，该记录集从班级列表中提取全部信息，如图 11-37 所示。

243

（3）再创建一个简单记录集，从学生列表中检索学号 st_id、姓名 name、性别 sex、年龄 age 等信息，并为该记录集设置一个筛选条件，把班级编号 class_id 字段的值与从列表框中选择的值进行比较，所以在"筛选"条件选项的第二个下拉列表框中应选择"表单变量"，在右边的文本框中应输入先前所创建的下拉列表框名称 class_id，其情形如图 11-38 所示。

图 11-37　创建班级下拉列表数据源的记录集　　图 11-38　创建有筛选条件的记录集

（4）将前面创建的列表框 class_id 绑定到班级列表记录集上，方法是在页面设计视图窗口中选择列表框，在属性检查器上单击"动态"按钮，打开"动态列表/菜单"对话框；然后在"来自记录集的选项"下拉列表框中选择刚刚所创建的班级列表记录集，从"值"和"标签"下拉列表框中选择 class_id 和 id，在"选取值等于"文本框中输入 PHP 代码块"<?php $_post['class_id'] ?>"，如图 11-39 所示。

图 11-39　绑定下拉列表框

（5）在表单下方插入一个动态表格，用于显示从列表框中所选班级的学生记录信息，如图 11-40 所示。

（6）在页面设计视图窗口中选择动态表格，选择"插入"→"数据对象"→"显示区域"→"如果记录集不为空则显示"命令，并在随后弹出如图 11-41 所示的对话框，在该对话框中选择学生列表所在的记录集。

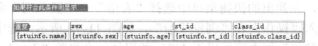

图 11-40　添加动态表格

（7）至此页面设计完成，按快捷键 F12 可浏览程序执行的页面效果，如图 11-42 所示。

图 11-41　设置显示区域

图 11-42　浏览搜索结果页运行效果

11.3.4　主/详细记录页的创建

主/详细记录页是一种比较常用的页面组合，它由主页和详细页所组成，通过两个层次来显示从数据库中检索的信息。主/详细记录页组合形式的创建思想是：在主页上显示出通过查询返回的所有记录部分信息的列表，而且每条记录都包含一个链接，当单击主记录页上的链接时打开详细页，并传递一个或多个 URL 参数，在详细页中读取 URL 参数并根据这些参数的值执行数据库查询，以检索关于选定记录的更多详细信息并显示出来。

在 Dreamweaver 中，可以通过添加相关的服务器行为来快速生成主记录页和详细记录页，主要包括以下步骤。

（1）创建主记录页，并创建与详细页的链接：在 Dreamweaver 中打开 PHP 站点，新建一个网页，为了和后面的详细记录页区分，可将此页命名为 main.php，并将网页标题设置为"学生基本情况"；然后以学生数据表为数据源，利用简单记录集对话框在该网页中创建一个记录集，并以动态表格的形式来显示该记录集。

（2）在动态表格上方插入一个记录集导航按钮组，其方法在前面已做过介绍，设置的相关情形如图 11-43 所示。

图 11-43　记录集导航条设置对话框

（3）在动态表格右侧增加一列，其方法是将光标定位到该动态表格的最右侧，然后右击最右侧的单元格，在弹出的快捷菜单中选择"表格"→"插入列"命令，然后在其第一行和第二行分别插入"操作"和"浏览成绩"，如图 11-44 所示。选中"浏览成绩"，并在属性检查器的"链接"框中输入以下 URL 并附加一个参数"detail.php?stid=<?php echo $row_stuinfo['stid']; ?>"，该 URL 的功能就是从主页链接到详细页，其中，detail.php 是即将创建的详细页文件名，单击"浏览成绩"链接时会通过 stid 参数将学生的学号传递到详细页中。

图 11-44　插入浏览记录的超级链接列

（4）创建详细页，在 PHP 站点中新建一个网页，并命名为 detail.php，然后将文档标题设置为"该学生详细信息"并根据获取的参数查找请求的记录，然后利用高级记录集对话框创建一个记录集，以便从学生表（student）、课程表（coursetb）和成绩表（scores）中检索选定学生的成绩数据，使用的 SQL 语句如下：

SELECT coursetb.coursename, coursetb.term, scores.score, student.stname FROM coursetb, scores, student WHERE coursetb.courseid=scores.courseid　AND student.stid=stuid

其中，在 WHERE 子句部分包含了一个 stuid 变量，该变量是通过高级记录集对话框的"变量"区域来定义的，该变量的类型为 Text，默认值为 081101，运行值为$_GET['stid']，如图 11-45 所示。

图 11-45　高级记录集设置对话框

（5）在详细页中插入一个动态表格，用于显示主页中动态连接的详细记录数据，然后在该动态表格前添加"`<p align="center">`该学生成绩为`</p>`"。

（6）保存所有文件，然后在浏览器中运行主页，其效果如图 11-46 所示，单击"浏览成绩"链接，弹出如图 11-47 所示的在详细页上检索到的记录。

图 11-46　主记录页

图 11-47　详细页

11.4　记录的添加、删除与更新

利用 Dreamweaver 提供的表单设计工具和服务器行为面板可方便地实现数据库记录的添加、删除以及数据更新等数据库操作功能。

11.4.1　数据记录的添加

在 Dreamweaver 中可以使用插入记录表单向导和逐块生成记录添加页面两种方法实现数据的添加功能。

1. 使用向导实现数据记录的添加

使用插入记录表单向导可以通过单个操作创建记录添加页面的基本模块，可自动把 HTML 表单和"插入记录"服务器行为同时添加到页面中，操作步骤如下：

（1）在 PHP 站点中新建一个网页。

（2）选择"插入"→"数据对象"→"插入记录"→"插入记录表单向导"命令，如图 11-48 所示。随后弹出"插入记录表单"对话框。

图 11-48 插入记录表单向导菜单命令

（3）在如图 11-49 所示的"插入记录表单"对话框中设置以下各项。

图 11-49 插入记录表单设置对话框

① 在"连接"下拉列表框中选择一个数据库连接。

② 在"表格"下拉列表框中选择要向其插入记录的数据库表。

③ 在"插入后，转到"文本框中输入将记录成功插入到数据库表后要跳转到哪个页面，若此项留空，则插入记录后仍打开当前页面。

④ 在"表单字段"列表框中，指定要包括在记录添加表单的表单控件，以及每个表单控件对应的数据库表字段。

⑤ 在"表单字段"编辑窗格中显示了数据库表中各字段在 PHP 页面中显示的数据类型以及标签名称等，可以通过单击 + 按钮和 − 按钮来增加和删除要在页面中显示的字段数

据，也可单击 ▲▼ 按钮来调整 HTML 表单控件顺序。

（4）指定每个数据输入域在 HTML 表单上的显示方式，方法是先用鼠标选中"表单字段"窗格中的一行，然后就可以对该行所对应的数据列设置相关选项。

（5）单击"插入记录表单"对话框中的"确定"按钮，此时，Dreamweaver 将表单和"插入记录"服务器行为添加到页面中，如图 11-50 所示。表单被包含在<table></table>表格标记之间，可通过设置表格的相关属性来修改表单的外观布局。如果要对"插入记录"服务器行为进行编辑，可打开"服务器行为"面板，双击该服务器行为即可进行编辑。

（6）按 F12 键浏览程序运行效果，如图 11-51 所示。

图 11-50　插入记录表单设计视图

图 11-51　插入记录表运行效果

2．逐块生成记录添加页面

使用表单工具和服务器行为面板也可分步骤创建记录添加页面的基本模块，其中包括两个步骤，首先将表单添加到页面，接收用户输入数据，然后添加"插入记录"服务器行为以便在数据库表中插入记录。

首先在页面中添加表单，其步骤如下。

（1）在 PHP 动态网站站点中新建一个 PHP 动态网页，然后使用 Dreamweaver 设计工具对该页面进行布局。

（2）插入一个表单，然后在该表单内插入一个表格，用于布局要添加的数据表字段信息，同时添加"提交"按钮、"重置"按钮，以及一组单选按钮和"班级"下拉列表框，如图 11-52 所示。

（3）利用简单记录集对话框创建一个记录集作为"班级"下拉列表框的数据源，该记录集只包含班级编号字段。然后选中"班级"下拉列表框，通过设置"动态列表/菜单"对话框中的各项内容，将下拉列表框绑定到该记录集上，如图 11-53 所示。

（4）添加"插入记录"的服务器行为，方法是：选择"插入"→"数据对象"→"插入记录"菜单下的"插入记录"命令，随后出现"插入记录"对话框，其中在"列"文本框中罗列了数据集中的所有数据字段，逐个选中各数据项，分别设置对应的表单控件，如图 11-54 所示。

图 11-52 设置插入记录所用的表单集表单元素　　图 11-53 绑定"班级"下拉列表框

图 11-54 编辑插入列内容

（5）切换到代码视图，在表单结束标记</form>后插入如下 PHP 代码：

`<?php if(isset($_post["button"])&&$Result1) echo "添加成功！";   ?>`

其中，Result1 是 Dreamweaver 系统自动生成数据集的名称。

（6）按 F12 键，运行程序，并添加一条记录进行测试，如图 11-55 和图 11-56 所示。

图 11-55 插入数据记录前的页面

图 11-56　插入数据记录后的页面

11.4.2　删除数据

通常 PHP 动态网站应包含用于删除数据表数据记录的页面，在 Dreamweaver 中，可以在网页中添加"删除记录"服务器行为来生成记录删除页面。下面通过设计删除学生记录程序的例子来简单介绍删除记录页面的设计方法。

（1）在 PHP 站中创建一个 PHP 动态网页。

（2）利用简单记录集对话框创建一个记录集并命名为 studentrs，然后插入一个动态表格，用于显示该记录的内容。

（3）在动态表格最右侧插入一列，并在其列头处输入"操作"，在第二行输入"删除记录"，选中"删除记录"文本。然后在"属性"面板的"链接"框中输入以下内容：

chart10-7.php?stid=<?php echo $row_studentrs['stid']; ?>

（4）在动态表格上方插入一个记录集导航条，并在导航条右侧增加一列，在其中插入一个记录集导航状态，如图 11-57 所示。

图 11-57　带有记录集导航条的动态表格

（5）在"服务器行为"面板上单击加号按钮，从弹出菜单中选择"删除记录"命令，然后在弹出的"删除记录"对话框中设置相关选项，如图 11-58 所示。

（6）在浏览器中打开网页，并记录删除功能进行测试，如图 11-59 和图 11-60 所示。

图 11-58 "删除记录"对话框

图 11-59 删除记录前的页面

图 11-60 删除记录后的页面

11.4.3 数据记录的更新

在 Dreamweaver 中,可以通过可视化操作快速生成一个记录更新页,不用编写代码或编写少量代码。一个记录更新页包括以下 3 个构造模块：用于从数据库表中检索记录的过滤记录集；允许用户修改记录数据的 HTML 表单；用于更新数据库表的"更新记录"服务器行为。下面利用"更新记录表单向导"来创建更新数据记录页面，其步骤如下。

（1）在 PHP 站中创建一个 PHP 动态网页。

（2）利用简单记录集对话框创建一个记录集并命名为 Recordset1，然后添加"更新记录"的服务器行为，方法是：选择"插入"→"数据对象"→"更新记录"→"更新记录表单向导"命令，弹出"更新记录表单"对话框，在其中设置"连接"和"要更新的表格"等项，在"唯一键列"下拉列表框中选择数据库表中的主关键字段，然后在"表单字段"列表框中对要更新的数据字段进行增删等编辑操作，如图 11-61 所示。

图 11-61 "更新记录表单"对话框

（3）设置完毕"更新记录表单"对话框中的各项之后，单击"确定"按钮，在页面中出现一个带若干文本框的表格，然后在该表格上部添加一行，并将该行合并为一个单元格，在合并后的单元格中插入一个"记录集导航条"，如图 11-62 所示。

（4）在 IE 浏览器中运行该页面，其效果如图 11-63 所示。在相应文本框中输入新内容，然后再单击"更新记录"按钮，即可将新内容写入到数据表中。

图 11-62 更新记录表单

图 11-63 更新记录表单运行效果

11.5 案例剖析：网上留言簿的实现

网上留言簿是常见的互联网应用之一，本实例将借助 Dreamweaver 来实现一个 PHP 动态网页的留言簿。在制作留言簿的动态网页之前，需要创建一个数据库，其中包含两个数据表，一个用于保存用户的信息；另一个用于保存留言簿上的留言内容。本实例采用 MySQL 创建该数据库。

11.5.1 程序功能介绍

本实例主要的功能包括：用户认证及登录、合法用户查看留言信息、合法用户添加留言信息。为此，需要建立一个数据库，本例命名为 webnotedb，在数据库中创建两个表：users 及 notecontent，分别用于保存用户信息和留言内容信息。其结构如表 11-1 和表 11-2 所示。

表 11-1 users 表结构

用 户 号	字 段 类 型	长　度	说　明	用 户 号	字 段 类 型	长　度	说　明
Id（主键）	tinyint	4	留言顺序号	NoteContent	varchar	255	留言内容
name	char	12	用户名	Date	date	8	留言时间
Email	char	100	电子邮箱				

表 11-2 notecontent 表结构

用 户 号	字 段 类 型	长　度	说　明	用 户 号	字 段 类 型	长　度	说　明
Id（主键）	tinyint	4	留言顺序号	NoteContent	varchar	255	留言内容
name	char	12	用户名	Date	date	8	留言时间
Email	char	100	电子邮箱				

网上留言簿的首页是用户登录页面，如图 11-64 所示，当用户输入合法的用户名和密码后，单击"提交"按钮，系统将自动转入如图 11-65 所示的留言浏览页，可以查看到所有的留言。

图 11-64 用户登录窗口

图 11-65 浏览留言窗口

单击如图 11-65 所示的浏览留言页上面的"我要留言"链接,系统将转入到添加留言页面,输入相应内容后,单击"插入记录"按钮即可添加新的留言,如图 11-66 所示。如果添加成功,将弹出如图 11-67 所示的页面。

图 11-66 添加留言窗口

图 11-67 添加留言成功消息框

单击如图 11-66 所示的页面上部的"留言管理"链接，将弹出如图 11-68 所示的修改留言记录的页面。通过向文本框中输入新内容，然后单击"更新记录"按钮即可将更新的内容提交到数据库服务中。

图 11-68 修改留言页面

11.5.2 程序代码分析

首先为网上留言簿设计一个用户登录程序，该程序可以借助 Dreamweaver 来生成，其步骤为：先在网页中添加一个数据集，用于连接用户表，然后在网页内插入一个表单，之后，选择"插入"→"数据对象"→"用户身份验证"→"登录用户"命令，如图 11-69 所示。随后弹出如图 11-70 所示的"登录用户"对话框。

图 11-69 "登录用户"命令   图 11-70 "登录用户"对话框

在"登录用户"对话框中选择使用的连接和表格、用户名、密码等选项,然后单击"确定"按钮,系统将自动在网页内生成一个用户登录表单,如图11-71所示。

图 11-71 登录用户表单

转到代码视图窗口,将看到如下程序代码:

```php
<?php require_once('../Connections/notewebcon.php'); ?>
<?php
if(!function_exists("GetSQLValueString")){
function GetSQLValueString($theValue, $theType, $theDefinedValue = "", $theNotDefinedValue = "")
{$theValue = get_magic_quotes_gpc() ? stripslashes($theValue): $theValue;
   $theValue = function_exists("mysql_real_escape_string")? mysql_real_escape_string($theValue): mysql_escape_string($theValue);
   switch($theType){
     case "text":
       $theValue = ($theValue != "")? "'" . $theValue . "'" : "NULL";
       break;
     case "long":
     case "int":
       $theValue = (theValue != "")? Intval(theValue)"NULL";
       break;
     case "double":
       $theValue = ($theValue != "")? "'" . doubleval($theValue) . "'" : "NULL";
       break;
     case "date":
       $theValue = ($theValue != "")? "'" . $theValue . "'" : "NULL";
       break;
     case "defined":
       $theValue = ($theValue != "")? $theDefinedValue : $theNotDefinedValue;
       break;}
   return $theValue;}
}
mysql_select_db($database_notewebcon, $notewebcon);
$query_webnotecon = "SELECT users.Name, users.Password FROM users";
$webnotecon = mysql_query($query_webnotecon, $notewebcon)or die(mysql_error());
$row_webnotecon = mysql_fetch_assoc($webnotecon);
$totalRows_webnotecon = mysql_num_rows($webnotecon);
?>
<?php
if(!isset($_SESSION)){
```

```php
  session_start();}
$loginFormAction = $_SERVER['PHP_SELF'];
if(isset($_GET['accesscheck'])){
   $_SESSION['PrevUrl'] = $_GET['accesscheck'];}
if(isset($_POST['textfield'])){
   $loginUsername=$_POST['textfield'];
   $password=$_POST['textfield1'];
   $MM_fldUserAuthorization = "";
   $MM_redirectLoginSuccess = "allnote.php";
   $MM_redirectLoginFailed = "shibai.htm";
   $MM_redirecttoReferrer = false;
   mysql_select_db($database_notewebcon, $notewebcon);
   $LoginRS__query=sprintf("SELECT Name, Password FROM users WHERE Name=%s AND Password=%s",
     GetSQLValueString($loginUsername, "text"), GetSQLValueString($password, "text"));
   $LoginRS = mysql_query($LoginRS__query, $notewebcon)or die(mysql_error());
   $loginFoundUser = mysql_num_rows($LoginRS);
   if($loginFoundUser){
     $loginStrGroup = "";
    $_SESSION['MM_Username'] = $loginUsername;
    $_SESSION['MM_UserGroup'] = $loginStrGroup;
    if(isset($_SESSION['PrevUrl'])&& false){
      $MM_redirectLoginSuccess = $_SESSION['PrevUrl'];}
    header("Location: " . $MM_redirectLoginSuccess);}
    else {
    header("Location: ". $MM_redirectLoginFailed);}} ?>
<html >
<title>用户登录页面</title>
<body>
<center><h2><strong>网上留言簿</strong></h2></center>
<form id="form1" name="form1" method="POST" action="<?php echo $loginFormAction; ?>">
    <table width="251" border="0" align="center" cellpadding="0" cellspacing="0" bgcolor="#FF99FF">
      <tr> <td height="34" colspan="2"><div align="center">
        <label>
        <input type="image" name="imageField" id="imageField" src="images/8.gif" />
        </label>
        用户登录</div></td> </tr>
      <tr>
        <td width="83" height="34"><div align="center">用户名</div></td>
        <td width="168"><label>
          <input type="text"   name="textfield" id="textfield" />
          </label></td>
      </tr>
      <tr> <td height="32"><div align="center">密 码</div></td>
        <td><input   name="textfield1" type="password" id="textfield1" /></td></tr>
      <tr><td height="40"><label>
```

```
            <div align="right">
                <input type="submit" name="button" id="button" value="提交" />
            </div>
        </label></td>
    <td><label>
        <div align="center">
            <input type="reset" name="button2" id="button2" value="重置" />
        </div>
    </label></td> </tr>
  </table>
</form>
</body>
</html>
<?php
mysql_free_result($webnotecon);
?>
```

接下来就是设计添加留言记录、更新留言记录以及查看留言记录等程序,这些程序的设计方法和步骤与本章所讲的记录的添加、更新和查看的设计方法类似,这里就不再赘述。

11.6 本章小结

本章着重介绍了如何在 Dreamweaver CS6 中设计 PHP 动态网页,借助 Dreamweaver 中的一系列可视化工具可以设计向数据库添加记录、插入数据、删除数据、更新数据等一系列数据库操作。

11.7 练习题

1. 在 Dreamweaver 中创建数据库链接时将生成一个什么样的 PHP 文件?它包含哪些内容?存放在何处?
2. 为了避免访问 MySQL 数据库时出现乱码现象,应该在数据库连接文件中添加什么 PHP 代码?
3. 请简述简单记录集和高级记录集各自的特点。
4. 在 Dreamweaver 中创建分页显示记录的页面,主要包括哪些步骤?

11.8 上机实战

1. 在 MySQL 数据库中建立一个数据库 Student,数据库中包含学生学籍状态表 stu_state 和学生成绩表 st_scores,其结构如表 11-3 和表 11-4 所示。

表 11-3　学籍状态表 stu_state

字　段　名	数　据　类　型	字　段　说　明	键　引　用
stid	varchar	学生编号	主键
stidname	varchar	姓名	
Class_id	varchar	班级	
State	bit	是否在校	

表 11-4　学生成绩表 st_scores

字　段　名	数　据　类　型	字　段　说　明	键　引　用
stid	varchar	学生编号	
term	varchar	学期	
coursename	varchar	课程名称	
score	int	成绩	

2．在网页中建立一个表单，输入学生成绩数据，并将输入的学生成绩数据存入学生成绩表 st_scores 中。

3．编写一个 PHP 程序，查询学生学籍状态表 stu_state 中的记录，如果记录大于 30，则分页显示。

第 12 章 利用 PHP 技术构建跨平台的移动 APP

知识点

- ☑ 了解 jQuery 与 jQuery Mobile 的基本情况
- ☑ jQuery Mobile 开发环境配置
- ☑ jQuery Mobile 技术的组成
- ☑ jQuery Mobile 与 PHP 的交互
- ☑ 掌握 jQuery Mobile 在 PHP 中的应用

本章导读

近年来，随着智能手机的普及，众多移动应用程序愈来愈多，很多原来开发基于个人计算机的 Web 应用程序开发人员也逐渐将主要精力转移到了移动应用程序开发上来。jQuery Mobile 是一种用 JavaScript 脚本编写的、开源的、跨平台的移动开发框架，是基于 HTML 5 的快速开发工具。本章将介绍 jQuery Mobile 开发环境的配置、开发步骤和常用方法，然后通过实例来介绍如何实现 PHP 与 jQuery Mobile 相结合以实现移动程序的开发。

12.1 jQuery 与 jQuery Mobile 简介

jQuery 与 jQuery Mobile 并不是真正意义上的编程语言，而是一个快速、简洁的 JavaScript 框架，是一个优秀的 JavaScript 代码库。虽然 jQuery 与 jQuery Mobile 都是基于 JavaScript 的框架，但它们的侧重点不一样，jQuery 是为了传统 Web 而设计，jQuery Mobile 则是基于 jQuery 的补充和扩展，主要针对的是移动终端设备的应用。

12.1.1 jQuery Web 开发框架

在 Prototype 之后，jQuery 算得上是名副其实的、非常优秀的 JavaScript 框架了，它是一款轻量级的 JavaScript 库，兼容 CSS3，基于 jQuery 开发的 Web 都能在主流浏览器流畅运行。由于 jQuery 秉持"写更少的代码，做更多的事情"的设计理念，在 Web 开发时，不用在 HTML 中插入一堆 JavaScript 来调用命令，只需定义 id 即可，这样就使用户的 HTML 页面保持代码和 HTML 内容的分离，这一点显著强于其他 JavaScript 框架，目前网络上有大量开源的 JavaScript 框架，其中 jQuery 是目前最流行的 JavaScript 框架，它提供了大量的扩展，以至于基于 jQuery 框架的插件到底有多少，恐怕永远没有准确答案。很多大公司都在使用 jQuery，例如 Google、Microsoft、IBM、Netflix。由于篇幅有限，若读者对这部分比较陌生，请自行查阅相关资料。

总的说来，jQuery 主要功能如下。
- 可以处理页面动作，可以设计出很绚丽的动画特效。
- 可以跳转页面，调用后台数据接口。
- 获取页面数据，对页面进行数据验证。
- 可以扩展插件。

jQuery 是为了改变 JavaScript 的编码方式而设计的，它的一般工作流程如图 12-1 所示。

（1）查找或创建 jQuery 对象。

$("selector");

（2）调用 jQuery 对象的方法完成需要完成的工作。

$("selector").doOurWork();

jQuery 就是以这种最简单的编码逻辑来改变 JavaScript 编码方式的，这两个步骤是 jQuery 的编码逻辑核心。

要实现这种简洁编码方式，创建 jQuery 对象这一环节至关重要。因此，jQuery 的 dom 元素查找能力相当强悍。此外，jQuery 对象的方法肯定是有限的，有限的方法满足不了日益增长的需求，所以，必须提供 jQuery 对象方法的扩展能力。

图 12-1　jQuery 的工作机制

12.1.2　jQuery Mobile 移动应用开发框架

jQuery Mobile 是一个用户界面（UI）框架，可以在不编写任何 JavaScript 代码的情况下开发一个有效的移动 Web 应用程序。jQuery Mobile 是一个针对触摸体验的 web UI 开发框架，可以开发跨智能电话和平板电脑工作的移动 Web 应用程序，它构建于 jQuery 内核之上，主要功能包括 HTML 和 XML 文档对象模型（DOM）的操控、处理事件、使用 Ajax 执行服务器通信以及用于 Web 页面的动画和图像效果。jQuery Mobile 框架本身是独立于 jQuery 内核的一个额外部分，与 jQuery 框架一样，jQuery Mobile 是一个免费的开源库。

与在 Android 和 iOS 等原生系统下开发移动应用相比，jQuery Mobile 具有如下优势。

- ❏ 上手迅速并支持快速迭代。
- ❏ 避免麻烦的应用商店审批过程以及调试、构建带来的痛苦。
- ❏ 支持跨平台和跨设备开发。

jQuery Mobile 继承了 jQuery 的理念——写更少的代码，做更多的事情，全面兼容各种平台的手机。jQuery Mobile 框架可以视为一组对触摸友好的 UI 组件，对于不支持的手机，同样也会显示最基本的样式。

12.2　jQuery Mobile 开发环境配置

要想利用 jQuery Mobile 框架进行移动程序应用开发，正确掌握其安装和配置方法是前提条件。

12.2.1　jQuery Mobile 下载和安装

PHP 中没有 jQuery Mobile 框架，需要单独下载和安装。首先打开浏览器登录 jQuery Mobile 官方网站 http://jquerymobile.com/，单击导航条中的 Download 按钮，如图 12-2 所示。

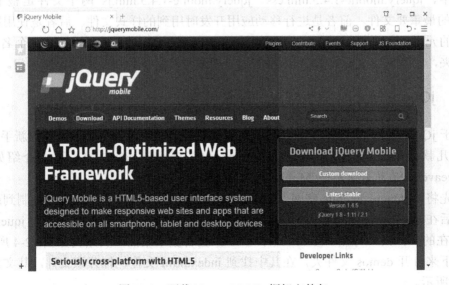

图 12-2　下载 jQuery Mobile 框架文件包

进入文件下载页面，然后选择一个版本，建议选择较新且稳定成熟的版本，然后单击对应版本的文件链接即可，下载成功后会获得一个文件名形如 jquery.mobile-x.x.x.zip 的压缩包。在编写此书时，jquery.mobile 1.4.5 是相对较新且稳定成熟的版本，因此，在官网上选择下载了 jquery.mobile-1.4.5.zip 压缩文件，解压缩 jquery.mobile-1.4.5.zip 压缩包后会获得 CSS、JS 和图片格式的文件，如图 12-3 所示。

名称	修改日期	类型	大小
demos	2017-10-30 20:12	文件夹	
images	2017-10-30 20:12	文件夹	
jquery.mobile.external-png-1.4.5.css	2014-10-31 13:33	层叠样式表文档	120 KB
jquery.mobile.external-png-1.4.5.mi...	2014-10-31 13:33	层叠样式表文档	89 KB
jquery.mobile.icons-1.4.5.css	2014-10-31 13:33	层叠样式表文档	127 KB
jquery.mobile.icons-1.4.5.min.css	2014-10-31 13:33	层叠样式表文档	125 KB
jquery.mobile.inline-png-1.4.5.css	2014-10-31 13:33	层叠样式表文档	146 KB
jquery.mobile.inline-png-1.4.5.min.css	2014-10-31 13:33	层叠样式表文档	116 KB
jquery.mobile.inline-svg-1.4.5.css	2014-10-31 13:33	层叠样式表文档	222 KB
jquery.mobile.inline-svg-1.4.5.min.css	2014-10-31 13:33	层叠样式表文档	192 KB
jquery.mobile.structure-1.4.5.css	2014-10-31 13:33	层叠样式表文档	90 KB
jquery.mobile.structure-1.4.5.min.css	2014-10-31 13:33	层叠样式表文档	68 KB
jquery.mobile.theme-1.4.5.css	2014-10-31 13:33	层叠样式表文档	20 KB
jquery.mobile.theme-1.4.5.min.css	2014-10-31 13:33	层叠样式表文档	12 KB
jquery.mobile-1.4.5.css	2014-10-31 13:33	层叠样式表文档	234 KB
jquery.mobile-1.4.5.js	2014-10-31 13:33	JavaScript 文件	455 KB
jquery.mobile-1.4.5.min.css	2014-10-31 13:33	层叠样式表文档	203 KB
jquery.mobile-1.4.5.min.js	2014-10-31 13:33	JavaScript 文件	196 KB
jquery.mobile-1.4.5.min.map	2014-10-31 13:33	Linker Address...	231 KB

图 12-3　jQuery Mobile 框架内部详细情况

其中，jquery.mobile-1.4.5.min.css、jquery.mobile-1.4.5.min.js 两个文件是整个 jQuery Moblie 的最重要文件，前者是进行移动应用开发时用到的样式文件，后者是使用脚本选择页面中的元素，然后将对应的样式加载到相应的元素上去，除此以外，还有一个名为 demos 的文件夹，它是基于 jQuery Mobile 框架的一个示例项目，可以让新手快速入门。

12.2.2　jQuery Mobile 开发环境的配置与测试

由于 jQuery Moblie 是基于 HTML 5 的跨平台开发框架，因此对于大多数新手来说，最好选用几款简单易用的编辑器，如 Notepad++、Dreamweaver 等。下面介绍如何通过 Dreamweaver CS6 构建 jQuery Mobile 开发环境。

首先将从 jQuery Mobile 官网上下载的 jquery.mobile 1.4.5 文件夹全部复制到站点目录下，然后在 Dreamweaver CS6 中创建一个站点，并将该站点的网站目录指向 jquery.mobile 1.4.5 所在的文件夹。可在 Dreamweaver CS6 中查看整个站点，其结构如图 12-4 所示。

接下来打开 demos 文件夹，在其中找到 index.html 文件，打开该文件，其文件结构如图 12-5 所示。

第12章 利用PHP技术构建跨平台的移动APP

图12-4 jQuery Mobile站点结构

图12-5 jQuery Mobile文件结构

从图12-5可以得知，其中的<head>部分包含jQuery Mobile引用和CSS移动主题，<body>部分包含jQuery Mobile内容。而在第5行说明了将移动设备的宽度作为网页的宽度，initial-scale=1表示不要让页面缩放，让它以1:1的比例呈现页面内容。通过第8、9、10这3行代码引入了jQuery Mobile所需要的CSS样式文件，其中，jquery.mobile-1.4.5.min.css和jqm-demos.css是位于jQuery Mobile文件夹中的本地文件。第11行表示通过jquery.js文件引入jQuery脚本，第12行引入了一个本地的JavaScript脚本，第13行引入了jquery.mobile-1.4.5.min.js，它也是一个本地文件。第16行中的data-role用来定义不同的组件元素及页面视图，在这里定义的是普通的页面视图，而在第18行定义的是页面头部区域。要利用jQuery Mobile高级功能和HTML语法，jQuery Mobile HTML文档必须定义为HTML 5文档类型。jQuery Mobile一般是通过对元素的data-role属性设置来确认使用哪种控件，比如在页面代码中有如下内容：

```
<div data-role="content"></div>
```

那么，可使用如下语句来获取这个元素：

```
$("div[data-role=content]");
```

其中，"$"表示这是一个选择器，括号中的内容用来说明具体选择的对象，选择并获取到元素后，下一步就是要对该元素进行样式设置，jQuery中为元素设置样式有下列方法。

- 可以为元素设置宽度和高度，可以使用的方法是 width(x)与 height(y)，其中，参数 x、y 表示要为元素设置宽度与高度的尺寸。
- 可以通过加入 CSS 样式为元素设置某种样式，如 addClass("page_cat")表示将名为 page_cat 的样式设置到元素上，在 jQuery Mobile 框架中大多使用这种方式。
- 还有 jQuery 自带的 CSS 类可以单独改变元素的某样式，但是由于使用过于烦琐，并且在大型程序中都不是很好用，因此实际运用较少。

jQuery Mobile 中提供了很多选择器，表 12-1 列出了常见的选择器。

表 12-1 常见的 jQuery Mobile 选择器

语　　法	描　　述
$("*")	选取所有元素
$(".class")	类选择器，可以通过指定的 class 查找元素
$("#id")	id 选择器，通过 HTML 元素的 id 属性选取指定的元素
$(this)	选取当前 HTML 元素
$("p.intro")	选取 class 为 intro 的<p>元素
$("p:first")	选取第一个<p>元素
$("ul li:first")	选取第一个<ul>元素的第一个<li>元素
$("ul li:first-child")	选取每个<ul>元素的第一个<li>元素
$("[href]")	选取带有 href 属性的元素
$("a[target='_blank']")	选取所有 target 属性值等于"_blank"的<a>元素
$("a[target!='_blank']")	选取所有 target 属性值不等于"_blank"的<a>元素
$(":button")	选取所有 type="button"的<input>元素和<button>元素
$("tr:even")	选取偶数位置的<tr>元素
$("tr:odd")	选取奇数位置的<tr>元素

综合上述内容，一个简单的、基本的 jQuery Mobile 的页面文档结构至少应包括页眉区、内容区、页脚区，可用代码表示如下：

```
<div data-role="page" id="page1">
    <div data-role="header">
    <h1>页眉区</h1>
    </div>
    <div data-role="content">
    <p>
    内容区
    </p>
    </div>
    <div data-role="footer">
    <h1>页脚</h1>
</div>
```

第 12 章 利用 PHP 技术构建跨平台的移动 APP

第一行的 data-role 元素值为 page，表示在此部署了一页，页的 id 是 page1，第二行定义了页眉，在此放置页面标题和 logo 等信息。第 5 行是本页的内容部分，用来放置特定 Web 应用程序和各种小部件。第 10 行定义了页的页脚，这部分一般用来部署导航。

基于 jQuery Mobile 框架的网页在移动设备上应用效果如何，开发人员可以事先测试。可以到网上免费下载 Opera Mobile Emulator 模拟软件，该软件容量小，安装简单，可以模拟不同类型、不同型号的移动设备，如图 12-6 所示。

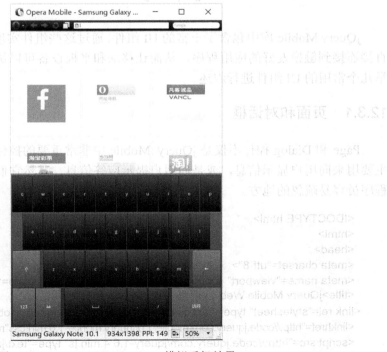

图 12-6　Opera Mobile Emulator 模拟软件

模拟软件启动后，在左边列表中选择移动设备类型及型号，然后对分辨率、像素密度等相关参数进行设置，单击"启动"按钮，弹出如图 12-7 所示的普通手机屏幕大小的窗口。

图 12-7　Opera Mobile Emulator 模拟手机效果

267

在模拟器上进行测试之前，先将做好的网页在 PC 机浏览器上进行测试，并将 PC 机浏览器地址栏上的地址复制到 Opera Mobile Emulator 模拟器地址栏中，然后单击"访问"按钮，可以看到图 12-8 中同一网页两种不同的显示效果。

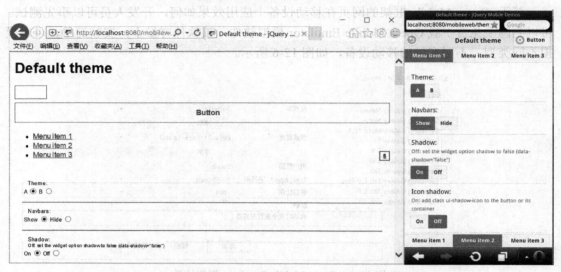

图 12-8　IE 浏览器与 Opera Mobile Emulator 模拟器浏览网页效果对比

12.3　jQuery Mobile 框架的构成

jQuery Mobile 库中包含了丰富的 UI 组件，通过这些组件实现了用户通过 Web 浏览器直接连接到触摸友好的应用程序，从而让移动和平板设备可以访问移动应用程序，下面列举几个常用的 UI 组件进行叙述。

12.3.1　页面和对话框

Page 和 Dialog 控件不仅是 jQuery Mobile 中非常重要的控件，更是不可缺少的控件，主要用来向用户显示信息，或是向用户提示应答信息。虽然它们的用法非常简单，却也是程序员容易疏忽的地方。

```
<!DOCTYPE html>
<html>
<head>
<meta charset="utf-8">
<meta name="viewport" content="width=device-width,initial-scale=1">
<title>jQuery Mobile Web 应用程序</title>
<link rel="stylesheet" type="text/css" href="jquery-mobile/jquery.mobile-1.4.3.min.css">
<linkhref="http://code.jquery.com/mobile/1.0/jquery.mobile-1.0.min.css"rel="stylesheet" type="text/css"/>
<script src="http://code.jquery.com/jquery-1.6.4.min.js" type="text/javascript"></script>
<script src="http://code.jquery.com/mobile/1.0/jquery.mobile-1.0.min.js" type="text/javascript"></script>
```

```
  </head>
  <body>
  <div data-role="page" id="page">
    <div data-role="header">
<h4>页头</h4>
    </div>
    <div data-role="footer">
       <h4>页面脚注</h4>
    </div>
  </div>
  </body>
  </html>
```

在上述代码中，在最外层的 DIV 中用"data-role="page" id="page""定义了一个页面控件，它的 id 是 page，这个页面又被分为两部分，即页头和页脚部分，它们分别被定义在内嵌的两个 DIV 中。

【案例 12.1】对话框的使用。用常用的 JavaScript 编写一个简单的函数即可实现对话框，程序如下所示。

```
<!DOCTYPE html>
<html xmlns="http://www.w3.org/1999/xhtml">
<head>
<meta http-equiv="Content-Type" content="text/html; charset=utf-8" />
<meta name="viewport" content="width=device-width,initial-scale=2">
<title>对话框</title>
<!--jQuery Mobile 样式文件-->
  <link rel="stylesheet" type="text/css" href="jquery-mobile/jquery.mobile-1.4.3.min.css">
      <!--引入 jQuery 脚本-->
       <script src="jQuery/jquery-1.11.2.min.js"></script><!--引入 jQuery Mobile 脚本-->
<scriptsrc="jquery-mobile/jquery.mobile-1.4.3.min.js"></script>
<script type="text/javascript">
$(document).ready(function(){
  alert("你好！我是对话框，给你打个招呼");
  setInterval(function(){           //使用计时器
      alert("你好！我是对话框，再给你打个招呼");
  },3000);                          //设置间隔为 3 秒
 });
</script>
</head>
<body>
  <div data-role="page" data-theme="a">
     对话框测试
</div></body>
```

其中，$(document).ready()中的"$"表示对象选择器，整个语句的功能是在加载页面文档之前，必须先运行$(document).ready()方法中所定义的功能，在本例中是使用计时器完成按规定的时间间隔弹出一条提示语。上述代码在手机模拟器中运行效果如图 12-9 所示。

图 12-9　jQuery Mobile 中的对话框控件效果

12.3.2　链接和按钮的使用

链接和按钮是移动互联网中最常见的两类 UI 控件，它们实现的功能类似，要创建一个按钮，需要在页面中插入如下代码：

```
<a href="#" data-role="button" data-theme="a"> data-theme a</a>
```

【案例 12.2】链接和按钮的使用。下面代码演示了怎样创建一组链接和按钮，其中，第 5、6、7 行通过链接网络地址的方式将 jQuery Mobile 所需要的样式表文件和 JavaScript 文件引入到本地文档中，这个与之前的引用方式有区别，请读者注意。另外，在本段代码段的第 14 行还增加了一个 DIV 容器，其 data-role 属性值是 content，它是用来放置页面主要内容的。本例运行的效果如图 12-10 所示。

```
<head>
<meta http-equiv="Content-Type" content="text/html; charset=utf-8" />
<title>链接和按钮例子</title>
<meta name="viewport" content="width=device-width, initial-scale=1">
<link rel="stylesheet" href="http://code.jquery.com/mobile/latest/jquery.mobile.min.css" />
<scriptsrc="http://code.jquery.com/jquery-1.7.1.min.js"></script>
<script src="http://code.jquery.com/mobile/latest/jquery.mobile.min.js"></script>
</head>
<body>
  <div data-role="page" data-theme="a">
    <div data-role="header">
      <h1>川菜馆菜单</h1>
    </div>
```

```
    <div data-role="content">
        <a href="#" data-role="button">红烧茄子</a>
        <a href="#" data-role="button">豆瓣鱼</a>
        <a href="#" data-role="button">麻婆豆腐</a>
        <a href="#" data-role="button">蚂蚁上树</a>
        <a href="#" data-role="button">经典回锅肉</a>
        <a href="#" data-role="button">水煮鱼</a>
        <a href="#" data-role="button">夫妻肺片</a>
        <a href="#" data-role="button">蒜泥白肉</a>
    </div>
</div>
```

图 12-10　链接和按钮的使用效果

12.3.3　工具栏的使用

工具栏可以作为容器的形式放置在页面上下两侧，无论是在传统的手机 APP 还是在网页端，工具栏都起到了导航的作用。应用开发人员可以利用工具栏来布局软件所具有的功能，也可以在工具栏中加入其他信息。

【案例 12.3】工具栏的使用。下面的代码演示了导航工具栏的实现，请读者仔细阅读 DIV 的 page 部分。

```
<head>
<meta http-equiv="Content-Type" content="text/html; charset=utf-8" />
<meta name="viewport" content="width=device-width, initial-scale=1">
<!--<script src="cordova.js"></script>-->
<link rel="stylesheet" href="jquery-mobile/jquery.mobile-1.4.3.min.css" />
<scriptsrc="jQuery/jquery-1.11.2.min.js"></script>
<scriptsrc="jquery-mobile/jquery.mobile-1.4.3.min.js"></script>
</head>
```

```html
<body>
<div data-role="page">
    <div data-role="header" data-position="fixed">
        <a href="#">返回</a>
        <h1>头部栏</h1>
        <a href="#">设置</a>
    </div>
    <div data-role="content">
        <h1 align="center">手机选课</h1>
        <h1 align="center">手机课表</h1>
        <h1 align="center">成绩查询</h1>
        <h1 align="center">考试安排</h1>
        <h1 align="center">校园轶事</h1>
        <h1 align="center">朝花夕拾</h1>
        <h1 align="center">图书查询</h1>
    </div>
    <div data-role="footer" data-position="fixed">
        <div   data-role="navbar">
            <ul>
                <li><a id="weixin" href="#" data-icon="custom">微信</a></li>
                <li><a id="tongxun" href="#" data-icon="custom">通讯录</a></li>
                <li><a id="friend" href="#" data-icon="custom">找朋友</a></li>
                <li><a id="set" href="#" data-icon="custom">设置</a></li>
            </ul>
        </div>
    </div>
</div>
</body>
```

运行结果如图 12-11 所示。

图 12-11　工具栏的使用效果

12.3.4 表单元素的使用

表单控件源自 HTML 中的<form>标记，并且起到相同的作用，用以提交文本、数据等无法仅仅靠按钮来完成的内容，包括文本框、滑杆、文本域、开关、下拉列表等表单控件。

【案例 12.4】下列代码演示了一个网上测试题的制作。

```
<head>
<meta http-equiv="Content-Type" content="text/html; charset=utf-8" />
<meta name="viewport" content="width=device-width, initial-scale=1">
<!--<script src="cordova.js"></script>-->
<link rel="stylesheet" href="jquery-mobile/jquery.mobile-1.4.3.min.css" />
<scriptsrc="jQuery/jquery-1.11.2.min.js"></script>
<scriptsrc="jquery-mobile/jquery.mobile-1.4.3.min.js"></script>

</head>
<body>
    <div data-role="page">
        <div data-role="header">
            <h1>第一题</h1>
        </div>
        <div data-role="content" style="height:430px;">
            <fieldset data-role="controlgroup">
                <legend>下列哪一项不是中国的新四大发明</legend>
                <input type="radio" name="radio-choice" id="radio-choice-1" value="choice-1"/>
                <label for="radio-choice-1">共享单车</label>
                <input type="radio" name="radio-choice" id="radio-choice-2" value="choice-2" />
                <label for="radio-choice-2">网络购物</label>
                <input type="radio" name="radio-choice" id="radio-choice-3" value="choice-3" />
                <label for="radio-choice-3">在线支付</label>
                <input type="radio" name="radio-choice" id="radio-choice-4" value="choice-4" />
                <label for="radio-choice-4">高铁</label>
                <input type="radio" name="radio-choice" id="radio-choice-5" value="choice-5" />
                <label for="radio-choice-5">航空母舰</label>
            </fieldset>
        </div>
    </div>
</body>
```

在 Opera Mobile Emulator 模拟器浏览器中查看，其运行效果如图 12-12 所示。

图 12-12　表单元素的使用效果

12.3.5　列表控件

页面上的内容并不是零乱分布的，很多时候需要一个列表来包含大量的信息，如音乐的播放列表、新闻列表、文章列表等。在 jQuery Mobile 中，列表的样式比较多，布局也比较灵活。

【案例 12.5】下面代码展示了一个购书清单的实现。

```
<head>
<meta http-equiv="Content-Type" content="text/html; charset=utf-8" />
<meta name="viewport" content="width=device-width, initial-scale=1">
<!--<script src="cordova.js"></script>-->
<link rel="stylesheet" href="jquery-mobile/jquery.mobile-1.4.3.min.css" />
<scriptsrc="jQuery/jquery-1.11.2.min.js"></script>
<scriptsrc="jquery-mobile/jquery.mobile-1.4.3.min.js"></script>
</head>
<body>
 <div data-role="page">
    <div data-role="header" data-position="fixed" data-fullscreen="true">
 <a href="#">返回</a>
 <h1>书目清单</h1>
 <a href="#">设置</a>
 </div>
     <div data-role="content">
     <ul data-role="listview" data-inset="true">
        <li><a href="#">
           <h2>C#程序设计</h2>
           <p>价格：59</p>
           <span class="ui-li-count">820</span>
        </a></li>
        <li><a href="#">
```

```
            <h2>高等数学</h2>
            <p>价格：39</p>
            <span class="ui-li-count">45</span>
        </a></li>
        <li><a href="#">
            <h2>Oracle 数据库应用</h2>
            <p>价格：99</p>
            <span class="ui-li-count">123</span>
        </a></li>
        <li><a href="#">
            <h2>PHP Web 开发实用教程</h2>
            <p>价格：40</p>
            <span class="ui-li-count">444</span>
        </a></li>
        <li><a href="#">
            <h2>UML 数据库设计与应用</h2>
            <p>价格：30</p>
            <span class="ui-li-count">674</span>
        </a></li>
        <li><a href="#">
            <h2>ASP.NET 项目开发案例精解</h2>
            <p>价格：59</p>
            <span class="ui-li-count">99</span>
        </a></li>
    </ul>
</div>
</div>
</body>
```

通过在 Opera Mobile Emulator 模拟器中的浏览器查看，其运行效果如图 12-13 所示。

图 12-13　列表控件的使用效果

12.3.6 jQuery Mobile 的布局

前面的几种控件在页面中显示时都要占据一行的位置，一般情况下，这样可以保证页面的美观，但是很多时候却影响了用户的操作体验，为了解决这一问题，jQuery Mobile 定义了专门的方法，将控件分栏或者折叠，做到利用最小的空间达到最佳的用户体验。

【案例 12.6】本节利用具体实例叙述利用折叠的方式对页面元素进行隐藏和展示的方法，具体代码如下所示，需要读者注意的是本例中的 3 个折叠按钮外观和位置的异同。

```
<head>
<meta http-equiv="Content-Type" content="text/html; charset=utf-8" />
<meta name="viewport" content="width=device-width, initial-scale=1">
<!--<script src="cordova.js"></script>-->
<link rel="stylesheet" href="jquery-mobile/jquery.mobile-1.4.3.min.css" />
<scriptsrc="jQuery/jquery-1.11.2.min.js"></script>
<scriptsrc="jquery-mobile/jquery.mobile-1.4.3.min.js"></script>
</head>
<body>
 <div data-role="page">
     <div data-role="content">
         <div data-role="collapsible" data-mini="true">
             <h4>湖北下属市州</h4>
             <ul data-role="listview">
                 <li>武汉</li>
                 <li>恩施</li>
                 <li>宜昌</li>
                 <li>孝感</li>
                 <li>十堰</li>
             </ul>
         </div>
         <div data-role="collapsible" data-collapsed-icon="arrow-d" data-expanded-icon="arrow-u">
             <h4>四川下属市州</h4>
             <ul data-role="listview" data-inset="false">
                 <li>成都</li>
                 <li>绵阳</li>
                 <li>南充</li>
                 <li>遂宁</li>
                 <li>广元</li>
             </ul>
         </div>
         <div data-role="collapsible" data-iconpos="right">
             <h4>广东下属市州</h4>
             <ul data-role="listview">
                 <li>广州</li>
                 <li>深圳</li>
                 <li>东莞</li>
                 <li>茂名</li>
```

```
            <li>梅州</li>
         </ul>
      </div>
   </div>
</div>
</body>
```

以上代码在 Opera Mobile Emulator 模拟器中查看，其运行效果如图 12-14 所示。

图 12-14　折叠按钮的使用

12.4　案例剖析：手机版袖珍英语词汇速记本 APP 的设计与开发

在现实社会和生活中各种移动 APP，很多应用如果单依靠 jQuery Mobile 来与后台数据库进行交互是不大可能的，因为它只能对 Web 页面进行修饰和布局，而对数据库的操作还是需要像 PHP 这样的编程语言来担当此任。下面通过具体实例来讲解如何将 jQuery Mobile 与 PHP 结合起来开发具体的应用程序。

12.4.1　程序功能介绍

怎样快速地记忆大学英语核心词汇，想必是很多在校大学生常见的一大难题。如果把各类词汇汇集在一起，并以手机 APP 的形式呈现，不仅可以利用大量零碎的时间有效记忆单词，而且可以提高学习体验，增强学习效果。本案例主要介绍如何利用在 jQuery Mobile 中嵌入 PHP 程序来实现对 MySQL 数据库的操作，其中数据库中包含了英语单词表和英语单词对应汉语释义表，其表结构如表 12-2 和表 12-3 所示。

表 12-2　英语单词表（english_word）结构

字 段 名 称	数 据 类 型	字 段 长 度	说　　明
word_id	int	10	流水号（主键）
word_english	varchar	20	单词内容

表 12-3　英语单词表（english_chinese）结构

字 段 名 称	数 据 类 型	字 段 长 度	说　　明
word_id	int	11	流水号
word_chinese	varchar	100	汉语释义内容
word_type	varchar	5	单词属性

为方便用户有条理地记忆单词，程序开发人员对所有单词按首字母分类，并且以字母表中的排列顺序将分类表呈现在 APP 的首页，其最终的运行效果如图 12-15 所示。

当用户手指触碰第一部分时，系统将会跳转到以字母 a 打头的单词列表，如图 12-16 所示。如果一个单词识记完之后，可以手指触碰位于页脚处的"下一条"按钮，进入下一单词的识记。

图 12-15　速记单词 APP 首页

图 12-16　单词速记界面

12.4.2　程序代码分析

下列代码是该 APP 首页的程序实现代码，需提醒读者朋友注意的是，最好将 jQuery

第 12 章　利用 PHP 技术构建跨平台的移动 APP

Mobile 的引用语句置于网页的 head 部分，和在普通的 HTML 环境中嵌入 PHP 程序方式一样，在 jQuery Mobile 中，PHP 程序代码同样需用一组 "<?php　?>" 字符括起来，并与其他代码隔开。

```
<!DOCTYPE html>
<html>
<head>
<meta http-equiv='Content-Type' content='text/html; charset=utf-8' />
<meta name='viewport' content='width=device-width, initial-scale=0.5' />
<!--<script src='cordova.js'></script>-->
<link rel='stylesheet' href='jquery.mobile.min.css' />
<scriptsrc='jquery-1.7.1.min.js'></script>
<scriptsrc='jquery.mobile.min.js'></script>
</head>
<body>
<?php include('sql_connect.php'); ?>
<?php
 $sql=new SQL_CONNECT();
 $sql->connection();
 $sql->set_laugue();
 //$sql->choice();
 mysql_select_db("daytodayword",$sql->con);
 $sql_query="SELECT * FROM english_word";
 $result=mysql_query($sql_query,$sql->con);
 $num=0;
 while($row = mysql_fetch_array($result))
 {
     $num=$num+1;
 }
 $num=($num-($num%20))/20 + 1;
 $i=0;
?>
<div data-role="page">
 <div data-role="header" data-position="fixed">
     <h1>大学英语 CET6 级核心词汇</h1>
 </div>
 <div data-role="content">
     <ul data-role="listview" data-inset="true">
     <?php
         for($i=0;$i<$num;$i++)
         {
             echo "<li><a href='";
             echo "word.php?pid=";
             echo $i;
             echo "'>第";
             echo $i+1;
             echo "部分</a></li>";
         }
     ?>
```

```
        </ul>
    </div>
    <div data-role="footer" data-position="fixed">
        <h1>只要功夫深,铁棒磨成针</h1>
    </div>
</div>
<?php
    $sql->disconnect();
?>
</body>
</html>
```

以下是具体识记单词页面的实现代码,其中需提醒读者注意的是,并不是每进入下一个单词都需重新打开一个新的页面,而是一个单词的内容置于一个 page 内,然后将多个 page 放到同一页面上,这样不但可以加快页面加载速度,还能为用户节省手机流量。

```
<!DOCTYPE html>
<html>
<head>
<meta http-equiv='Content-Type' content='text/html; charset=utf-8' />
<meta name='viewport' content='width=device-width, initial-scale=0.5'>
<link rel='stylesheet' href='jquery.mobile.min.css' />
<scriptsrc='jquery-1.7.1.min.js'></script>
<scriptsrc='jquery.mobile.min.js'></script>
</head>
<body>
<?php include('sql_connect.php'); ?>
<?php
    $pid=$_GET['pid'];
    $high_case=($pid+1)*20;
    $low_case=$pid*20;
    $sql=new SQL_CONNECT();
    $sql->connection();
    $sql->set_laugue();
    mysql_select_db("daytodayword",$sql->con);

    $sql_query="SELECT * FROM english_word LIMIT $low_case,$high_case";
    $result=mysql_query($sql_query,$sql->con) or die(mysql_error());
    $num=1;
?>
<?php
while($row = mysql_fetch_array($result))
{
    echo "<div data-role='page' id='word_";
    echo $num;
    $num=$num+1;
    echo "'>";
    echo "<div data-role='header' data-position='fixed'>";
    echo "<a data-role='button' href='index.php'>返回</a>";
```

```
echo "<h1>大学英语 CET6 级核心词汇（";
echo $pid+1;
echo "_";
echo $num-1;
echo "）</h1>";
echo "</div>";
echo "<div data-role='content'>";
echo "<h1>";
echo $row['word_english'];
echo "</h1>";
$num_id=$row['word_id'];
$sql_query="SELECT * FROM english_chinese WHERE word_id=$num_id";
$result1=mysql_query($sql_query,$sql->con)or die(mysql_error());
while($row1 = mysql_fetch_array($result1))
{
echo "<p>";
echo $row1['word_type'];
echo ".";
echo $row1['word_chinese'];
echo "</p>";
}
echo "</div>";
echo "<div data-role='footer' data-position='fixed'><div data-role='navbar'><ul><li>";
if($num<20)
{
    $link='#word_'.$num;
    echo "<a id='chat' href='{$link}'";
}
else
if($num>=20)
{
    echo "<a id='chat' href='index.php";
}
echo " data-icon='check' class='ui-icon-nodisc' data-iconshadow='false'>下一个</a>";
echo "</li></ul></div></div></div>";
}
?>
</body>
<?php
 $sql->disconnect();
?>
</html>
```

12.5　本章小结

本章利用有限的篇幅简单地叙述了 jQuery Mobile 的基础知识，主要介绍了它的开发环境搭建与测试方法和步骤，然后还通过大量实例讲解了 jQuery Mobile 语法特点和框架结构内容，最后通过对开发一款简单的 APP 介绍，详细叙述了如何在 jQuery Mobile 中开发数据库应用项目、如何嵌入 PHP 程序代码，以及如何实现 PHP 与 jQuery Mobile 的交互。

12.6 练 习 题

1. 简述 jQuery 与 jQuery Mobile 异同。
2. 为使一个 Web 页面转换为具有 jQuery Mobile 功能的页面，至少应在页面实现代码中引入哪些从 jQuery Mobile 官网上下载的文件？
3. 如何测试 jQuery Mobile 页面在手机终端的运行效果？
4. 在 jQuery Mobile 框架中，常见的元素有哪些？

12.7 上 机 实 战

记事本作为常见的生活和办公小工具，在现代信息社会中，人们越来越离不开它，特别是在手机终端的记事本更是如此。请设计一个手机记事本 APP，要求能按日期顺序排列各项记事内容，并且在页面顶端设置有新建事项按钮，手指触碰新建按钮后，弹出新建事项页面，即可输入、编辑记事内容，如图 12-17 所示。

图 12-17　手机端记事本 APP 的实现

第 13 章　PHP 程序开发综合实例——网络留言板

知识点

- ☑ PHP 中类与对象的应用
- ☑ 项目的需求分析
- ☑ 项目的流程设计
- ☑ 在 PHP 程序中的数据库操作
- ☑ MySQL 数据库管理系统的应用

本章导读

本章通过网络留言板系统实例的分析，详细介绍 MySQL 数据库和基于 PHP 与 Apache 相结合的 Web 应用程序开发；PHP 语言是开发跨操作系统平台运行的 Web 项目的首选语言，也是目前 B/S 模式下开发应用程序使用最广泛的开发工具之一。希望读者通过了解网络留言板的开发过程，一方面进一步熟悉和升华 PHP 基础知识，另一方面进一步了解 MySQL 数据库系统的应用。

13.1　系统概述

网络留言板又称为留言簿或留言本，是目前网站中使用较广泛的一种用户沟通、交流的平台。通过留言板，可收集来自不同用户的意见或需求信息，并可做出相应的回复，从而实现不同群体之间以及不同客户之间的交流与沟通。

13.1.1　需求分析

基于网上留言板的主要用途，在设计该系统时应主要包括以下功能。

- ❑ 用户注册
- ❑ 用户登录
- ❑ 添加留言
- ❑ 浏览留言内容
- ❑ 回复留言
- ❑ 删除留言
- ❑ 设置网上问卷调查题目
- ❑ 进行网上问卷调查与统计

当然，以上功能是一个网络留言板中最基本的功能，还可以进一步添加其他功能，读者不妨思考一下，看还有哪些创新的设计。

13.1.2 流程设计

整个系统的用户分为两类：一类是没有注册的用户，即留言板网站的一个过客，这类用户只能添加新的留言内容、浏览留言内容、回答问卷调查题目以及注册网站，成为正式的注册用户。另一类用户是已经正式注册的，这类用户通过身份验证后，可以操作除第一类用户的所有功能之外，还享有回复留言、删除留言、设置问卷调查题目及题目选项、查看及统计调查结果等功能。如图 13-1 所示完整地描述了整个系统的工作流程。

图 13-1　网络留言板的工作流程图

13.2　数据库设计

数据库是 Web 信息系统中所有数据的存储位置，也是为网页提供动态数据的数据源。所以，数据库在动态网站设计与运行中占有非常重要的地位。下面谈谈网络留言板所涉及的数据库设计。

13.2.1　需求分析及逻辑结构设计

本项目使用 MySQL 数据库作为整个系统的后台数据库，数据库取名为 web_luntan_db，其中包含了 4 个表：用于存储用户信息的 Users 表；用于存储留言内容的 Content 表；用于记录参与问卷调查的计算机 IP 地址的 voteip 表；用于存储问卷调查内容的 voteitem 表。如表 13-1～表 13-4 所示分别是这 4 个表的逻辑结构。

表 13-1 用户表（Users）结构

字 段 名 称	数 据 类 型	数 据 长 度	是否允许为空	描 述	备 注
userID	varchar	10	否	用户号	主键
UserPwd	varchar	10	否	用户密码	
UserName	varchar	10	否	用户名	
registerTime	date	8		注册时间	

表 13-2 留言记录表（Content）结构

字 段 名 称	数 据 类 型	数 据 长 度	是否允许为空	描 述	备 注
ContId	int	11	否	留言序号	主键
Title	varchar	200	否	留言题目	
Words	varchar	1000	否	留言内容	
UserName	varchar	10	否	留言者姓名	
Email	varchar	50	是	留言者邮箱	
Homepage	varchar	50	是	留言者主页	
CreateTime	varchar	8	是	留言时间	
ParentTitleID	int	11	是	回复留言序号	

表 13-3 投票 IP 地址表（voteip）结构

字 段 名 称	数 据 类 型	数 据 长 度	是否允许为空	描 述	备 注
IPAdress	varchar	50	否	IP 地址	主键
Count	int	4	是	投票次数	

表 13-4 投票选项表（voteitem）结构

字 段 名 称	数 据 类 型	数 据 长 度	是否允许为空	描 述	备 注
ID	int	11	否	序号	主键
Item	vchar	50	否	选项内容	
VoteCount	int	11	否	票数	

13.2.2 数据库及数据表的建立

首先是创建数据库 web_luntan_db，这可以借助于 phpMyadmin 和 Navicat MySQL 工具创建，也可以通过 MySQL 客户端工具 MySQL Command Line Client 登录数据库服务器后，在命令行输入下列语句，然后按 Enter 键即可创建。

```
CREATE DATABASE IF NOT EXISTS web_luntan_db
COLLATE 'gb2312_chinese_ci';
```

接下来，按同样的方法，参照前面对各数据表的逻辑结构定义，完成各数据表的物理实现，其对应的 SQL 语句分别如下。

❑ 用户表（Users）的 SQL 实现语句：

```
CREATE TABLE Users (
  userID varchar(10) NOT NULL,
  UserPwd varchar(10) default NULL,
  UserName varchar(10) default NULL,
  registerTime date default NULL,
  PRIMARY KEY   (userID)
) ENGINE=InnoDB DEFAULT CHARSET=gb2312;
```

❑ 留言记录表（Content）的 SQL 实现语句：

```
CREATE TABLE Content (
  ContId int(11) NOT NULL auto_increment,
  Title varchar(200) NOT NULL,
  Words varchar(1000) NOT NULL,
  UserName varchar(50) NOT NULL,
  Headface varchar(50) default NULL,
  Emai   varchar(50) default NULL,
  Homepage varchar(50) default NULL,
  CreateTime datetime default NULL,
  ParentTitleID int(11) default NULL,
  PRIMARY KEY   (ContId)
) ENGINE=InnoDB DEFAULT CHARSET=gb2312;
```

❑ 参与投票的计算机 IP 地址表（voteip）的 SQL 实现语句：

```
CREATE TABLE voteip (
  IPAdress varchar(50) NOT NULL,
  Count int(4) default NULL
) ENGINE=InnoDB DEFAULT CHARSET=gb2312;
```

❑ 投票选项表（SelectItem）的 SQL 实现语句：

```
CREATE TABLE SelectItem (
  ID int(11) NOT NULL auto_increment,
  Item varchar(50) NOT NULL,
  VoteCount int(11) NOT NULL,
  PRIMARY KEY   (ID)
) ENGINE=InnoDB DEFAULT CHARSET=gb2312;
```

其中，每条定义数据表的 SQL 语句的最后一条语句"ENGINE=InnoDB DEFAULT CHARSET=gb2312"在本书已做介绍，在此编者再解释一下，InnoDB 表示所建数据表的类型，CHARSET 用来定义数据表采用的编码类型，在此定义的是 gb2312，即简体中文字符采用的字符编码标准类型。

13.3 系统公用模块设计及代码编写

在进行 PHP 项目开发之前，程序员最好对即将开发的项目所实现的功能模块进行通盘布局，思考哪些模块具有共通性，然后可以把这些具有共通性的模块组合成一个公用模块，也可以统一定义为一个类来实现。

13.3.1 用户类公用模块代码的设计与实现

鉴于在数据库 web_luntan_db 中的用户表（Users）在整个系统运行中使用的频率较高，因此可定义一个类 Users，由它来专门负责与用户相关的一些操作。该类的实现代码如下：

```php
<?PHP
    class Users
    {
        var $linkdb;
        public $userID;             //用户名
        public $UserPwd;            //用户密码
        public $UserName;           //显示名称
        public $regsitertime;
        function __construct()      //定义构造函数，用于连接数据库
        {
            $this->linkdb = mysqli_connect("localhost", "root", "ld771224", "web_luntan_db");
            mysqli_query($this->linkdb, "SET NAMES gbk");
        }
        function __destruct()       //定义析构函数，关闭数据库连接
        {
            mysqli_close($this->linkdb);
        }
        function exists($user)      //判断指定用户是否存在
        {
            $result = $this->linkdb->query("SELECT * FROM users WHERE userID='" . $user . "'");
            if($row = $result->fetch_row()) {
                $this->userID = $user;
                $this->UserPwd = $row[1];
                $this->UserName = $row[2];
                return true;
            }
            else
                return false;
        }
        function verify($user, $pwd)    //判断指定的用户名和密码是否存在
        {
            $sql = "SELECT * FROM users WHERE userID='" . $user . "' AND UserPwd='" . $pwd . "'";
            $result = $this->linkdb->query($sql);
            if($row = $result->fetch_row())
```

```php
            {
                $this->userID = $user;
                $this->UserPwd = $pwd;
                $this->UserName = $row[2];
                return true;
            }
            else
                return false;
        }
        function insert()    //插入新用户记录
        {
            $sql = "INSERT INTO users(userID,UserPwd,UserName,registerTime) VALUES('" . $this->userID . "', '" . $this->UserPwd . "', '" . $this->UserName . "','" . $this->regsitertime . "')";
            $this->linkdb->query($sql);
        }
        function updateShowName()
        {
            $sql = "UPDATE users SET UserName='" . $this->UserName . "' WHERE userID='" . $this->userID . "'";
            $this->linkdb->query($sql);
        }
        function updatePassword() {
            $sql = "UPDATE users SET UserPwd='" . $this->UserPwd . "' WHERE userID='" . $this->userID . "'";
            $this->linkdb->query($sql);
        }
        function delete()
        {
            $sql = "DELETE FROM users WHERE userID='" . $this->userID . "'";
            $this->linkdb->query($sql);
        }
        function load_users()
        {
            $sql = "SELECT * FROM users";
            $result = $this->linkdb->query($sql);
            Return $result;
        }
    }
?>
```

13.3.2 留言内容类（Content）公用模块代码的设计与实现

同样，鉴于在数据库 web_luntan_db 中的留言记录表（Content）在整个系统运行中使用的频率较高，因此可定义一个类 Content，由它来专门负责与留言内容相关的一些操作。该类的实现代码如下：

```php
<?PHP
class Content
{
    var $linkdb;
    public $ContId;
    public $Title;
    public $Words;
    public $UserName;         //留言人姓名
    public $Headface;         //头像图标
    public $Email;            //电子邮件
    public $Homepage;
    public $CreateTime;       //留言时间
    public $ParentTitleID;    //所回复的留言 ID，如果不是回贴，则 UpperId = 0
    function __construct() {
    $this->linkdb = mysqli_connect("localhost", "root", "ld1224","web_luntan_db");
        mysqli_query($this->linkdb, "SET NAMES gbk");
    }

    function __destruct() {
        mysqli_close($this->linkdb);
    }
    function FetchInfo($Id)
    {
        $sql = "SELECT * FROM Content WHERE ContId=" . $Id;
        $result = $this->linkdb->query($sql);
        if($row = $result->fetch_row())
        {
            $this->ContId = $Id;
            $this->Title = $row[1];
            $this->Words = $row[2];
            $this->UserName = $row[3];
            $this->Headface = $row[4];
            $this->Email = $row[5];
            $this->Homepage = $row[6];
            $this->CreateTime = $row[7];
            $this->ParentTitleID = (int)$row[8];
        }
    }
    function tbRowsCount()
    {
        $sql = "SELECT COUNT(*) FROM Content";
        $result = $this->linkdb->query($sql);
        if($row = $result->fetch_row())
            Return (int)$row[0];
        else
            Return 0;
    }
    function insert()
```

```php
        {
            $sql = "INSERT INTO Content (Title, Words, UserName, Headface, Email, Homepage, CreateTime, ParentTitleID) VALUES('" . $this->Title . "', '" . $this->Words . "', '" . $this->UserName . "', '" . $this->Headface . "', '" . $this->Email . "', '" . $this->Homepage . "', '" . $this->CreateTime . "', " . $this->ParentTitleID . ")";
            $this->linkdb->query($sql);
        }
        function delete($Id)
        {
            $sql = "DELETE FROM Content WHERE ContId=" . $Id . " OR ParentTitleID=" . $Id;
            $this->linkdb->query($sql);
        }

        function load_content_byUpperid($uid)
        {
            $sql = "SELECT * FROM Content WHERE ParentTitleID=" . $uid . " ORDER BY CreateTime DESC";
            $result = $this->linkdb->query($sql);
            Return $result;
        }

        function show_content_groupbyPage ($pageNo, $pageSize)   //分页显示留言内容
        {
            $sql = "SELECT * FROM Content ORDER BY CreateTime DESC LIMIT " . ($pageNo-1) * $pageSize . "," . $pageSize;
            $result = $this->linkdb->query($sql);
            Return $result;
        }
    }
?>
```

13.3.3 IP 地址类公用模块代码的设计与实现

该类主要负责对参与投票的计算机 IP 地址进行处理，该类的实现代码如下：

```php
<?PHP
    class VoteIP
    {
     var $linkdb;
    public $IPADRESS;
    function __construct()
    {
    $this->linkdb = mysqli_connect("localhost", "root", "ld1224", "web_luntan_db");
    mysqli_query($this->linkdb, "SET NAMES gbk");
    }
    function __destruct()
    {
```

```php
            mysqli_close($this->linkdb);
    }
        function exists($_IPAdress)            //判断指定 IP 是否存在
        {
            $result = $this->linkdb->query("SELECT * FROM VoteIP WHERE IPADRESS='" . $_IPAdress . "'");
            if($row = $result->fetch_row())
            return true;
            else
            return false;
        }
        function insert()                       //插入新记录
        {
            $sql = "INSERT INTO VoteIP VALUES('" . $this->IPADRESS . "')";
            $this->linkdb->query($sql);
        }
function deleteAll()                            //删除所有的投票 IP
 {
            $sql = "DELETE FROM VoteIP";
            $this->linkdb->query($sql);
}
    }
?>
```

13.3.4 用户验证公用模块代码的设计与实现

该公用模块主要负责验证用户登录系统的用户号和密码是否正确，其实现代码如下：

```php
<?PHP
        include('Baseclass\Users.php');         //包含 Users 类
        $user = new Users();
        session_start();
        if(!isset($_SESSION['Passed'])){
            $_SESSION['Passed'] = False;
        }
        if($_SESSION['Passed']==False) {
            //读取从表单传递过来的身份数据
            $userID = $_POST['userID'];
            $UserPwd = $_POST['UserPwd'];
            if($userID == "")
                $Errmsg = "请输入用户号和密码";
            else  {
                //验证用户名和密码
                if(!$user->verify($userID, $UserPwd))  {
?>
            <script language="javascript">
                alert("用户名或密码不正确!");
            </script>";
```

```php
            <?PHP
                }
                else    { //登录成功  ?>
                        <script language="javascript">
                            alert("登录成功!");
            </script>
            <?PHP
                    $_SESSION['Passed'] = True;
                    $_SESSION['userID'] = $userID;
                    $_SESSION['UserName'] = $user->UserName;
                    //$_SESSION['UserName'] = $row[2];
                }
            }
        if(!$_SESSION['Passed'])    {
?>
            <script language="javascript">
                history.go(-1);
            </script>
<?PHP
        }
    ?>
```

13.3.5 保存用户留言公用模块代码的设计与实现

该公用模块主要负责对用户的留言进行保存，其实现代码如下：

```php
<?PHP
    include('Baseclass\Content.php');
    $objContent = new Content();
    //从参数或表单中接收数据到变量中
    $objContent->UserName = $_POST["name"];
    $objContent->Title = $_POST["Title"];
    $objContent->Words = $_POST["Words"];
    $objContent->Email = $_POST["email"];
    $objContent->Homepage = $_POST["homepage"];
    $objContent->Headface = $_POST["logo"];
    $objContent->ParentTitleID = $_POST["ParentTitleID"];
    if($objContent->ParentTitleID == "")
            $objContent->ParentTitleID = 0;
    //获取当前时间
    $now = getdate();
    $objContent->CreateTime = $now['year'] . "-" . $now['mon'] . "-" . $now['mday']
            . " " . $now['hours'] . ":" . $now['minutes'] . ":" . $now['seconds'];
    $objContent->insert();
    echo("<h2>信息已成功保存！</h2>");
?>
```

13.3.6 删除用户留言公用模块代码的设计与实现

该公用模块主要负责对某些用户的留言进行删除，其实现代码如下：

```
<?PHP
    include('Yanzhengpw.php');
    include('Baseclass\Content.php');
    $ContId = (int)$_GET["ContId"];
    $objContent = new Content();
    $objContent->delete($ContId);
?>
```

13.4 各功能页面的设计及代码编写

在进行系统设计和程序代码编写时，可选择一种自己比较熟悉且好用的 PHP 代码编辑器来进行代码设计。在这里，建议使用 Adobe Dreamweaver CS 系列软件，它为程序员提供了一个比较友好的编程环境。

13.4.1 网站首页的设计与实现

首页是一个网站的总目录，在其页面上链接了所有的信息和功能页面。本网络留言板的首页如图 13-2 所示。

图 13-2 网络留言板首页

下面列出其实现的程序源代码,以供读者学习参考:

```
<script language="JavaScript">
function newwin(url) {
  var  newwin=window.open(url,"newwin","toolbar=no,location=no,directories=no,status=no,menubar=no, scrollbars=yes,resizable=yes,width=550,height=460");
    newwin.focus();
    return false;
}
</script>
<style type="text/css">
a:link {text-decoration: none;    color: #000000}
</style>
<?PHP
    $userID = $_POST['userID'];
    if($userID != "")
    include('Yanzhengpw.php');        //包含验证用户密码程序模块 Yanzhengpw.php
    include('Baseclass\Content.php');  //包含留言记录程序模块 Content.php
    include('Show.php');               //包含显示留言内容的程序模块 Show.php
    $objContent = new Content();       //定义 Content 对象,用于访问表 Content
    $pageSize = 5;
    $pageNo = (int)$_GET['Page'];
    $recordCount = $objContent->TbRowsCount();
    if($pageNo < 1)
    $pageNo = 1;
    if($recordCount){
    if($recordCount < $pageSize){
          $pageCount = 1;
    }
    if($recordCount % $pageSize){
    $pageCount = (int)($recordCount / $pageSize) + 1;}
        else {
            $pageCount = $recordCount / $pageSize;
        }
    }
    else{
        $pageCount = 0;              //如果结果集中没有记录,则页数为 0
    }

    if($pageNo > $pageCount)
        $pageNo = $pageCount;
?>
<html>
<head>
<meta http-equiv="Content-Type" content="text/html; charset=gb2312">
<title>网络留言板</title>
</head>
```

```html
<body topmargin="0" vlink="#000000" link="#000000">
<div align="center">
  <center>
<table width="714" border="0" height="218" cellspacing="0" cellpadding="0">
<tr background="images/guangao.png">
    <td height="18" bordercolorlight="#0000FF" bordercolordark="#00FFFF" bgcolor="#3399FF" class="main">
      <?PHP
    if(!$_SESSION['Passed'])　{
  ?>
<form method="POST" action="<?PHP $_SERVER['PHP_SELF'] ?>" name="myform">
     <font size="2">用 户 名：</font><input type="text" name="userID" size="12">   密码：<input type="password" name="UserPwd" size="12"> <input type="submit" value="登录" name="B1">
   <?PHP
   }
   else {
      echo("<b>欢迎管理员光临!</b>");
   }
?>
[ <a target="_blank" href="newRec.php"　onclick="return newwin(this.href)">
我要留言</a>][<a target="_blank" href="register.php"　onclick="return newwin(this.href)">用户注册</a>][<a target="_blank" href="Vote/AddItem.php"　onclick="return newwin(this.href)">设置问卷题目</a>][<a target="_blank" href="Vote/index.php"　onclick="return newwin(this.href)">问卷调查</a>]
<?PHP
   if($_SESSION['Passed'])　{
   echo('[<a href="logout.php">退出登录</a>]');
}
?>
</form>
    </tr>
    <tr> <td height="161" class="main"> <?PHP ShowList($pageNo, $pageSize); ?> </td></tr>
    <tr> <td height="15"> </td></tr>
    <tr>
       <td height="13" class="main" background="images/b3.gif"> <?PHP ShowPage($pageCount, $pageNo); ?></td>
    </tr>
    <tr> <td height="15"> <p align="center" class="main"></td></tr>
    </table>
</body>
?>
```

用户登录系统成功后，其页面外观和首页类似，但是增加了回复贴子和删除等功能，其页面效果如图 13-3 所示。

图 13-3　登录系统成功后的主页面

其实现代码（show.php 模块）如下：

```
<head>
 <script language="JavaScript">
function newwin(url)
 {
var newwin=window.open(url,"newwin","toolbar=no,location=no,
directories=no,status=no,menubar=no,scrollbars=yes,resizable=yes,width=550,height=460");
  newwin.focus();
  return false;
}
</script>
</head>
<?PHP
function ShowList($pageNo, $pageSize)   {
 ?>
<div align="center">
  <center>
<table border="1" width="738" bordercolor="#3399FF" cellspacing="0" cellpadding="0" height="46" bordercolorlight="#FFCCFF" bordercolordark="#CCCCFF">
    <?PHP
    $existRecord = False;
    $objContent = new Content();
    $results = $objContent->show_content_groupbyPage($pageNo, $pageSize);
    //使用 while 语句遍历$results 中的留言数据
    while($row = $results->fetch_row())   {
        $existRecord = True;
```

```php
?>    <tr>
          <td width="148" height="16" class="main" align=center>    <br>
          <img border="0" src="images/<?PHP echo($row[4]); ?>.gif" width="100" height="100"><br>
<?PHP echo($row[3]); ?><br><br>
          <a href="<?PHP echo($row[6]); ?>" target=_blank>
          <img border="0" src="images/homepage.gif" width="16" height="16"></a>
          <a href="mailto:<?PHP echo($row[5]); ?>">
          <img border="0" src="images/email.gif" width="16" height="16"></a><br>
          <?PHP if($_SESSION["userID"] <> "")    {?>
<a href=newRec.php?ParentTitleID=<?PHP echo($row[0]); ?> target=_blank onclick="return newwin(this.href)"><img src="images/reply.gif" /></a>
<a href=deleteRec.php?ContId=<?PHP echo($row[0]); ?>  target=_blank onclick="return newwin(this.href)"><img src="images/delete.GIF" /></a>
<?PHP} ?>
   </td>
   <td width="584" height="16" class="main" align="left" valign="top"><br><b> 标 题 :<?PHP echo($row[1]); ?>     时间：<?PHP echo($row[7]); ?></b><hr><br>
    <?PHP
    echo($row[2]);
    //显示所有回复留言
    $content = new Content();     //定义 Content 对象
     $sub_results = $content->load_content_byUpperid($row[0]);
     while($subrow = $sub_results->fetch_row())   {
       echo("<BR><BR><BR>"); ?>   
<img border="0" src="images/<?PHP echo($subrow[4]); ?>.gif" width="50" height="50">
   <?PHP echo($subrow[3]); ?>
   <a href="<?PHP echo($subrow[6]); ?>" target=_blank>
     <img border="0" src="images/homepage.gif" width="16" height="16"></a>
     <a href="mailto:<?PHP echo($subrow[5]); ?>">
     <img border="0" src="images/email.gif" width="16" height="16"></a>   
          <b>    标题：<?PHP echo($subrow[1]); ?> ?>     时间:
<?PHP echo($subrow[7]);?></b><hr><br>
                    <?PHP echo($subrow[2]); ?>
       <?PHP
       }
       ?>
      </td>
    </tr>
<?PHP
}
if(!$existRecord)    {
?>
   <tr>
     <td width="148" height="16" align=center class="main">没有留言数据</td>
   </tr>
<?PHP
}
   echo("</table></center></div>");
   }
```

```
?>
<?PHP
function ShowPage($pageCount, $pageNo)   {
echo("<table width=738> <tr> <td align=right class=main>");
if($pageNo>1)
    echo("<A HREF=index.php?Page=1>第一页</A>  ");
else
    echo("第一页  ");
if($pageNo>1)
    echo("<A HREF=index.php?Page=" . ($pageNo-1) . ">上一页</A>  ");
else
    echo("上一页  ");
if($pageNo<>$pageCount)
    echo("<A HREF=index.php?Page=" . ($pageNo+1) . ">下一页</A>  ");
else
    echo("下一页  ");
if($pageNo <> $pageCount)
    echo("<A HREF=index.php?Page=" . $pageCount . ">最后一页</A>  ");
else
    echo("最后一页  ");
echo($pageNo . "/" . $pageCount . "</td></tr></table>");
}
?>
```

13.4.2 用户注册页面的设计与实现

用户注册页面的主要作用是采集各用户的主要信息（如用户真实姓名、性别、职业、联系方式等），便于网站维护和管理，还可以方便不同的人员进行联系。本系统的注册页面如图13-4所示。

图13-4 网络留言板的新用户注册页面

下面列出其实现的程序源代码,以供读者学习参考:

```php
<html>
<head><meta http-equiv="Content-Type" content="text/html; charset=gb2312" />
<title>网络留言板</title>
<link href="inc/style.css" rel="stylesheet" type="text/css" />
</head>
<body>
<?php
include('Show.php');
include('Baseclass\Content.php');
include('Baseclass\Users.php');
$bb=new Users;
?>
<table width="98%" border="0" align="center" cellpadding="0" cellspacing="0">
  <tr>
    <td width="73%" height="30"><a href="./">网络留言板</a>>>新用户注册</td>
    <td width="27%" align="right" valign="middle"><a href="new_note.php"></a></td>
  </tr>
</table>
<table width="98%" border="0" align="center" cellpadding="0" cellspacing="1" bgcolor="#FFFFFF">
  <tr>
    <td height="25" align="center" valign="middle" bgcolor="5F8AC5">新用户信息</td>
  </tr>
  <tr>
    <td height="25" align="center" valign="middle">
<?php
$tijiao=$_POST[tijiao];
if ($tijiao=="提 交"){
    $userID=$_POST[userID];
    //$query="select * from users where userID='$userID'";
    if ($bb->exists($userID)){
        echo "===该用户名已经存在,请设置其他用户名! ===";
    }else{
        $bb->userID=$userID;
        $bb->UserPwd=$_POST[user_pw1];
        $bb->UserName=$_POST[UserName];
        $bb->regsitertime=date("Y-m-d H:i:s");
        if ($user_pw1!=$user_pw2){
            echo "===您两次输入的密码不匹配,请重新输入! ===";
        }
        else
        {
            $bb->insert();
            echo "注册成功!请<a href=index.php/>返回主页后重新</a>登录";
            $register_tag=1;
```

```
              }
           }
        }
        if ($register_tag!=1){
        ?>
        <form name="form1" method="post" action="#">
        <table width="500" border="0" cellpadding="0" cellspacing="2">
          <tr>
   <td width="122" height="26" align="right" valign="middle" bgcolor="#CCCCCC">用户号:</td>
           <td width="372" height="26" align="left" valign="middle" bgcolor="#CCCCCC"><input type="text" name="userID"></td>
</tr>
  <tr>
<td height="26" align="right" valign="middle" bgcolor="#CCCCCC">用户名：</td>
<td height="26" align="left" valign="middle" bgcolor="#CCCCCC"><input type="text" name="UserName"></td> </tr>
<tr>
<td height="26" align="right" valign="middle" bgcolor="#CCCCCC">密码：</td><td height="26" align="left" valign="middle" bgcolor="#CCCCCC"><input type="text" name="user_pw1"></td>
 </tr>
    <tr>
<td height="26" align="right" valign="middle" bgcolor="#CCCCCC">重复密码：</td>
<td height="26" align="left" valign="middle" bgcolor="#CCCCCC"><input type="text" name="user_pw2"></td>
</tr>
<tr>
<td height="26" colspan="2" align="center" valign="middle" bgcolor="#CCCCCC"><input type="submit" name="tijiao" value="提 交">    <input type="reset" name="Submit2" value="重 置"></td>
</tr>
    </table></form>
    <?php
    }
    ?>
    </td> </tr>
    <tr>
    <td height="1" bgcolor="#CCCCCC"></td>
    </tr>
    </table></body>
    </html>
```

13.4.3 添加新留言页面的设计与实现

用户可以通过如图 13-5 所示的页面来发布留言等信息。其中，用户姓名、留言标题、留言内容是必填项目。

第 13 章　PHP 程序开发综合实例——网络留言板

图 13-5　添加新留言页面

13.4.4　问卷调查内容设置功能页面的设计与实现

网络留言本的合法网站管理员还可以通过网页来对某事项进行问卷调查，首先要通过如图 13-6 所示的页面来添加和编辑调查内容及选项，在该页面中还可以对已有选项进行修改、删除等操作。

图 13-6　问卷调查内容设置功能页面

下面列出其实现的程序源代码，以供读者学习参考：

```
<html>
<head>
```

```html
<meta http-equiv="Content-Type" content="text/html; charset=gb2312">
<title>问卷调查投票</title>
<link rel="stylesheet" href="style.css">
</head>
<script language="JavaScript">
function newwin(url) {
    var   oth="toolbar=no,location=no,directories=no,status=no,menubar=no,scrollbars=yes,resizable=yes,left=200,top=200";
    oth = oth+",width=200,height=100";
    var newwin=window.open(url,"newwin",oth);
    newwin.focus();
    return false;
}
function SelectChk()
{
var s=false;
var itemid,n=0;
var strid,strurl;
var nn = self.document.all.item("dept");
for (j=0;j<nn.length-1;j++)
{
    if (self.document.all.item("dept",j).checked)
    {
        n = n + 1;
        s=true;
        itemid = self.document.all.item("dept",j).id+"";
        if(n==1)
        {
            strid = itemid;
        }
        else
        {
            strid = strid + "," + itemid;
        }
        alert(strid);
    }
}
strurl = "AddItem.php?Oper=delete&id=" + strid;
if(!s) {
    alert("请选择要删除的投票选项！");
    return false;
}

if (confirm("你确定要删除这些投票选项吗？")) {
    form1.action = strurl;
    form1.submit();
}
}
function sltAll()
```

```
{
var nn = self.document.all.item("dept");
for(j=0;j<nn.length;j++)
{
    self.document.all.item("dept",j).checked = true;
}
}
function sltNull()
{
var nn = self.document.all.item("dept");
for(j=0;j<nn.length;j++)
{
    self.document.all.item("dept",j).checked = false;
}
}
</script>
<body link="#000080" vlink="#080080">
<form id="form1" name="form1" method="POST">
<?PHP
$Soperate = $_GET["Oper"];
include("Baseclass\VoteItem.php");
$obj = new SelectItem();           //定义新对象
$Operid = $_GET["id"];             //选项编号
    if($Soperate=="add") {          //添加选项
        $newTitle = $_POST["txttitle"];
        echo($newTitle);
        //判断数据库中是否存在此类别
        if($obj->exists($newTitle))
            echo("已经存在此投票选项，添加失败!");
        else {
            $obj->Item = $newTitle;
            $obj->insert();
            echo("投票选项已经成功添加!");
        }
    }
elseif($Soperate == "edit")   {
    $newTitle = $_POST["txttitle"];
    $orgTitle = $_POST["sOrgTitle"];
    echo("newTitle : " . $newTitle . "  orgTitle: " . $orgTitle);
    if($newTitle<>$orgTitle)   {
        if($obj->exists($newTitle))
            echo("已经存在此投票选项,添加失败!");
        else {
            $obj->updateItem($newTitle, $Operid);
            echo("投票选项已经成功修改!");
        }
    }
}
elseif($Soperate=="delete")   {
```

```php
    $obj->delete($Operid);
    echo("投票选项已经成功删除!");
}
?>
<p align="center" class="STYLE1"><font style="FONT-SIZE: 12pt">问卷调查投票选项管理</font></p>
<center>
<table border="1" cellspacing="0" width="90%"  bordercolorlight="#4DA6FF" bordercolordark= "#ECF5FF" style="FONT-SIZE: 9pt">
  <tr>
    <td width="60%" align="center" bgcolor="#FEEC85"><strong>选 项</strong></td>
    <td width="20%" align="center" bgcolor="#FEEC85"><strong>修 改</strong></td>
    <td width="20%" align="center" bgcolor="#FEEC85"><strong>选 择</strong></td>
  </tr>
<?PHP
$hasData = false;
$results = $obj->load_VoteItem();
while($row = $results->fetch_row())  {
    $hasData = true;
?>
    <tr><td> <?PHP echo($row[1]);?> </td>
    <td align="center"><a href="AddItem.php?Oper=update&id=<?PHP echo($row[0]);?>&name= <?PHP echo($row[1]); ?>">修改</a></td>
    <td align="center"><input type="checkbox" name="dept" id=<?PHP echo($row[0]); ?>></td>  </tr>
<?PHP
}
if(!$hasData)   {
?>
    <tr><td colspan=3 align=center><font style="COLOR:Red">目前还没有投票选项。</font> </td></tr></table>
<?PHP}  ?>

</table>
    <p align="center">
<input type="button" name="revote" value=" 清空票数，重新投票、计票 " onClick="return newwin('ReVote.php')">   
<?PHP
if($hasData)   {
?>
      <input type="button" value="全 选" onClick="sltAll()">
        <input type="button" value="清 空" onClick="sltNull()">
        <input type="submit" value="删 除" name="tijiao" onClick="SelectChk()">
<?PHP
}
?>
</form>
<?PHP
if($Soperate == "update")   {
    $sTitle = $_GET["name"];
?>
```

```html
<form name="UFrom" method="post" action="AddItem.php?id=<?PHP echo($Operid); ?>&Oper=edit">
  <div align="center">
    <input type="hidden" name="sOrgTitle" value="<?PHP echo($sTitle); ?>"><font color="#FFFFFF"><b><font color="#000000">投票选项名称</font></b></font>
    <input type="text" name="txttitle" size="20" value="<?PHP echo($sTitle); ?>">
    <input type="submit" name="Submit" value=" 修 改 ">
  </div>
</form>
<?PHP
}
else {
?>
<form name="AForm" method="post" action="AddItem.php?Oper=add">
  <div align="center">
    <font color="#FFFFFF"><b><font color="#000000">投票选项名称</font></b></font>
    <input type="text" name="txttitle" size="20">
    <input type="submit" name="Submit" value=" 添 加 ">
  </div>
</form>
<?PHP }  ?>
<input type="hidden" name="dept">
</BODY>
</HTML>
```

13.4.5 网络投票页面的设计与实现

通过网络投票进行某事项的调查，是现代互联网应用之一，它可以大大降低传统调查方式的运行成本，节省时间，提高工作效率，还可以提高调查的准确度，该页面的运行效果如图 13-7 所示。

图 13-7 网络投票页面

其实现的程序代码如下：

```php
<?PHP
$ip = $_SERVER["REMOTE_ADDR"];
include('Baseclass\VoteIP.php');
$objIP = new VoteIP();
```

```php
//如果表中没有投过票，则插入记录
if($objIP->exists($ip))   {
    echo("你已经投过票了，不得重复投票！");
}
else {
    $objIP->IPAdress = $ip;
    $objIP->insert();
    $ids = $_GET["cid"];
    <?PHP
class SelectItem
{
    var $linkdb;
    public $Id;
    public $Item;                        //选项名称
    public $VoteCount;                   //投票数量，默认为0
    function __construct()
    {
        $this->linkdb = mysqli_connect("localhost", "root", "ld1224", "web_luntan_db");
        mysqli_query($this->linkdb, "SET NAMES gbk");
    }
    function __destruct()
    {
        mysqli_close($this->linkdb);
    }
    function exists($title)              //判断选项是否存在
    {
        $sql = "SELECT * FROM SelectItem WHERE Item='" . $title . "'";
        $result = $this->linkdb->query($sql);
        if($row = $result->fetch_row())
            Return true;
        else
            Return false;
    }
    function FetchInfo($Id)              //获取选项的内容
    {
        $sql = "SELECT * FROM SelectItem WHERE Id=" . $Id;
        $result = $this->linkdb->query($sql);
        if($row = $result->fetch_row())
        {
            $this->Id = $Id;
            $this->Item = $row[1];
            $this->VoteCount = (int)$row[2];
        }
    }
    function insert()                    //插入新记录
    {
        $sql = "INSERT INTO SelectItem (Item, VoteCount) VALUES('" . $this->Item . "', 0)";
        $this->linkdb->query($sql);
    }
```

```php
    function delete($Ids)
    {
        $sql = "DELETE FROM SelectItem WHERE Id IN (" . $Ids . ")";
        $this->linkdb->query($sql);
    }
    function updateItem($newItem, $id) {
        $sql = "UPDATE SelectItem SET Item='" . $newItem . "' WHERE Id=" . $id;
        $this->linkdb->query($sql);
    }
    function clearCount() {
        $sql = "UPDATE SelectItem Set VoteCount=0 WHERE Id>0";
        $this->linkdb->query($sql);
    }
    function getItemCount() {
        $sql = "SELECT Count(*) FROM SelectItem";
        $results = $this->linkdb->query($sql);
        if($row = $results->fetch_row())
            Return (int)$row[0];
        else
            Return 0;
    }
    function SumItemCount() {
        $sql = "SELECT Sum(VoteCount) FROM SelectItem";
        $results = $this->linkdb->query($sql);
        if($row = $results->fetch_row())
            Return (int)$row[0];
        else
            Return 0;
    }
    function updateCount($Ids) {
        $sql = "UPDATE SelectItem SET VoteCount=VoteCount+1 WHERE Id IN (" . $Ids . ")";
        $this->linkdb->query($sql);
    }
    function load_SelectItem()
    {
        $sql = "SELECT * FROM SelectItem";
        $results = $this->linkdb->query($sql);
        Return $results;
    }
}
?>
    $objItem = new SelectItem();
    $objItem->updateCount($ids);
    echo("已成功投票");
}
?>
<script language=javascript>
    setTimeout("window.close()",800);
```

```
opener.location.reload();
</script>
```

13.4.6 网络投票结果查询页面的设计与实现

网络投票过程中,用户还可以实时查看投票结果,其运行结果如图 13-8 所示。

图 13-8 投票结果查询

其实现的程序代码如下:

```
<html>
<head>
<meta http-equiv="Content-Type" content="text/html; charset=gb2312">
<link href="style.css" type="text/css" rel=stylesheet>
<title>投票系统</title>
</head>
<body topmargin="2" leftmargin="2">
<form method=post  id="form1"><center>
<table border="0" width="98%" cellpadding="0" cellspacing="4">
   <tr>
     <td width="100%">
       <table border="0" width="100%" cellspacing="0" cellpadding="0" style="background-color:#B0DCF0;border: 1 dotted #A7D8EF">
         <tr>
           <td width="100%">
             <table border="0" width="100%" cellspacing="1" cellpadding="3">
               <tr>
                 <td bgcolor="#FFFFFF" valign="top">
                   <table border="0" width="100%" cellspacing="1" style="background-color:#B0DCF0;border: 1 dotted #A7D8EF">
                     <tr>
                       <td width="40%">投票选项</td>
                       <td width="40%" colspan="2">支持率</td>
                       <td width="10%">票数</td>
                     </tr>
   <?PHP
   include('Baseclass\VoteItem.php');
```

```
$objItem = new SelectItem();
$total = $objItem->SumItemCount();
$results = $objItem->load_SelectItem();
while($row = $results->fetch_row())  {
if($total == 0)
     $itotal = 1;
else
     $itotal = $total;

$imgvote = (int)$row[2] * 170 / $itotal;
?>
<tr><td bgcolor="#FFFFFF"><?PHP echo($row[1]);?></td>
  <td colspan="2" bgcolor="#FFFFFF">
     <img src=images/bar1.gif width=<?PHP echo($imgvote); ?> height=10><font style="font:7pt" face="Verdana">
<?PHP echo((int)$row[2]*100/$itotal); ?>%</font></td>
<td bgcolor="#FFFFFF" align="center"><?PHP echo($row[2]); ?></td>
</tr>
<?PHP}?>
     <tr> <td colspan="2" align="left"></td>
        <td colspan="2" align="right">总票数：<?PHP echo($total); ?></td>
            </tr>
          </table>
        </td>
      </tr>
    </table>
   </td>
  </tr>
</table>
</center>
<input type=hidden   name="poster">
</form><body>
<script language=javascript>
opener.location.reload();
</script></html>
```

13.5 本章小结

随着互联网应用的普及，人们越发希望不再需要安装其他任何软件，只需要一个浏览器便能实现对某个信息系统的各种操作，享受信息服务。利用 PHP 技术来实现 B/S 模式的信息管理系统正被越来越多的程序员所追捧。本章通过详尽的实例，系统阐述了在 PHP 中实现信息系统开发过程中所需的步骤。另外，通过本实例，读者还应仔细体会在 PHP 程序中，利用面向对象编程技术实现项目的模块化开发的优点。

13.6 练 习 题

1. 在 PHP 程序中如何实现 MySQL 数据库的连接？
2. 根据个人的理解，你认为设计一个数据库需要经过哪些步骤？
3. 通过本章学习，总结一下常用的数据库操作函数有哪些以及各自的用法。
4. 在 PHP 中对数据库的操作有哪些步骤？请按先后顺序列出，并简单加以阐释。
5. 试编写一个名为 DB_Link 的类，在类中要求实现当对该类的对象进行调用时，自动连接数据库，而释放该对象时，自动断开数据库连接。

13.7 上 机 实 战

请用 PHP 语言，设计一个学生在线考试系统中的在线注册子系统，要求实现以下功能：学生通过 Web 浏览器，在设计好的页面内，先进行考试报名（注册），要求输入学号（CHAR(10)）、姓名（CHAR(10)）、班级（CHAR(10)）、联系电话号码（CHAR(11)），且在输入电话号码时，要用正则表达式进行校验，如果输入不规范，则弹出对话框提醒规范输入。注册信息输入完毕后，通过单击页面上的提交按钮，将数据信息一次性提交并保存到后台数据库的用户表（User_table）中。

第 14 章 实验指导

知识点

- ☑ 了解 PHP Web 项目开发的一般流程
- ☑ 数据库系统设计
- ☑ 数据库系统的定义及使用
- ☑ 在 PHP 程序中灵活高效地使用 MySQL 数据库
- ☑ 强化对 Smarty 模板技术的理解和使用

本章导读

在 PHP 动态网站设计中,数据库技术是必不可少的组成部分。利用 PHP+MySQL+Apache 组合开发 Web 项目是最常见的一种组合之一,它们是一个理论和实际紧密相连的技术,因此,上机实验就成了教学和学习过程中的必要环节。本章对如何选择及配置实验环境、数据库系统设计与应用进行阐述,然后通过两个具体实例来说明 Web 项目开发的一般步骤,希望能让读者阅读后获益匪浅。

14.1 实验一:利用 Smarty 模板技术进行网站建设

第 10 章中详细讲述了如何安装和配置 Smarty 模板等相关操作,较详细地叙述了模板设计及在 Smarty 中进行应用程序设计的方法。在此,专门通过一个实验来回顾一下相关知识,以求读者加深对 Smarty 技术的理解,并通过亲手操作来熟悉它的应用。

14.1.1 实验项目设计目的

本次实验的目的在于掌握利用 Smarty 来设计常见的网站主页框架,提高网页布局效率,增强网站维护效能。此外,对一些大型的 Web 应用,如电子商务网站经常要使用分页的显示技术来展示商品信息,本次实验也将利用 Smarty 技术实现分页输出数据信息。

14.1.2 需求分析及功能描述

本次实验结束后所形成的 Web 应用产品应满足的用户需求及功能如下。
- ❑ 在不变换浏览器窗口的情况下,实现多个页面的自由转换。
- ❑ 重复使用同一页面布局。
- ❑ 以分页的形式显示数据。

整个项目的界面大致要求如图 14-1 和图 14-2 所示,读者在做实验时可根据现有的网页素材和计算机环境灵活处理。

图 14-1　利用 Smarty 模板布局网站主页

图 14-2　利用 Smarty 模板设计分页显示学生信息

14.1.3　数据库设计

在本实验中，利用 Smarty 模板布局网站首页部分在大多数情况下无须数据库即可实现，但以分页的方式来显示学生信息就需要数据库支持，应在 MySQL 中设计一个数据库（StuDB），其中包含一个数据表，本次实验所涉及的数据库和数据表可通过 MySQL 数据库可视化管理工具 phpMyAdmin 和 Navicat MySQL 设计实现。如表 14-1 所示是该数据表的结构。

表 14-1 学生基本信息表

字段名称	数据类型	数据长度	是否允许为空	备注
ID	Int	5	否	流水号
学生编号	char	10	否	第一主键
姓名	char	10	否	
生日	char	20	是	
邮箱	char	100	是	
电话	char	30	是	
qq	char	30	是	

14.1.4 代码设计

基于本程序功能的描述和现有的数据库结构，在进行代码编写时应结合前期的功能需求分析进行合理的代码设计。下面列出主要模块的部分代码。

首先是安装和配置 Smarty，将 Smarty 文件夹置于网站根目录下，便于不同网页方便地调用、获取 Smart 模板，安装配置好后，其结构如图 14-3 所示。

图 14-3 Smarty 文档结构

接下来就是通过修改代码来配置 Smarty 模板文件，首先要对 config.php 文件根据实际需求进行编辑修改，如果没有该文件，则直接创建一个空白的 PHP 文件，然后将下述代码写入到该文件中。在本次实验中，config.php 位于 Smarty 文件夹外，打开此文件，按下述代码对其进行修改。

```php
<?php
    header("Content-type: text/html; charset=UTF-8");           //设置文件编码格式
    define('BASE_PATH',$_SERVER['DOCUMENT_ROOT']);              //定义服务器的绝对路径
    define('SMARTY_PATH','//labview1/Smarty/');                 //定义 Smarty 目录的绝对路径
    require BASE_PATH.SMARTY_PATH.'Smarty.class.php';           //加载 Smarty 类库文件
    $smarty = new Smarty;                                       //实例化一个 Smarty 对象
    $smarty->template_dir = BASE_PATH.SMARTY_PATH.'templates/'; //定义模板文件存储位置
```

```
    $smarty->compile_dir = BASE_PATH.SMARTY_PATH.'templates_c/';  //定义编译文件存储位置
    $smarty->config_dir = BASE_PATH.SMARTY_PATH.'configs/';        //定义配置文件存储位置
    $smarty->cache_dir = BASE_PATH.SMARTY_PATH.'cache/';           //定义缓存文件存储位置
?>
```

config.php 文件中每一行代码的功能都以注释的方式进行了说明。接下来就是设计模板文件，先设计网站首页布局模板文件，并把它保存到 Smarty 的 templates 文件夹下。其主要代码如下，请注意，由于在 config.php 文件中没有特别说明定界符形式，因此在这里，Smarty 使用默认的定界符，即"{"和"}"，所以请读者仔细查看用"{ }"符号括起的部分。

```
<html xmlns="http://www.w3.org/1999/xhtml">
<head>
<meta http-equiv="Content-Type" content="text/html; charset=utf-8" />
<title>{$title}</title>
<link href="css/styles.css" rel="stylesheet" type="text/css" />
</head>
<body>
<table width="900" height="786" border="0" align="center" cellpadding="0" cellspacing="0" id="__01">
    <tr>
        <td colspan="8" rowspan="3">
            <img src="images/admin_01.gif" width="760" height="97" alt=""></td>
        <td width="55" height="18" valign="middle" background="images/bg_03_01.jpg">
 </td>
        <td rowspan="2"> </td>
        <td colspan="2" rowspan="2"> </td>
    </tr>
    <tr>
      <td height="22" valign="top" background="images/bg_03_02.jpg"></td>
    </tr>
    <tr>
        <td colspan="4"> </td>
    </tr>
    <tr>
        <td colspan="12">
            <img src="images/admin_07.jpg" width="900" height="9" alt=""></td>
    </tr>
    <tr>
        <td colspan="4">
            <img src="images/admin_08.jpg" width="202" height="2" alt=""></td>
        <td colspan="2">
            <img src="images/admin_09.jpg" width="27" height="2" alt=""></td>
        <td colspan="6">
            <img src="images/admin_10.jpg" width="671" height="2" alt=""></td>
    </tr>
    <tr>
        <td colspan="2" rowspan="4">
            <img src="images/admin_11.jpg" width="14" height="413" alt=""></td>
        <td rowspan="2">
            <img src="images/admin_12.jpg" width="3" height="158" alt=""></td>
```

```html
            <td height="36" colspan="2" background="images/admin_13.jpg"> </td>
          <td rowspan="6">
              <img src="images/admin_14.jpg" width="26" height="628" alt=""></td>
            <td height="628" colspan="5" rowspan="6" align="left" valign="top"><table width="640" border="0" cellspacing="0" cellpadding="0">
                <tr>
                  <td width="70" height="10"></td>
                  <td width="550" height="10"></td>
                  <td width="20" height="10"></td>
                </tr>
                <tr>
                  <td align="right"><img src="images/admin_24.jpg" width="45" height="42" /></td>
                  <td><span class="STYLE1">{$caption}</span></td>
                  <td height="10"></td>
                </tr>
                <tr>
                  <td> </td>
                  <td><!--载入模板文件-->{include file=$admin_phtml}</td>
                  <td> </td>
                </tr>
            </table>    </td>
          <td rowspan="6">
              <img src="images/admin_16.jpg" width="26" height="628" alt=""></td>
        </tr>
        <tr>
          <td colspan="2">
              <img src="images/admin_17.jpg" alt="" width="186" height="122" border="0" usemap="#Map"></td>
        </tr>
        <tr>
          <td colspan="3">
              <img src="images/admin_18.jpg" alt="" width="189" height="117" border="0"></td>
        </tr>
        <tr>
          <td colspan="3">
              <img src="images/admin_19.jpg" alt="" width="189" height="138" border="0"></td>
        </tr>
        <tr>
          <td rowspan="2">
              <img src="images/admin_20.jpg" width="12" height="215" alt=""></td>
          <td colspan="4">
              <img src="images/admin_21.jpg" alt="" width="191" height="131" border="0"></td>
        </tr>
        <tr>
          <td colspan="4">
              <img src="images/admin_22.jpg" width="191" height="84" alt=""></td>
        </tr>
        <tr>
          <td colspan="12"> </td>
```

```
        </tr>
    </table>
</body>
</html>
```

按照同样的方法，设计分页的形式来显示学生信息的模板文件，并把它保存到 Smarty 的 templates 文件夹下，同样请读者仔细查看用"{ }"符号括起的部分。

```
<html xmlns="http://www.w3.org/1999/xhtml">
<head>
<meta http-equiv="Content-Type" content="text/html; charset=utf-8" />
<title>{$title}</title>
<link rel="stylesheet" type="text/css" href="./css/style.css">
</head>
<body>
<table width="600" border="0" align="center" cellspacing="1" bgcolor="#9999FF">
  <tr>
    <td height="47" colspan="7" bgcolor="#FFFFFF" class="title" align="center">学生信息</td>
  </tr>
  <tr>
    <td height="30" align="center" bgcolor="#FFFFFF">ID</td>
    <td bgcolor="#FFFFFF" align="center" class="title2">学生编号</td>
    <td bgcolor="#FFFFFF" align="center" class="title2">真实姓名</td>
    <td bgcolor="#FFFFFF" align="center" class="title2">生日</td>
    <td bgcolor="#FFFFFF" align="center" class="title2">电子邮箱</td>
    <td bgcolor="#FFFFFF" align="center" class="title2">电话</td>
    <td bgcolor="#FFFFFF" align="center" class="title2">qq</td>
  </tr>
  {foreach key=key item=item from=$arr}
  <tr>
    <td height="22" bgcolor="#FFFFFF" align="center">{$item[0]}</td>
    <td bgcolor="#FFFFFF" align="center">{$item[1]}</td>
    <td bgcolor="#FFFFFF" align="center">{$item[2]}</td>
    <td bgcolor="#FFFFFF" align="center">{$item[3]}</td>
    <td bgcolor="#FFFFFF" align="center">{$item[4]}</td>
    <td bgcolor="#FFFFFF" align="center">{$item[5]}</td>
    <td bgcolor="#FFFFFF" align="center">{$item[6]}</td>
  </tr>
  {/foreach}
  <tr>
    <td height="22" colspan="7" align="center" bgcolor="#FFFFFF">{$page}</td>
  </tr>
</table>
</body>
</html>
```

模板文件搭建好之后，接下来就是设计调用模板文件的 PHP 程序文件，它们的关系就相当于酒瓶与酒的关系。现在酒瓶有了，该向酒瓶内注入酒水了。同样，先来设计网站首页布局的 PHP 程序代码。

```php
<?php
header ("Content-type:text/html; charset=utf-8");              //设置文件编码格式
require("../config.php");                                       //包含配置文件
switch ($_GET['caption']){                                      //完成在不同模块之间的跳转操作
    case "添加";
        include "sho_insert.php";                               //包含 PHP 脚本文件
        $smarty->assign('admin_phtml','homepage/sho_insert.html');//将 PHP 脚本文件对应的
模板文件名称赋给模板变量
    break;
    case "修改";
        include "sho_update.php";
        $smarty->assign('admin_phtml','homepage/sho_update.html');
    break;
    case "删除";
        include "sho_delete.php";
        $smarty->assign('admin_phtml','homepage/sho_delete.html');
    break;
    default:
        include "sho_insert.php";
        $smarty->assign('admin_phtml','homepage/sho_insert.html');
    break;
}
$smarty->assign("title","后台管理系统--".$_GET['caption']);      //定义标题
$smarty->assign("caption",$_GET['caption']);                    //定义链接传递的参数值
$smarty->display("homepage/index.html");                        //指定模板页
?>
```

通过这个 PHP 程序文件来控制在网站首页框架中，在不同时刻显示不同的内容，而使用的框架布局始终不会改变。下面是控制以分页的方式显示学生基本信息的 PHP 程序文件代码。

```php
<?php
    require_once("system/global.php");                          //调用指定的文件
    $sql=$p->sel("order by id desc");                           //按 id 降序执行查询语句
    $page=$p->myPage();                                         //执行分页操作
    while($row=mysql_fetch_array($sql)){                        //将查询的结果返回数组中

$arr[]=array($row['id'],$row['name'],$row['realname'],$row['birthday'],$row['email'],$row['telephone'],$row['qq']);
                                                                //定义二维数组$arr
    }
    $smarty->assign('arr',$arr);                                //为模板变量赋值
    $smarty->assign('page',$page);                              //为模板变量赋值
    $smarty->assign('title','显示学生信息');                      //给模板变量赋值
    $smarty->display('sortpage/index.html');                    //引用模板文件
?>
```

现在总结一下使用 Smarty 模板的基本方式：先配置 Smarty 基本属性，主要包括存储模板文件的目录设置、定界符的设置、编译目录的设置，还有 config.php 文件的设置等；

然后编写 PHP 程序,在 PHP 程序中主要用 Smarty 对象的 assign()及 display()方法来调用模板文件。

14.2 实验二:成绩管理系统的设计与实现

按照本书前面相关章节叙述的方法,配置好 PHP 项目开发环境后,接下来就可以在此平台上做一些实验项目,首先做一个比较简单的学生成绩管理系统的实验。

14.2.1 实验项目设计目的

掌握利用 MySQL 数据库管理系统来设计用户数据库的基本技术,包括如何创建数据库;如何创建数据库表;了解 MySQL 数据库所支持的常见数据类型;进一步掌握相关 SQL 语句功能及语法;掌握如何利用正则表达式规范用户提交的数据。熟悉在 PHP 程序中连接数据库的常用方法。

14.2.2 需求分析及功能描述

本次实验结束后所形成的软件产品应满足的用户需求及功能如下。
- 学生信息录入
- 成绩信息录入
- 学生成绩查询
- 学生信息查询

整个项目的界面大致要求如图 14-4 所示,学生在做实验时可根据现有的网页素材和计算机环境灵活处理。

图 14-4 学生成绩管理系统功能界面

14.2.3 数据库设计

为实现成绩查询系统的预期功能,应在 MySQL 中设计一个数据库(StuScoreDB),其中包含 3 个数据表、一个视图以及一个存储过程,本次实验所涉及的数据库和数据表可通过 MySQL 数据库可视化管理工具 phpMyAdmin 和 Navicat MySQL 设计实现。如表 14-2～表 14-4 所示是各数据表的结构。

表 14-2 成绩表结构

字 段 名 称	数据类型	数据长度	是否允许为空	备 注
学号	char	7	否	第一主键
课程号	char	4	否	第二主键
成绩	int	4	是	

表 14-3 课程表结构

字 段 名 称	数据类型	数据长度	是否允许为空	备 注
课程号	char	4	否	主键
课程名	char	16	否	
开课学期	tinyint	1	是	
学时	int	4	是	
学分	int	4	否	

表 14-4 学生名单结构

字 段 名 称	数据类型	数据长度	是否允许为空	备 注
学号	char	7	否	主键
姓名	char	8	否	
性别	tinyint	1	否	
出生日期	date	0	是	
专业	char	12	是	
总学分	int	4	否	
备注	tinytext	255	是	
照片	blob	65535	是	

为加快查询学生各个成绩情况,还应建立一个视图(xs _cj_kc),该视图涉及 3 个基表:学生名单、课程表、成绩表,其实现的 SQL 语句如下。

CREATE VIEW xs_cj_kc AS
select 学生名单.学号,学生名单.姓名,课程表.课程号,课程表.课程名,成绩表.成绩 from 成绩表,课程表, 学生名单 where ((成绩表.学号 = 学生名单.学号) and (成绩表.课程号 = 课程表.课程号))

还有一个存储过程(storeprc_cj):

CREATE PROCEDURE storeprc_cj (in_xh CHAR(6),in_kch CHAR(3),in_cj INT(4))
BEGIN

```
    DECLARE in_count  INT(4);
    DECLARE in_xf TINYINT(1);
    DECLARE in_cjb_cj INT(4);
    SELECT  学分  INTO in_xf FROM KCB WHERE  课程号=in_kch;
    SELECT COUNT(*) INTO in_count FROM CJB WHERE  学号=in_xh AND  课程号=in_kch;
    SELECT  成绩  INTO in_cjb_cj FROM CJB WHERE  学号=in_xh AND  课程号=in_kch;
    IF in_count>0 THEN
    BEGIN
        DELETE FROM CJB WHERE  学号=in_xh and  课程号=in_kch;
        IF in_cjb_cj>60 THEN
            UPDATE XSB set  总学分=总学分-in_xf WHERE  学号=in_xh;
        END IF;
    END;
    END IF;
    IF in_cjb_cj!=-1 THEN
    BEGIN
        INSERT INTO CJB VALUES(in_xh,in_kch,in_cj);
        IF in_cjb_cj>60 THEN
            UPDATE XSB SET  总学分=总学分+in_xf WHERE  学号=in_xh;
        END IF;
    END;
    END IF;
END
```

14.2.4 代码设计

基于本程序功能的描述和现有的数据库结构，在进行代码编写时应结合前期的功能需求分析进行合理的代码设计。下面列出主要模块的部分代码。

1．MySQL 数据库连接模块的实现代码

```
<?php
    $server="localhost";                                //服务器名
    $user="root";                                       //用户名
    $password="ld771224";                               //密码
    $database=" StuScoreDB";                            //数据库名
    $conn=mysql_connect($server,$user,$password);       //连接字符串
    mysql_select_db($database,$conn);                   //选择并打开数据库
    mysql_query("SET NAMES gb2312");                    //设置字符集
?>
```

2．显示学生信息模块的实现代码

```
<?php
require "connection.php";
session_start();
$number=$_GET['id'];
$_SESSION['number']=$number;
```

```php
$sql="select 备注,照片 from 学生名单 where 学号='$number'";        //查找备注和照片列
$result=mysql_query($sql);
@$row=mysql_fetch_array($result);
$BZ=$row['备注'];
$ZP=$row['照片'];
?>
<html><head>
<title>学生附加信息</title>
</head>
<body bgcolor="D9DFAA">
<br><br><br><table width="100" border="1">
<tr><td   align="center">附加信息</td></tr>
<tr><td   bgcolor="#CCCCCC" align="center">备注</td></tr>
<tr><td><textarea rows="7" name="StuBZ" ><?php if($BZ)echo $BZ;else echo " 暂无 ";?>
</textarea></td></tr>
</table></body>
</html>
```

3．添加学生信息及修改学生信息模块的实现代码

```
<html>
<meta http-equiv="Content-Type" content="text/html; charset=gb2312" />
<body bgcolor="D9DFBB">
        <div align="center"><font face="宋体" size="5" color="#008000">
                     <b>录入学生信息</b></font></div>
<form name="frm1" method="post" action="AddStu.php" style="margin:0">
<table width="340" align="center">
<tr><td width="168"><span >根据学号查询学生信息：</span></td>
        <td><input name="StuNumber" id="StuNumber" type="text" size="10">
             <input type="submit" name="test"    value="查找"></td></tr>
</table>
</form>
<?php
require "connection.php";
session_start();
$number=@$_POST['StuNumber'];
$_SESSION['number']=$number;
$sql="select * from 学生名单 where 学号='$number'";
$result=mysql_query($sql);
@$row=mysql_fetch_array($result);
if(($number!==NULL)&&(!$row))                              //判断学号是否合法
      echo "<script>alert('没有该学生信息！')</script>";
$timeTemp=strtotime($row['出生日期']);
$time=date("Y-n-j",$timeTemp);
?>
<form name="frm2" method="post" style="margin:0" enctype="multipart/form-data">
<table bgcolor="#CCCCCC" width="430" border="1" align="center" cellpadding="0" cellspacing="0">
<tr><td bgcolor="#CCCCCC" width="90"><span >学号：</span></td>
        <td><input name="StuNum" type="text" size="35" value="<?php echo $row['学号']; ?>">
```

```html
            <input name="h_StuNum" type="hidden" value="<?php echo $row['学号']; ?>"></td></tr>
<tr><td bgcolor="#CCCCCC" width="90"><span >姓名：</span></td>
    <td><input name="StuName" type="text" size="35" value="<?php echo $row['姓名']; ?>"></td></tr>
<tr><td bgcolor="#CCCCCC"><div >性别：</div></td>
    <?php
    if($row['性别']===0)
    {?>
        <td><input type="radio" name="Sex" value="1"><span >男</span>
            <input type="radio" name="Sex" value="0" checked="checked"><span >女
            </span></td>
    <?php
    }
    else
    {?>
        <td><input type="radio" name="Sex" value="1" checked="checked">
                <span >男</span>
            <input type="radio" name="Sex" value="0"><span >女</span></td>
    <?php
    }
    ?>
    </tr>
<tr><td bgcolor="#CCCCCC"><span >出生日期：</span></td>
    <td><input name="Birthday" size="30" type="text" value="<?php if($time) echo $time;?>">
    </td></tr>
<tr><td bgcolor="#CCCCCC"><span >专业：</span></td>
    <td><input name="Project" size="30" type="text" value="<?php echo $row[' 专业'];?>">
    </td></tr>
<tr><td bgcolor="#CCCCCC"><span >总学分：</span></td>
    <td><input name="StuZXF" size="30" type="text" value="<?php echo $row['总学分'];?>"
readonly></td></tr>
<tr><td bgcolor="#CCCCCC"><span >备注：</span></td>
    <td><textarea cols="34" rows="4" name="StuBZ" >
        <?php echo $row['备注']; ?></textarea></td></tr>
<tr><td bgcolor="#CCCCCC" height="150"><span >学生照片：</span></td>
    <td align="center">

    <br><input type="file" name="file"></td></tr>
<tr><td align="center" colspan="2" bgcolor="#CCCCCC">
    <input name="b" type="submit" value="修改" >  
    <input name="b" type="submit" value="添加" />
      <input name="b" type="submit" value="删除" >  
    <input name="b" type="button" value="退出"   onClick="window.location='main.html'">
    </td></tr>
</table></form></body>
</html>
<?php
$Num =$_POST['StuNum'];
$XH=$_POST['h_StuNum'];
$name=$_POST['StuName'];
$sex=$_POST['Sex'];
```

```php
$birthday=$_POST['Birthday'];
$project=$_POST['Project'];
$points=$_POST['StuZXF'];
$note=$_POST['StuBZ'];
$tmp_file=$_FILES["file"]["tmp_name"];
$handle=fopen($tmp_file,'r');
$picture=addslashes(fread($handle,filesize($tmp_file)));
$checkbirthday=preg_match('/^\d{4}-(0?\d|1?[012])-(0?\d|[12]\d|3[01])$/',$birthday);//正则表达式
function test($xuehao,$name,$checkbirthday,$tmp_file)    //该函数用于验证表单数据
{
    if($xuehao==NULL)
    {
        echo "<script>alert('学号不能为空!');location.href='AddStu.php';</script>";
        exit;
    }
    else if($name==NULL)
    {
        echo "<script>alert('姓名不能为空!');location.href='AddStu.php';</script>";
        exit;
    }
    else if($checkbirthday==0)                          //判断日期是否符合格式要求
    {
        echo "<script>alert('日期格式错误!');location.href='AddStu.php';</script>";
        exit;
    }
    else
    {
        if($tmp_file)                                    //如果上传了照片
        {
            $type=$_FILES['file']['type'];              //上传文件的格式
            $Tpsize=$_FILES['file']['size'];            //图片的大小
            if ((($type!= "image/gif")&&($type!= "image/jpeg") &&($type!= "image/pjpeg")
&&($type!="image/bmp")))
            {
                echo "<script>alert('照片格式不对!');location.href='AddStu.php';</script>";
                exit;
            }
            else if($Tpsize>100000)
            {
                echo "<script>alert('照片尺寸太大!');location.href='AddStu.php';</script>";
                exit;
            }
        }
    }
}
if(@$_POST["b"]=='修改')
{
    echo "<script>if(!confirm('确认修改')) return FALSE;</script>";
    test($xuehao,$name,$checkbirthday,$tmp_file);
    if($xuehao!=$XH)
```

```php
                echo"<script>alert('学号非法,无法修改!');location.href='AddStu.php';</script>";
        else
        {
            if(!$tmp_file)
            {
                $update_sql="update 学生名单 set 姓名='$name',性别=$sex,出生日期='$birthday',专业='$project',备注='$note' where 学号='$XH'";
            }
            else
            {
                $update_sql="update 学生名单 set 姓名='$name',性别=$sex,出生日期='$birthday',专业='$project',备注='$note',照片='$picture' where 学号='$XH'";
            }
            $update_result=mysql_query($update_sql);
            if(mysql_affected_rows($conn)!=0)
                echo "<script>alert('修改成功!');location.href='AddStu.php';</script>";
            else
                echo "<script>alert('失败,请检查输入信息!');location.href='AddStu.php';</script>";
        }
}
if(@$_POST["b"]=='添加')
{
    test($xuehao,$name,$checkbirthday,$tmp_file);
    $s_sql="select 学号 from 学生名单 where 学号='$xuehao'";
    $s_result=mysql_query($s_sql);
    $s_row=mysql_fetch_array($s_result);
    if($s_row)
        echo "<script>alert('已存在,无法添加!');location.href='AddStu.php';</script>";
    else
    {
        if(!$tmp_file)                              //若未没有图片则不向照片字段插入内容
        {
            $insert_sql="insert into 学生名单(学号,姓名,性别,出生日期,专业,总学分,备注)
                values('$xuehao','$name',$sex,'$birthday','$project',0,'$note')";
        }
        else
        {
            $insert_sql="insert into 学生名单(学号,姓名,性别,出生日期,专业,总学分,备注,照片)
                values('$xuehao','$name',$sex,'$birthday','$project',0,'$note','$picture')";
        }
        $insert_result=mysql_query($insert_sql);
        if(mysql_affected_rows($conn)!=0)
            echo "<script>alert('添加成功!');location.href='AddStu.php';</script>";
        else
            echo"<script>alert('失败,检查输入!');location.href='AddStu.php';</script>";
    }
}
if(@$_POST["b"]=='删除')
{
    if($xuehao==NULL)
```

```
    {
        echo "<script>alert('请输入要删除的学号!');location.href='AddStu.php';</script>";
    }
    else
    {
        $d_sql="select 学号 from 学生名单 where 学号='$xuehao'";
        $d_result=mysql_query($d_sql);
        $d_row=mysql_fetch_array($d_result);
        if(!$d_row)                                              //学号如果不存在则提示
            echo "<script>alert('不存在，无法删除!');location.href='AddStu.php';</script>";
        else
        {
            $del_sql="delete from 学生名单 where 学号='$xuehao'";
            $del_result=mysql_query($del_sql) or die('删除失败！');
            if($del_result)
                echo "<script>alert('删除".$xuehao."成功!');location.href='AddStu.php';</script>";
        }
    }
}
?>
```

4．学生成绩录入与编辑模块的实现代码

```
<html>
<head><title>学生信息查询</title>
<meta http-equiv="Content-type" content="text/html; charset=gb2312">
</head>
<body bgcolor="D9DFAA">
<div align="center"><font face="宋体" size="5" color="#008000"><b>成绩信息录入</b></font></div>
<form action="AddStuScore.php" method="get" style="margin:0">
<table width="450" align="center">
<tr><td width="60" bgcolor="#CCCCCC">课程名：</td>
    <td width=50><select name="KCName" >
                <option value="请选择">请选择</option>
<?php
require "connection.php";
$kc_sql="select distinct 课程名 from 课程表";               //查课程
$kc_result=mysql_query($kc_sql);
while($kc_row=mysql_fetch_array($kc_result))
{
    echo "<option>".$kc_row['课程名']."</option>";         //输出课程名到下拉列表框中
}
?>
</select></td>
<td width="60" bgcolor="#CCCCCC">专业：</td>
<td width=50><select name="ZYName" >
                <option value="请选择">请选择</option>
<?php
$zy_sql="select distinct 专业 from 学生名单";               //查找专业
```

```php
        $zy_result=mysql_query($zy_sql);
        while($zy_row=mysql_fetch_array($zy_result))
        {
                echo "<option>".$zy_row['专业']."</option>";          //输出专业名到下拉列表框中
        }
        ?>
        </select></td>
        <td width="60" align="center">
        <input type="submit" name="Query" value="查询"></td></tr>
</table>
</form>
<?php
require "connection.php";
$KCName=$_GET['KCName'];
$ZYName=$_GET['ZYName'];
echo "<br><div align=center >$KCName</div>";                         //输出课程名
echo "<table width=450 border=1 align=center cellpadding=0 cellspacing=0 >";
echo "<tr bgcolor=#CCCCCC height=25 align=center><td>学号</td>";
echo "<td>姓名</td>";
echo "<td>成绩</td>";
echo "<td width=160>操作</td></tr>";
if(!$KCName&&!$ZYName)
{
    for($i=0;$i<10;$i++)
    {
    echo"<tr height=28><td> </td><td> </td><td> </td><td> </td>";
    }
}
else
{
    if($KCName=="选择")                                               //如果未选课程则进行相应提示
        echo "<script>alert('选择课程');location.href='AddStuScore.php'</script>";
    else
    {
        $total=0;                                                     //初始化总记录数的值为 0
        if($ZYName=="选择")
        {
            $XS_sql="select 学号,姓名 from 学生名单";
        }
        else
        {
            $XS_sql="select 学号,姓名 from 学生名单 where 专业='$ZYName'";
        }
        $XS_result=mysql_query($XS_sql);
        $total=mysql_num_rows($XS_result);                            //计算总记录数
        $page=isset($_GET['page'])?intval($_GET['page']):1;
        $url='AddStuScore.php';                                       //本页 URL
        $num=10;
        $pagenum=ceil($total/$num);
        $page=min($pagenum,$page);
```

```php
            $prepg=$page-1;
            $nextpg=($page==$pagenum? 0: $page+1);
            $offset=($page-1)*$num;
            $endnum=$offset+$num;
            $new_sql=$XS_sql." limit ".($page-1)*$num.",".$num;
            $new_result=mysql_query($new_sql);
            while($new_row=mysql_fetch_array($new_result))
            {
                list($number,$name)=$new_row;                    //列出结果值
                $CJ_sql="select 成绩 from 成绩表 where 学号='$number'
                 and 课程号=(select 课程号 from 课程表 where 课程名='$KCName')";
                $CJ_result=mysql_query($CJ_sql);
                $CJ_row=mysql_fetch_array($CJ_result);
                $points=$CJ_row['成绩'];                          //取出成绩值
                echo "<input type=hidden value=$KCName id='course'>";
                echo "<tr align=center><td width=110>$number</td>";
                echo "<td width=110>$name</td>";
                echo"<td width=110><input id='points-$number' type=text size=12 value=$points></td>";
echo"<td><a href=# onclick=\"save(this.id,'$number')\" id='keep-$number'>保存</a>  ";
echo "<a href=# onclick=\"save(this.id,'$number')\" id='delete-$number'>删除</a></td></tr>";
            }
            echo "</table>";
            $pagenav="";
            if($prepg)
    $pagenav.=" <a href='$url?page=$prepg&KCName=$KCName&ZYName=$ZYName'>上一页</a> ";
            for($i=1;$i<=$pagenum;$i++)
            {
                if($page==$i) $pagenav.=$i." ";
                else
    $pagenav.=" <a href='$url?page=$i&KCName=$KCName&ZYName=$ZYName'>$i</a> ";
            }
            if($nextpg)
    $pagenav.=" <a href='$url?page=$nextpg&KCName=$KCName&ZYName=$ZYName'>下一页</a> ";
            $pagenav.="共(".$pagenum.")页";
            echo "<br><div align=center ><b>".$pagenav."</b></div>";     //输出分页导航
        }
}
?>
<script>
var xmlHttp;
function GetXmlHttpObject()
{
    var xmlHttp=null;
    try
    {
        xmlHttp=new XMLHttpRequest();
    }
    catch(e)
```

```
            {
                try
                {
                    ttp=new ActiveXObject("Msxml2.XMLHTTP");
                }
                catch(e)
                {
                    mlHttp=new ActiveXObject("Microsoft.XMLHTTP");
                }
            }
            return xmlHttp;
        }
        function save(str,num)
        {
            xmlHttp=GetXmlHttpObject();
            var kcname=document.getElementById("course").value;
            var points=document.getElementById("points-"+num).value;
            var url="StuCJ.php";
            url=url+"?id="+str+"&points="+points+"&kcname="+kcname;
            url=url+"&sid="+Math.random();          //添加一个随机数，以防服务器使用缓存的文件
            xmlHttp.open("GET",url,true);
            xmlHttp.send(null);                      //向服务器发送 HTTP 请求
            xmlHttp.onreadystatechange = function()
            {
                if (xmlHttp.readyState==4 || xmlHttp.readyState=="complete")
                {
                    alert(xmlHttp.responseText);
                    if(xmlHttp.responseText=='删除成功！')
                        document.getElementById("points-"+num).value="";
                }
            }
        }
    </script>
?>
</body>
</html>
```

5．成绩查询模块的实现代码

```
<html>
<head><title>学生成绩查询</title></head>
<body bgcolor="D9DFAA">
<div align="center"><font face="宋体" size="5" color="#008000">
            <b>学生成绩查询</b></font></div>
<form name="frm1" method="post" action="ShowStuKC.php" style="margin:0">
<table width="500" align="center">
<tr><td width="60"><span >学号： </span></td>
    <td width="160"><input name="StuNum" type="text" size="20"></td>
    <td><input type="submit" name="query"    value="查找"></td>
```

```
        <td> </td></tr>
</table>
</form>
<?php
require "connection.php";
session_start();
$number=@$_POST['StuNum'];
$_SESSION['number']=$number;
$sql1="select 课程号,课程名,成绩 from xs_kc_cj where 学号='$number'";
$sql2="select 姓名,总学分,照片 from 学生名单 where 学号='$number'";
$result1=mysql_query($sql1);
$result2=mysql_query($sql2);
echo "<table width=500 height=350 align=center>";
echo "<tr><td>";
echo "<table width=350 height=340 border=1 cellpadding=0 cellspacing=0>";
echo "<tr bgcolor=#CCCCCC >";
echo "<td width=100>课程号</td>";
echo "<td width=150>课程名</td>";
echo "<td width=100>成绩</td></tr>";
if(!$result1)
{
    for($i=0;$i<12;$i++)
    {
        echo "<tr><td>   </td><td>   </td><td>   </td></tr>";
    }
}
else
{
    $js=0;
    while($row1=mysql_fetch_array($result1))
    {
        list($KCH,$KCM,$CJ)=$row1;
        echo "<tr ><td>$KCH </td>";
        echo "<td>$KCM </td>";
        echo "<td>$CJ </td></tr>";
        $js++;
    }
    for($i=0;$i<12-$js;$i++)
    {
        echo "<tr><td> </td><td> </td><td> </td></tr>";
    }
}
echo "</table></td>";
@$row2=mysql_fetch_array($result2);
list($XM,$ZXF,$ZP)=$row2;
if($number&&(!$XM))
    echo "<script>alert('学号错误!');location.href='ShowStuKC.php';</script>";
else
{
```

```
            echo "<td><table width=150 height=340 border=1 cellpadding=0 cellspacing=0>";
            echo "<tr><td height=25 bgcolor=#CCCCCC>姓名: </td></tr>";
            echo "<tr><td height=25 align=center>$XM </td></tr>";
            echo "<tr><td height=25 bgcolor=#CCCCCC>总学分: </td></tr>";
            echo "<tr><td height=25 align=center>$ZXF </td></tr>";
            echo "<tr><td align=center>";
            echo "<input type=button name=exit value=退出 onclick=\"window.location='main.html'\">
</td></tr>";
            echo "</table></td>";
    }
echo "</tr></table>";
?>
</body>
</html>
```

6. 成绩修改与删除模块的实现代码

```
<?php
require "connection.php";
header("Content-Type:text/html;charset=gb2312");
$id=$_GET['id'];
$kcname=$_GET['kcname'];
$points=$_GET['points'];
$array=explode("-", $id);
$action=$array[0];
$number=$array[1];
$kc_sql="select 课程号 from 课程表 where 课程名='$kcname'";
$kc_result=mysql_query($kc_sql);
$kc_row=mysql_fetch_array($kc_result);
$kcnumber=$kc_row['课程号'];
if($action=="keep")
{
    if($points)
    {
        $cj_sql="CALL storeprc_cj ('$number','$kcnumber',$points)";
        $cj_result=mysql_query($cj_sql);
        if($cj_result)
            echo '保存成功!';
        else
            echo "保存失败! ";
    }
    else
        echo "成绩值为空,请输入成绩! ";
}
if($action=="delete")
{
    $cj_sql="CALL  storeprc_cj ('$number','$kcnumber',-1)";
    $cj_result=mysql_query($cj_sql);
    if(mysql_affected_rows($conn)!=0)
```

```
        echo "删除成功！";
    else
        echo "删除失败！";
}
?>
```

14.3 实验三：用户管理系统的设计与实现

在第 9 章详细讲述了在 PHP 中采用面向对象程序设计的方法来编写程序代码的方法，采用面向对象编程思想，将使编程不再是非常困难的事，本次实验要求利用面向对象程序设计技术来实现。

14.3.1 实验项目设计目的

深入理解面向对象程序设计中类、对象、封装、类的继承等概念，熟悉利用 PHP 语言来定义类和对象的方法；熟练掌握如何访问对象，进一步掌握相关 SQL 语句功能及语法；熟悉在 PHP 程序中连接数据库的常用方法。

14.3.2 需求分析及功能描述

本次实验结束后所形成的软件产品应满足的用户需求及功能如下。
- 用户的系统登录
- 用户角色及权限的分配
- 系统管理员添加系统新用户
- 系统管理员修改用户信息
- 系统管理员删除用户信息

整个项目的功能界面大致要求如图 14-5～图 14-8 所示，学生在做实验时可根据现有的网页素材和计算机环境灵活处理。

图 14-5 用户管理系统的用户登录页面

图 14-6 用户登录成功后的页面

图 14-7　用户查询及修改页面

图 14-8　系统管理员添加新用户

14.3.3　数据库设计

为实现用户管理系统的预期功能，应在 MySQL 中设计一个数据库（userdatabase），其中包含一个数据表，其数据表的结构如表 14-5 所示。

表 14-5　课程表结构

字 段 名 称	数 据 类 型	数 据 长 度	是否允许为空	备　注
UID	varchar	50	否	主键
UserPwd	varchar	50	是	
username	varchar	50	是	

14.3.4　代码设计

基于本程序功能的描述和现有的数据库结构，在进行代码编写时应结合前期的功能需求分析进行合理的代码设计。下面列出主要模块的部分代码。

1. 用户（Users）类定义的实现代码

```php
<?PHP
class Users
{
    var $conn;
    public $UID;                                            //用户号
    public $UserPwd;                                        //用户密码
    public $username;                                       //显示名称
    function __construct()                                  //定义构造函数
    {
        $this->conn = mysqli_connect("localhost", "root", "ld1224", "userdatabase");   //连接数据库
        mysqli_query($this->conn, "SET NAMES gbk");
    }
    function __destruct()                                   //定义析造函数
```

```php
        mysqli_close($this->conn);              //关闭连接
        }
        function exists($user)                  //定义类的方法，判断指定用户是否存在
        {
    $result = $this->conn->query("SELECT * FROM Users WHERE UID='" . $user . "'");
    If($row = $result->fetch_row()) {
        $this->UID = $user;
        $this->UserPwd = $row[1];
        $this->username = $row[2];
        return true;
    }
        else
            return false;
        }

        function verify($user, $pwd)            //定义类的一个方法，判断用户号和密码是否存在
        {
$sql = "SELECT * FROM Users WHERE UID='" . $user . "' AND UserPwd='" . $pwd . "'";
    $result = $this->conn->query($sql);
    if($row = $result->fetch_row())
            {
                $this->UID = $user;
                $this->UserPwd = $pwd;
                $this->username = $row[2];
                return true;
            }
            else
                return false;
        }
        function load_users()                   //定义类的方法，用于显示所有用户信息
            {
                $sql = "SELECT * FROM Users";
                $result = $this->conn->query($sql);
                Return $result;
            }
        function insert()                       //定义类的方法，添加新用户
        {
    $sql = "INSERT INTO Users VALUES('" . $this->UID . "', '" . $this->UserPwd . "', '"
                . $this->username . "')";
    $this->conn->query($sql);
        }
    function updateShowName()                   //修改用户名
        {
$sql = "UPDATE Users SET username='" . $this->username . "' WHERE UID='". $this->UID . "'";
            $this->conn->query($sql);
        }
        function updatePassword()               //定义类的方法，修改用户密码
{
```

```php
$sql = "UPDATE Users SET UserPwd='" . $this->UserPwd . "' WHERE UID='" . $this->UID . "'";
$this->conn->query($sql);
        }
        function delete()                    //定义类的方法，用于删除用户
        {
            $sql = "DELETE FROM Users WHERE UID='" . $this->UID . "'";
            $this->conn->query($sql);
        }
    }
?>
```

2. 用户号与用户密码验证模块的实现代码

```php
    <?PHP
    include('Users.php');              //将 Users 类包含到此处
    $user = new Users();
    session_start();
    if(!isset($_SESSION['Passed'])){
        $_SESSION['Passed'] = False;
    }
    if($_SESSION['Passed']==False) {
    $UID = $_POST['UID'];
        $UserPwd = $_POST['UserPwd'];
        if($UID == "")
            $Errmsg = "请输入用户号和密码";
        else   {
            if(!$user->verify($UID, $UserPwd))   {
                $Errmsg = "用户号或密码不正确";
            }
            else {
                echo("您此次登录成功啦");
                $_SESSION['Passed'] = True;
                $_SESSION['UID'] = $UID;
                $_SESSION['username'] = $user->username;
                //$_SESSION['username'] = $row[2];
            }
        }
    }
    if(!$_SESSION['Passed'])    {
?>
<HTML>
<HEAD><TITLE>输入用户号及密码</TITLE></HEAD>
<BODY>
<script Language="JavaScript">
function ChkFields() {
if (document.MyForm.UID.value=="") {
window.alert ("请输入用户号！")
return false
}
```

```
return true
}
</script>
<p align="center"><font  color="#FF0000" size="5" face="隶书">身 份 验 证</font></p>
<p align="center"><font color="#800000">    <?PHP echo($Errmsg); ?></font></p>
<form method="POST" action="<?PHP $_SERVER['PHP_SELF'] ?>" name="MyForm" onsubmit="return ChkFields()">
   <p align="center">用户号： <input type="text" name="UID" size="20"></p>
    <p align="center">密 码： <input type="password" name="UserPwd" size="20"></p>
    <p align="center"><input type="submit" value="提交" name="B1"><input type="reset" value="重写" name="B2"></p>
</form>
<p align="center">   </p>
</BODY></HTML>
<?PHP
     exit("");
    }
?>
```

3. 新用户添加模块的实现代码

```
<?PHP
    include('ChkPwd.php');
    if($_SESSION['UID'] <> "Admin") {
    echo("不是 Admin 用户，没有此权限");
    exit();
    }?>
<html>
<head><title>用户注册</title></head>
<script Language="JavaScript">
function ChkFields() {
  if (document.myform.UID.value=='') {
     window.alert ("请输入用户号！");
     myform.UID.focus();
     return false
  }
  if (document.myform.UID.value.Length<=2) {
     window.alert ("请用户号长度不得小于 2。");
     myform.UID.focus();
     return false
  }
  if (document.myform.Pwd.value.length<6) {
     window.alert ("新密码长度不得小于 6。");
     myform.Pwd.focus();
     return false
  }
  if (document.myform.Pwd.value=='') {
     window.alert ("输入新密码！");
     myform.Pwd.focus();
```

```
        return false
    }
    if (document.myform.Pwd1.value=="") {
        window.alert ("请确认新密码！");
        myform.Pwd1.focus();
        return false
    }
    if (document.myform.Pwd.value!=document.myform.Pwd1.value) {
        window.alert ("两次输入的新密码必须相同！");
        return false
    }
    return true
}
</script>
    <body>
        <form method="POST" action="UserSave.php" name="myform" onSubmit="return ChkFields()">
        <h3></h3>
        <p align="center">用户基本信息</p><input type="hidden" name="flag" value="new">
        <table align="center" border="1" cellpadding="1" cellspacing="1" width="473" bordercolor="#008000" bordercolordark="#FFFFFF">
            <tr>
                <td align=left bgcolor="#E1F5FF" width="165">用户号</td>
                <td width="292"><input type="text" name="UID" size="20"></td>
            </tr>
            <tr>
                <td align=left bgcolor="#E1F5FF" width="165">用户姓名</td>
                <td width="292"><input type="text" name="username" size="20"></td>
            </tr>
                <tr>
            <td align=left bgcolor="#E1F5FF" width="165">用户密码</td>
            <td width="292"><input type="password" name="Pwd" size="20"></td>
    </tr>
    <tr>
        <td align=left bgcolor="#E1F5FF" width="165">密码确认</td>
        <td width="292"><input type="password" name="Pwd1" size="20"></td>
    </tr>
        </table>
    <p align="center"><input type="submit" value=" 提交 " name="B2"></p>
</form></body>
</html>
```

4．用户密码修改模块的实现代码

```
<?PHP
    include('ChkPwd.php');
    $UID = $_GET['UID'];
?>
<html>
<head>
```

```html
<title>修改密码</title>
</head>
<Script Language="JavaScript">
function ChkFields() {
  if (document.myform.Oldpwd.value=="") {
    alert("输入原始密码！")
    return false
  }
  if (document.myform.Pwd.value.length<6) {
    alert("新密码长度至少要为 6 位！")
    return false
  }
  if (document.myform.Pwd.value!=document.myform.Pwd1.value) {
    alert("两次输入的新密码必须相同！")
    return false
  }
  return true
}
</Script>
<body>
<form method="POST" action="" name="myform" onSubmit="return ChkFields()">
<p align="center">修改密码</p>
<table align="center" border="1" cellpadding="1" cellspacing="1" width="263" bordercolor="#008000" bordercolordark="#FFFFFF" height="134">
    <tr>
      <td align=left width="86" height="18">用户号</td>
      <td width="161" height="18"><?PHP echo($UID); ?></td>
    </tr>
    <tr>
      <td align=left width="86" height="23">旧密码</td>
      <td width="161" height="23"><input type="password" name="Oldpwd"></td>
    </tr>
    <tr>
      <td align=left width="86" height="23">新密码</td>
      <td width="161" height="23"><input type="password" name="Pwd"></td>
    </tr>
    <tr>
      <td align=left width="86" height="23">密码确认</td>
      <td width="161" height="23"><input type="password" name="Pwd1"></td>
    </tr>
  </table>
<p align="center">
<input type="submit" value=" 提交 " name="B2"></p>
</form>
<?PHP
    include('Users.php');
  $Oldpwd = $_POST['Oldpwd'];
  $Pwd = $_POST['Pwd'];
    $user = new Users();   //定义 Users 一个对象
```

```
    if(!$user->verify($UID, $Oldpwd))
{
    echo("此用户号不存在或密码错误！");
?>
    <Script Language="JavaScript">
        setTimeout("history.go(-1)",1600);
    </Script>
<?PHP
    }
else {
    $user->UID = $UID;
    $user->UserPwd = $Pwd;
    $user->updatePassword();
    echo("<h2>密码修改成功！</h2>");
}
?>
    <Script Language="JavaScript">
        setTimeout("window.close()",1600);
    </Script>
</body>
</html>
```

14.4 实验项目设计总结与提高

通过对以上实验项目的学习，可以总结出以下内容：虽然实验中的程序功能不是很全，但也需编制大量的程序；其实认真分析后会发现，虽然程序代码较多，但其操作主要集中在对数据库查询、插入、删除以及修改等操作上，而这些操作的不同组合就构成了很多典型的应用程序。通过本实验教程的学习，想必读者深入领会到了 Smarty 模板技术的使用以及 PHP+MySQL 组合形式的数据库编程思路，掌握了 PHP Web 项目常见的解决方案。此外，读者还要能举一反三，逐渐形成独立设计和开发 Web 应用项目的能力。

参 考 文 献

[1] 郑阿奇．PHP 实用教程[M]．北京：电子工业出版社，2009．
[2] 赵增敏．PHP 动态网站开发[M]．北京：电子工业出版社，2009．
[3] 启明工作室．PHP+MySQL 网络开发从入门到精通[M]．北京：人民邮电出版社，2008．
[4] 李柯泉．构建跨平台 APP jQuery Mobile 移动应用实战．北京：清华大学出版社，2014．
[5] 宗杰．PHP 网络编程学习笔记[M]．北京：电子工业出版社，2008．
[6] 卫哲．PHP 5 与 MySQL 5 从入门到精通[M]．北京：电子工业出版社，2008．
[7] 曾俊国．PHP Web 开发实用教程[M]．北京：清华大学出版社，2011．
[8] 曾俊国．网页设计实用教程[M]．北京：中国铁道出版社，2010．

